普通高等教育“十三五”规划教材

有色金属塑性加工

主　编　罗晓东　赵亚忠　周志明
副主编　王维青　刘传璞　胡宾宾
主　审　毕　雁

北　京
冶金工业出版社
2016

内 容 提 要

本书系统介绍了挤压、拉拔、轧制、锻压等成型方法及工艺，内容包括各种有色金属塑性加工的理论基础、加工工具、加工设备、加工模具、加工工艺、加工制品缺陷分析及消除，同时也涵盖了有色金属塑性加工的一些新技术、新设备，并且重点突出典型材料、典型零件成型工艺过程的设计与加工。本书内容与生产实际紧密结合，具有很强的实用性。

本书适合作为高等院校材料成型与控制工程专业及相关专业的教材，也可作为有色金属企业岗位操作人员的培训教材，还可供从事有色金属加工的工艺设计人员和现场指导人员参考。

图书在版编目(CIP)数据

有色金属塑性加工/罗晓东，赵亚忠，周志明主编. —北京：冶金工业出版社，2016.5

普通高等教育“十三五”规划教材

ISBN 978-7-5024-7217-7

Ⅰ.①有… Ⅱ.①罗… ②赵… ③周… Ⅲ.①有色金属—金属压力加工—高等学校—教材 Ⅳ.①TG3

中国版本图书馆 CIP 数据核字（2016）第 075290 号

出 版 人　谭学余

地　　址　北京市东城区嵩祝院北巷 39 号　邮编　100009　电话（010)64027926

网　　址　www.cnmip.com.cn　电子信箱　yjcbs@cnmip.com.cn

责任编辑　杨　敏　美术编辑　吕欣童　版式设计　彭子赫

责任校对　禹　蕊　责任印制　李玉山

ISBN 978-7-5024-7217-7

冶金工业出版社出版发行；各地新华书店经销；三河市双峰印刷装订有限公司印刷

2016 年 5 月第 1 版，2016 年 5 月第 1 次印刷

787mm×1092mm　1/16；12.25 印张；295 千字；187 页

30.00 元

冶金工业出版社　投稿电话　(010)64027932　投稿信箱　tougao@cnmip.com.cn

冶金工业出版社营销中心　电话　(010)64044283　传真　(010)64027893

冶金书店　地址　北京市东四西大街 46 号(100010)　电话　(010)65289081(兼传真)

冶金工业出版社天猫旗舰店　yjgycbs.tmall.com

（本书如有印装质量问题，本社营销中心负责退换）

前　言

有色金属是国民经济、人民日常生活及国防工业、科学技术发展必不可少的基础材料和重要的战略物资。农业现代化、工业现代化、国防和科学技术现代化都离不开有色金属。例如飞机、导弹、火箭、卫星、核潜艇等尖端武器以及原子能、电视、通信、雷达、电子计算机等尖端技术所需的构件或部件大都是由有色金属中的轻金属和稀有金属制成的。有色金属塑性加工是有色金属发展和壮大的有效手段，是实现产业化，增强企业竞争力的重要途径。

本书根据应用型本科院校材料成型及控制工程专业培养目标以及教学大纲要求编写，内容涵盖有色金属及其合金的特点、分类、合金牌号、产品等，以及挤压、拉拔、轧制、锻压等生产实践中学生应该了解和掌握的知识，如各种有色金属塑性加工的理论基础、加工工具、加工设备、加工模具、加工工艺、加工制品缺陷分析及消除等。本书将理论知识与企业生产实际紧密结合起来，对学生系统地了解有色金属加工理论、工艺及设备方面的知识，以及今后从事有色金属加工工作，提高有色金属加工业务水平大有帮助。

本书在内容的组织安排上，立足于基本概念清晰，重点突出，简明扼要，基本理论必需、够用，面向生产实际，服务实践。

本书由罗晓东、赵亚忠、周志明担任主编，王维青、刘传璞、胡宾宾担任副主编，重庆科技学院毕雁高级工程师主审。全书共5章，重庆科技学院罗晓东编写第1章和第4章，重庆理工大学周志明编写第5章，南阳理工大学赵亚忠编写第2章，重庆大学刘传璞编写第3章的第1、2节，中冶赛迪工程技术股份有限公司胡宾宾编写第3章的第3节，重庆理工大学王维青编写第3章的第4、5节。全书由罗晓东负责统稿与整理。

在编写过程中，参考了有关书籍、资料和国家标准，在此，对文献资料的作者一并表示衷心的感谢！

由于水平有限，书中不妥之处，敬请广大读者批评指正！

编　者

2016年1月

目　录

1 绪　论

金属塑性加工过程，就是使金属在外力作用下产生塑性变形，获得所需尺寸、规格和一定性能要求的制品的一种基本的金属加工技术。

金属塑性加工的种类很多，根据加工时工件的受力和变形方式，基本的塑性加工方法有锻造、轧制、挤压、拉拔、拉深、弯曲、剪切等几类。本书主要结合目前的有色金属行业现状对挤压、拉拔、轧制、锻压进行详细分析。

1.1 常见的有色金属材料

有色金属材料作为重要的原材料，广泛应用于机械、冶金、化工、石油、纺织、电子、军工等国民经济各行各业，其品种规格繁多，性能及用途各异。

有色金属材料包括镁及镁合金、铝及铝合金、铜及铜合金、锌及锌合金、钛及钛合金、镍及镍合金、高温合金、高温复合材料、稀土金属及其合金、稀有金属及其合金、贵金属及其合金。另外，还包括有色金属合金粉末、半金属等。有色金属的简单分类如表1-1所示。

表 1-1 有色金属简单分类

类　型	特　性
轻有色金属（Al、Mg、Ti、Na 等）	密度在 $4.5\times10^3\text{kg/m}^3$ 以下，化学性质活泼。纯的轻有色金属主要用于配制轻质金属
重有色金属（Cu、Ni、Co、Zn、Sb 等）	密度均大于 $4.5\times10^3\text{kg/m}^3$，重有色金属主要用于配制磁性、高温合金及钢中的重要合金元素
贵金属（Au、Ag、Pt、Ir、Ru、Pd 等）	储量少，提取困难，价格昂贵，具有很好的可塑性和良好的导电导热性能，主要用于电工、电子、宇航、仪表等
稀有金属（W、Mo、Nb、Ti、Li、Zr 等）	储量少，难提取。通常作为合金元素
稀有放射性金属（Po、Ra、Ac、Th、U 等）	是科学研究和核工业的重要材料

1.1.1 铝及铝合金

铝（aluminium）具有面心立方结构，是一种轻金属材料，以化合物的形式存在于自然界的矿石（如长石、云母、高岭石、铝土矿、明矾石等）中，地壳中铝的含量约为

8%，仅次于氧和硅，居第三位。在所有金属产品中，仅次于钢铁，是第二大类金属，在有色金属产品中占居首位。

铝作为广泛使用的金属材料，除了有丰富的蕴藏量、冶炼简单外，还因为其有一系列的优良特性，主要特性如下：

（1）重量轻。铝的密度小（$\rho \approx 2.7 g/cm^3$），与铜（$\rho \approx 8.9 g/cm^3$）和铁（$\rho \approx 7.9 g/cm^3$）相比，约为它们的1/3。用于制造飞机、汽车、船舶、桥梁、高层建筑和重量轻的容器等。

（2）可强化。纯铝的力学性能不如钢铁，但比强度高。纯铝通过冷加工可使强度提高一倍以上，而且还可以添加镁、锌、铜、锰、硅、锂、钪等元素合金化，制成铝合金。在通过相应的热处理进一步强化后，铝合金的强度可以和优质的合金钢媲美。用于制造桥梁（特别是吊桥、可动桥）、飞机、压力容器、建筑结构材料等。

（3）易加工。铝的延展性优良，加工速度快。可轧制成薄板和箔；拉成管材和线材；易于挤压出形状复杂的中空型材和各种民用型材；适用于各种冷热塑性变形。用于受力结构框架，一般用品及各种容器、光学仪器及其他形状复杂的精密零件。

（4）美观。铝及其合金表面有氧化膜，呈银白色光泽，经机加工后可达到很低的粗糙度和很高的光亮度，相当美观。如果阳极经过氧化处理，用染色和涂刷等方法，还可以制造出各种颜色和光泽的表面。用于建筑用壁板、器具装饰、标牌、门窗、室内外装饰材料等。

（5）耐蚀性、耐气候性好。因铝及其合金表面会形成硬而致密的Al_2O_3薄膜，这层保护膜只有在碱性离子和卤素离子的激烈作用下才会遭到破坏，所以铝及其合金有很好的耐气候性和耐蚀性。常用于门板、汽车、船舶外部覆盖材料、厨房器具、化学器具、海水淡化等。

（6）无低温脆性。铝在低温时，它的强度和塑性反而增加而无脆性，因此它是理想的低温装置材料。用于冷藏库、冷冻库、南极科考用车辆、氧及氢的生产装置等。

（7）导热、导电性好。铝的热导率$\lambda = 247 W/(m \cdot K)$，电导率$\kappa = 64.96 S/m$仅次于银、铜、金，约为铁的3~4倍。用于电线接头、母线接头、热交换器、汽车散热器、电子元件等。

（8）反射性强。铝对光的反射率，抛光铝为70%，高纯度铝经过电解抛光的为94%，比银（92%）还高，且纯度越高，反射率越高。同时，铝对红外线、紫外线、电磁波、热辐射等都有良好的反射性能。用于照明器具、反射镜、抛物面天线、投光器、冷暖器的隔热材料等。

（9）无磁性。铝是非磁性体，对于某些特殊用途这种特性十分重要。用于船用罗盘、天线、电气设备的屏蔽材料、易燃、易爆物的生产器材等。

（10）有吸音性。铝对声音是非传播体，有吸收声波的性能。用于室内装修的器材，也可配制成减震铝合金。

（11）无毒。铝本身没有毒性。用于食品包装、医疗器械、食品容器等。

大多数金属元素可以和铝形成合金，使铝获得固溶强化和沉淀强化。铝合金可加工成板、带、条、箔、棒、型、线、管、自由锻件和模锻件等加工材（也称变形铝合金），也可加工成铸件、压铸件等铸造材（也称铸造铝合金）。铝及铝合金的具体分类见图1-1。

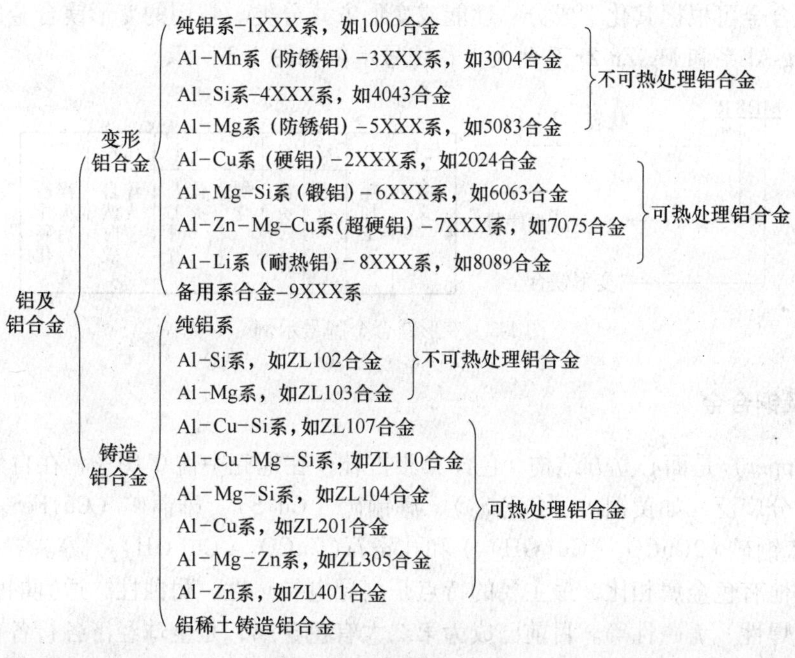

图 1-1　铝及铝合金分类图

1.1.2　镁及镁合金

镁（magnesium）是密排六方结构，镁的资源丰富，是地壳中排位第六的富有元素，约为地壳质量的 2.77%。同时，也是海水中的第三富有元素，约占海水质量的 0.14%。

镁是一种非常活泼的金属，电极电位极低，抗蚀性很差，在潮湿大气、淡水、海水及绝大多数酸、盐溶液中易受腐蚀。镁在所有结构金属中具有最低的价位，即镁对其他任何结构金属都呈阳性。镁在无水条件下氧化成 MgO 薄膜，有水条件下生成 $Mg(OH)_2$。表面膜可以减轻或防止金属镁的进一步氧化，但与铝和钛相比，镁的保护膜致密性较差且易被穿透，保护基体的效果相对较差。

镁为密排六方晶格，滑移系少，使得塑性比铝低很多（$\delta=10\%$左右），而且强度很低（铸造镁 $\sigma_b=115\text{MPa}$），因而不能直接用作结构材料。然而，镁却是工程应用中密度最小的金属结构材料，其密度仅相当于铝的 2/3、钢的 1/4。所以镁一般都被合金化，以镁合金的形式广泛应用于各个领域，如国防、航空、汽车等领域。

常见镁合金分为铸造镁合金和变形镁合金两类。

铸造镁合金按合金中的主要添加元素，可分为 Mg-Mn、Mg-Al、Mg-RE 等合金系列。铸造镁合金的牌号以“ZM”表示，后面标以序号，如 ZM1、ZM5 等。牌号示例如图 1-2 所示。

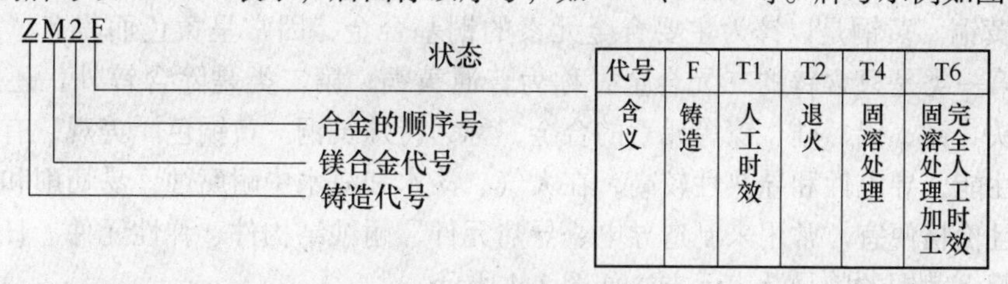

代号	F	T1	T2	T4	T6
含义	铸造	人工时效	退火	固溶处理	固溶处理加工完全人工时效

图 1-2　铸造镁合金牌号示例

变形镁合金可根据其化学成分、性能或变形方式分类。常用的变形镁合金以其成分及特性分为 Mg-Al 系和 Mg-Zn-Zr 系两大类，牌号示例如图 1-3 所示。

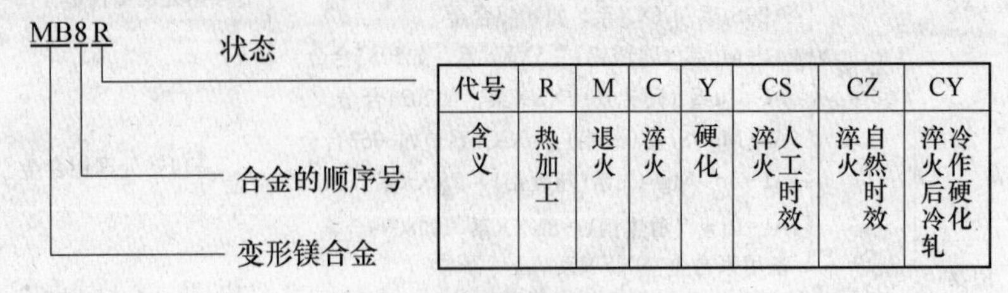

图 1-3　变形镁合金牌号示例

1.1.3　铜及铜合金

铜（copper）是面心立方结构，色泽典雅古朴，在地壳中占 0.01%，在自然界含铜的矿物分布十分广泛，如黄铜矿（$CuFeS_2$）、辉铜矿（Cu_2S）、斑铜矿（Cu_3FeS_4）、赤铜矿（Cu_2O）、蓝铜矿（$2CuCO_3 \cdot Cu(OH)_2$）和孔雀石（$CuCO_3 \cdot Cu(OH)_2$）等。

铜与其他有色金属相比，最主要的特点是高导电导热性、耐蚀性、适宜的强度、易加工成型、可焊性、无磁性等。目前已成为第二大有色金属，是全球经济各行各业中广泛需求的基础材料。

铜及铜合金分为四类：纯（紫）铜、黄铜、青铜、白铜。

(1) 纯铜。纯铜呈玫瑰红色，表面形成氧化铜膜后呈紫色，故工业纯铜通常称为紫铜。纯铜又可分为普通纯铜 T1、T2 等；无氧铜 TU1、TU2 等；脱氧铜 TUP（磷脱氧铜）、TUMn（锰脱氧铜）。纯铜的导电性很好，用于制造电线、电缆等；塑性极好，易于冷热压加工，可制成管、棒、线、条、带等铜材；无磁性，常用来制造需要防磁性干扰的磁学仪器、仪表，如罗盘、屏蔽罩、航空仪表等零件。纯铜的各类牌号及表示方法如表 1-2 所示。

表 1-2　纯铜的牌号及表示方法

牌号名称	牌号举例	表示方法说明
普通纯铜	T1、T2	TU P P表示脱氧剂，只有脱氧纯铜有此项 TU表示无氧纯铜，普通纯铜用T表示，后面加上金属顺序号即可
无氧纯铜	TU1、TU2	
脱氧纯铜	TUP、TUMn	

(2) 黄铜。黄铜是以锌为主要合金元素的铜基合金，因常呈黄色而得名。黄铜可分为两类：第一类是只含锌的二元合金，称为普通黄铜；第二类是除含锌外，还含有诸如铅、锡、铁、锰、铝、硅、镍等元素的合金，称为特殊黄铜。黄铜色泽美观，有良好的工艺和力学性能，导电性和导热性较高，在大气、淡水和海水中耐腐蚀，易切削和抛光，焊接性能好且价格便宜。常用来制造导电、导热元件、耐蚀结构件、弹性元件、日用五金及装饰材料等。黄铜的牌号及表示方法如图 1-4 所示。

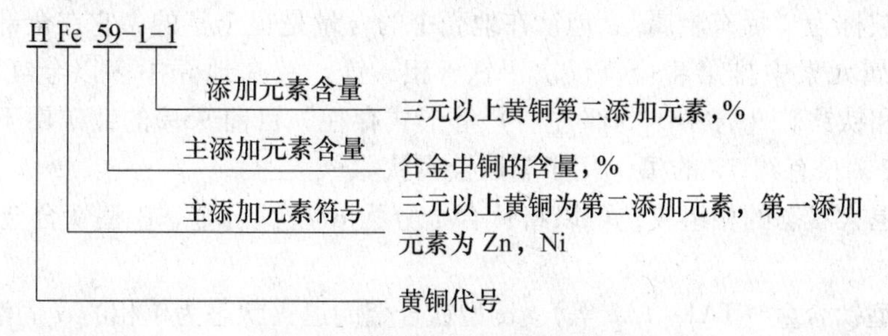

图 1-4 黄铜的牌号及表示方法

(3) 青铜。青铜是以 Sn、Al、Be、Si、Cr、Cd 等为主要合金元素的铜合金，因颜色呈青灰色，故称青铜。锡青铜有较高的力学性能，较好的耐蚀性、减摩性和好的铸造性能；对过热和气体的敏感性小，焊接性能好，无铁磁性，收缩系数小。锡青铜在大气、海水、淡水和蒸汽中的抗蚀性都比黄铜高。铝青铜有比锡青铜高的力学性能和耐磨、耐蚀、耐寒、耐热、无铁磁性，有良好的流动性，无偏析倾向。常用作制造致密的构件等。青铜的牌号及表示方法如图 1-5 所示。

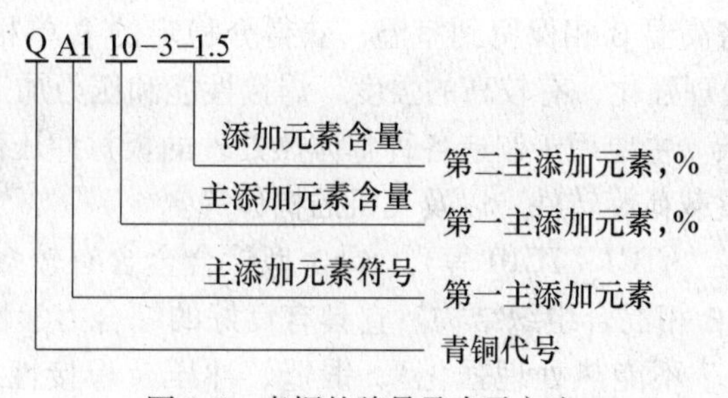

图 1-5 青铜的牌号及表示方法

(4) 白铜。白铜是以镍为主要合金元素的铜基合金，因呈银白色，故称为白铜。铜镍二元合金称普通白铜，加锰、铝、锌、铁等元素的铜镍合金称为复杂白铜，纯铜加镍能显著提高强度、耐蚀性、电阻和热阻性。这类材料具有优良的抗蚀性、中等以上的强度、弹性好、加工成型和可焊性好，易于热、冷加工，易于焊接的特点，广泛用于制造耐蚀性构件、各种弹簧与接插件等。白铜的牌号及表示方法如图 1-6 所示。

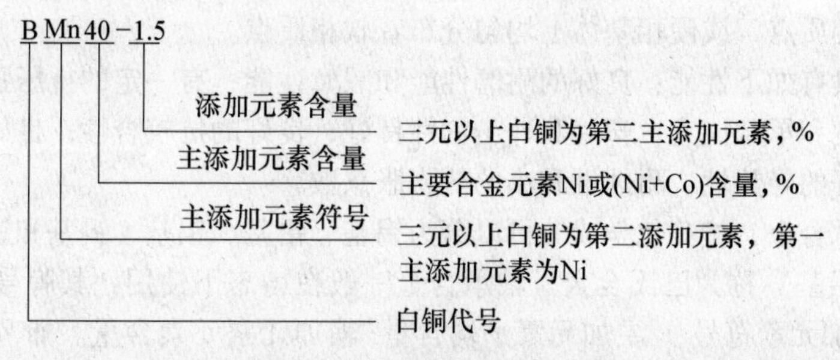

图 1-6 白铜的牌号及表示方法

1.1.4 钛及钛合金

钛具有同素异构转变，低温 α 相具有密排六方结构，而高温 β 相具有体心立方结构，同素异构转变温度为 882.5℃。

钛一般被称为“稀有金属”，但钛在地壳中的含量是很丰富的，它在全部元素中排第10位，在金属元素中排第4位，仅次于铁、铝、镁。钛在地壳中多以金红石（含 TiO_2 90%以上）和钛铁矿（含 TiO_2 50%左右）等形式存在，目前95%的钛矿用于制取化工产品（钛白粉），只有约5%的 TiO_2 用于制取金属钛。

通常按退火状态的相组成，可以将钛合金分为α型钛合金、β型钛合金、α+β型钛合金。

（1）α型钛合金（TA1～TA8等）。α型钛合金的退火状态为单相的α固溶体，含有α相稳定元素及一些中性强化元素。常见的α型钛合金有TA4，抗拉强度比工业纯钛稍高，可做中等强度范围的结构材料，国内主要用作焊丝；TA5、TA6用于400℃以下在腐蚀介质中工作的零件及焊接件，如飞机蒙皮、骨架零件、压气机壳体、叶片、船舶零件等；TA7用于500℃以下长期工作的结构零件和各种模锻件，短时使用可到900℃，亦可用作超低温（-233℃）部件（如超低温用的容器）；TA8用于500℃长期工作的零件，可用于制造发动机压气机盘和叶片，但合金的组织稳定性较差，在使用上受到一定限制。

（2）β型钛合金（TB1、TB2等）。β型钛合金的主要合金元素是钼、铬、钒等。在正火或淬火时很容易将高温β相保留到室温，获得介稳定的β单相组织，故称β型钛合金。β型钛合金可热处理强化，有较高的强度，焊接性能和压力加工性能良好；但性能不够稳定，熔炼工艺复杂。主要用于制造各种整体热处理的板材冲压件和焊接件，如压气机叶片、轮盘、轴类等重载荷旋转件，以及飞机的构件等。

（3）α+β型钛合金（TC1～TC10等）。α+β型钛合金含有较多的α相稳定元素和β相稳定元素，具有α+β相混合组织结构。它具有良好的综合力学性能，大多可热处理强化（但TC1、TC2、TC7不能热处理强化），锻造、冲压及焊接性能较好，可切削加工，室温强度高，良好的抗海水应力腐蚀及抗热盐应力腐蚀能，有较好的耐热性，有的（如TC1、TC2、TC3、TC4）具有良好的低温韧性力。

1.1.5 其他合金材料

除上述合金外，还有轴承合金，镍、铅、锌、锡、镉及其合金，其中应用最广泛的是轴承合金。轴承合金又称轴瓦合金，用于制造滑动轴承。轴承合金的组织是在软相基体上均匀分布着硬相质点，或硬相基体上均匀分布着软相质点。

轴承合金具有如下性能：良好的耐磨性能和减摩性能；有一定的抗压强度和硬度，有足够的疲劳强度和承载能力；塑性和冲击韧性良好；良好的抗咬合性；良好的顺应性；好的嵌镶性；良好的导热性、耐蚀性和小的热膨胀系数。

常用的轴承合金，按其化学成分可以分为锡基、铅基、铝基、铜基和铁基等多种，前两种（锡基、铅基）称为巴氏合金。轴承合金一般在铸态下使用，其牌号为ZCh + 基本元素符号 + 主加元素符号 + 主加元素平均含量+辅加元素元素含量。如ZChPbSn5-9，表示含5%Sn、9%Sb的铅基轴承合金。

1.2 金属塑性加工方法及其特点

金属塑性加工是金属材料生产加工的主要方法之一。金属通过塑性变形，不仅可以使外形尺寸、表面状态发生改变，而且可以使其内部组织结构和性能也发生显著的变化，这是其他机械加工或其他成型方法所不能达到的。基本的塑性成型方法有锻造、轧制、挤压、拉拔和冲压五大类。其中轧制、挤压、拉拔主要用于金属材料的加工生产上，而锻造和冲压则主要应用于机械制造工业，用于各种机加工零件毛坯的制造。

1.2.1 有色金属塑性加工方法

1.2.1.1 挤压

所谓挤压，就是对放在容器（挤压筒）中的锭坯一端施加压力，使之通过模孔成型的一种压力加工方法。

(1) 按成型时的温度，可分为热挤压、温挤压和冷挤压三种。其中热挤压主要应用于大型坯锭，以获得具有相当长度的棒材或各种型材的半成品；温挤压和冷挤压则主要采用小型坯锭，可获得成品零件或只需要进行少量机械加工的半成品件。

(2) 按金属流动方向和挤压轴运动方向的关系，又可分为正挤压、反挤压、复合挤压和侧向挤压。正挤压时金属流动方向和挤压轴运动方向相同，最主要的特点是金属与挤压筒内摩擦壁有相对滑动，故存在很大的外摩擦，摩擦力的作用方向与金属运动方向相反。适用于生产有色金属型、棒材。反挤压时的金属流动方向与挤压轴的运动方向相反，反挤压可分为挤压杆动反挤压和挤压筒动反挤压。除靠近模孔附近之外，金属与挤压筒内壁间无相对滑动，故无摩擦。适用于挤压硬合金型、棒、管材以及要求尺寸精度高、组织细密无粗晶环的制品。

(3) 其他挤压方法。

1) 静液挤压。静液挤压又称为高压液体挤压。挤压时，坯锭借助于其周围的高压液体的压力由模孔中挤出，实现塑性变形。

2) CONFORM 连续挤压法。CONFORM 连续挤压法是英国能资管理局于 20 世纪 70 年代初研制成功的一种新的铝合金连续挤压法。

3) 无压余挤压。无压余挤压是铝和铝合金润滑挤压的较高发展阶段。在无压余挤压时，必须遵守润滑挤压时的条件，其中最基本的是润滑剂能在锭坯表面上均匀地滑动，以防止形成滞留区和消除分层、起皮、压入等缺陷。

1.2.1.2 拉拔

对金属坯料施以拉力，使之通过模孔以获得与模孔尺寸、形状相同的制品的塑性加工方法称为拉拔。拉拔是管材、棒材、型材以及线材的主要生产方法之一。

(1) 按制品截面形状拉拔可分为实心材拉拔与管材拉拔。实心材拉拔主要适用于棒材、型材及线材的拉拔。管材拉拔也可称为空心材拉拔，主要包括管材及空心异型材的拉拔。管材拉拔包括空拉（拉拔时管坯内部不放芯头，通过模孔后外径减小，管壁一般略有变化）、长芯杆拉拔（将管坯自由地套在表面抛光的芯杆上，使芯杆与管坯一起拉过模孔）、固定短芯头拉拔（拉拔时将带有芯头的芯杆固定，管坯通过模孔实现减径和减壁）、游动芯头拉拔、顶管法、扩径拉拔六种方法。

(2) 其他拉拔工艺。

1) 无模拉拔。将棒料的一端夹住不动，另一端用可动的夹头拉拔，用感应线圈在拉拔夹头附近对棒料边局部加热边拉拔，直至该处出现局部细颈为止。

2) 玻璃膜金属液抽丝。利用玻璃的可抽丝性由熔融状态的金属一次制得超细丝的方法。

3）集束拉拔。将两根以上断面为圆形或异型的坯料同时通过圆的或异型孔的模子进行拉拔，以获得特殊形状的异型材的一种加工方法。

4）静液挤压拉线。通常的拉拔，由于拉应力较大，故道次延伸系数很小。为了获得大的道次加工率，发展的静液挤压拉线法。

1.2.1.3 轧制

轧制是指在旋转的轧辊间，借助轧辊施加的压力使金属发生塑性变形的过程。

(1) 根据轧辊的配制、轧辊的运动特点和产品的形状，轧制分为纵轧、横轧和斜轧。

纵轧的特点是两辊轴心线平行，旋转方向相反，轧件作垂直于轧辊轴心线的直线运动，进出料靠轧辊运动完成。

横轧的特点是两辊轴心线平行，旋转方向相同，轧件作平行于轧辊轴心线并与轧辊旋转方向相反的旋转运动，进出料需靠专门的装置。

斜轧的特点是两辊的轴心线交叉一个不大的角度，旋转方向相同，轧件在两个轧辊的交叉中心线上作旋转前进运动，与纵轧一样进出料靠轧辊自动完成。

(2) 根据轧制时轧件的温度，可分为热轧与冷轧。

热轧是在金属再结晶温度以上的轧制过程。金属在该过程中无加工硬化，所以热轧时金属具有较高的塑性和较低的变形抗力，这样可以用较少的能量得到较大的变形。所以，大多数的金属都要进行热轧，只有少量的金属，由于在高温时塑性较低而不适用于进行热轧。一般情况下，热轧的温度都远高于室温，但也有个别金属的热轧温度比较低，如铅由于室温时能再结晶，因此，铅在室温下轧制也属于热轧。

冷轧是金属在再结晶温度以下的轧制过程，因此轧制不发生再结晶过程，只产生加工硬化，即金属的强度和变形抗力提高，同时塑性降低。

(3) 根据轧辊的形状，可分为平辊轧制和型辊轧制。

所谓平辊，就是轧辊为均匀的圆柱体，用平辊轧制的过程就称为平辊轧制。平辊轧制适用于生产板、带、条、箔等半成品。

所谓型辊，即刻有轧槽的轧辊，用型辊轧制各种型材的过程称为型辊轧制。与平辊轧制板材相比，不均匀变形是其显著特点之一。

(4) 其他轧制工艺。

除以上列出的主要轧制工艺外，还有其他轧制工艺，如铝带的无锭轧制、粉末轧制、不对称轧制等工艺。

1.2.1.4 锻造

锻造是利用锻造设备使金属塑性变形得到一定形状的制品，同时提高金属力学性能的一种加工方法。负荷大、工作条件严格的关键零件，如发电机组的转子、主轴、叶轮、汽车的曲轴、齿轮等，都是锻造加工而成的。

(1) 自由锻。使用自由锻设备及通用工具，直接使坯料变形以获得所需的几何形状及内部质量的锻件的锻造方法称为自由锻。其基本工序有镦粗、拔长、冲孔、扩孔、弯曲、切割、扭转、错移、锻接等几种。

(2) 模锻。利用模具使坯料变形以获得锻件的锻造方法称为模锻。根据锻件生产批量和形状复杂程度，可在一个或数个模膛中完成变形过程。模锻生产率高，机械加工余量小，材料消耗低，操作简单，易实现机械化和自动化，适用于中批量、大批量生产，模锻还可以提高锻件质量。常用的模锻设备有热模锻造机、平锻机、螺旋压力机等。

模锻虽比自由锻和胎模锻优越，但是也存在一些缺点：模具制造成本高，模具材料要求高；每个新的锻件的模具，由设计到制模生产是较复杂又费时间的，且一套模具只生产一种产品，互换性小。因此，模锻不适合小批量或单件生产，只适合中批量、大批量生产。模锻的耗能大，选用设备要比自由锻的设备能力大。

(3) 其他锻造工艺。

1) 旋锻。旋锻是模锻的一种特殊锻打形式。旋锻的工作是：两块锻模在环绕锻坯纵向轴线高速旋转的同时对锻坯进行高速锻打（频率可达6000~10000次/min），从而使锻坯变形。旋锻时变形区的主应力状态为三向压应力，主变形为两向压缩一向拉伸。目前，旋锻的锻件尺寸范围很广，实心件可小到ϕ0.15mm，空心件可大到ϕ320mm。

2) 辊锻。辊锻是使毛坯在装有圆形模块的一对旋转锻模中通过，借助模槽使其产生塑性变形，从而获得所需要的锻件或锻坯。辊锻既可以作为模锻前的制坯工序，亦可直接辊制锻件。辊锻变形过程是一个连续的静压过程，没有冲击和震动，主要适用于长轴类锻件。对于断面变化复杂的锻件，成型辊锻后还需要在压力机上进行整形。

1.2.1.5 冲压

冲压是通过模具对板料施加外力，使之获得一定尺寸、形状和性能的零件或毛坯的加工方法。

冲压的基本工序可分为分离和成型两大类。分离工序包括落料、冲孔；成型工序包括弯曲、拉延、胀性、翻边。

冲压是高效的生产方法，采用复合模，尤其是多工位级进模，可在一台压力机（单工位或多工位）上完成多道冲压工序，实现由带料开卷、矫平、冲裁到成型、精整的全自动生产。生产效率高，劳动条件好，生产成本低，一般适用于大批量生产。

1.2.2 金属塑性加工方法的特点

通过锻造、轧制、挤压、拉拔和冲压几种方法对大多数金属进行塑性变形，可以使其成型为所需尺寸、形状、组织和性能的各种毛坯。对这些加工工艺的成型特点简单概括如下：

(1) 坯料在热变过程中可能发生再结晶或部分结晶，粗大的树枝晶组织被打破，疏松和孔隙被压实、焊合，内部组织和性能得到较大的改善和提高；

(2) 塑性成型主要是利用塑性状态下的体积转移，而不是靠部分的切除体积，因而材料的利用率高，流线分布合理，提高了制品的强度；

(3) 可以达到较高的精度；

(4) 具有较高的生产率；

(5) 塑性成型能耗高且不适宜加工形状特别复杂的制品及脆性材料。

1.3 金属塑性加工的发展趋势

金属塑性成型工艺有着悠久的历史，近年来在计算机的应用、先进技术和设备的开发和应用等方面已取得显著进展，并向着高科技、自动化和精密成型的方向发展。

（1）计算机技术的应用。

1）塑性成型过程的数值模拟。计算机技术已应用于模拟和计算工件塑性变形区的应力场、应变场和温度场；已可预测金属填充模膛情况、锻造流线的分布和缺陷产生的情况；可分析变形过程的热效应及其对组织结构和晶粒度的影响；可掌握变形区的应力分布；可计算各工步的变形力和能耗。

2）塑性变形过程的控制和检测。计算机控制和检测技术已广泛应用于自动生产线。

（2）先进成型技术的开发与应用。

1）精密塑性成型技术。高精度、高效、低耗的冷锻技术逐渐成为中小型精密锻件生产的发展方向，发达国家轿车生产中使用的冷锻件比重逐年提高。温锻的能耗低于热锻，而锻件的精密和力学性能接近冷锻，对于大型锻件及高强度材料的锻造较冷锻有更广阔的发展前景。

2）复合工艺和组合工艺。粉末锻造（粉末冶金+锻造）、液态模锻（铸造+模锻）等复合工艺有利于简化模具结构，提高坯料的塑性成型性能，应用越来越广泛。

（3）塑性成型设备及生产自动化。

1）塑性成型设备。传统的锻压设备正在得到改造，以提高其生产能力和锻件质量。在开发高效、高精度、多工位的加工设备中，综合应用了计算机技术、光电技术等先进技术，以提高其可靠性和对加工过程的监控能力。更节能、高效、精度更高、使用寿命更长的新型设备已经取代陈旧的设备，如新型螺旋压力机取代了摩擦压力机；热模锻机械压力机取代了大吨位模锻锤；还有各类新型轧机近年来已在我国推广使用。

2）塑性成型的自动化。在大批量生产中，自动线的应用已日益普遍。其发展特点，一是提高了综合性，除备料、加热、制坯、模锻、切边外，还包括热处理、检验等工序自动化；二是实现快调、可变，以适应多品种、小批量生产；三是进一步发展自动锻压车间或自动锻压工厂，采用计算机进行生产控制和企业管理。

3）超大吨位挤压设备。我国已拥有自主研发的100MN油压双动铝挤压生产线，可生产高速轨道交通系统所需的大型铝合金型材。

4）高精度热连轧设备。我国已从国外引进多条热、冷连轧机组，最大单卷重可达30t。

（4）配套技术的发展。

1）模具生产技术。用于大批量生产的模具正向高效率发展；用于小批量生产的模具正向简易化发展，如采用钢皮冲模、薄板冲模、柔性模等。大力改进模具的结构、材料和热处理工艺，以提高模具的使用寿命。模具的制造精度将进一步提高，以适应精密成型工艺的需要。

2）坯料加热方法。火焰加热方式较经济、工艺适应性强，目前仍是国内外主要的坯料加热方法。但也有不少新型的生产效率高、加热质量好和劳动条件好的加热方法，如电加热方式，各类少氧、无氧加热方式。

3）大规格锭坯的熔炼铸造方法。为提高生产效率及适应大型材、管材和大厚材的加工成型，大规格锭坯的熔炼与铸造技术正在被引进和开发。

2 挤　压

2.1 概　述

2.1.1 基本概念

挤压是对放在模腔内的金属坯料施加压力，迫使金属坯料产生定向塑性变形并从模孔挤出，从而获得截面形状尺寸与模孔断面一致的工件的一种塑性加工方法。

如图 2-1 所示，将加热后的坯料 1 置于由挤压筒 7、挤压垫片 8、模具 4 所组成的空腔内，通过挤压轴 6 对坯料 1 施加强大的外力，坯料在应力作用下，从模具 4 上的模孔中流出，从而形成工件。工件为长柱状，其截面的形状尺寸与模孔的形状尺寸一致。

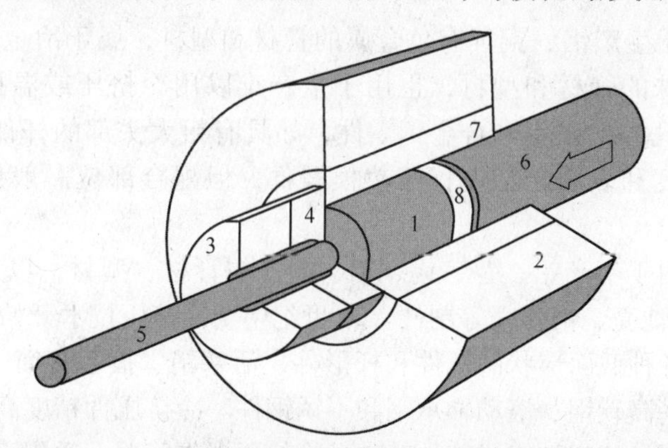

图 2-1　金属挤压方法示意图

1—坯料；2—挤压筒（外套）；3—模座；4—模具；5—挤压制品；
6—挤压轴；7—挤压筒（内衬）；8—挤压垫片

挤压时，坯料受到三向压应力，即使是塑性较低的坯料，也可被挤压成型。挤压的材料利用率高，材料的组织和力学性能得到改善。挤压操作简单，生产率高，可制作长杆、深孔、薄壁、异型断面零件，是重要的少、无切削加工工艺。挤压主要用于金属的成型，也可用于塑料、橡胶、石墨和黏土等非金属的成型。挤压法能生产形状简单的圆柱、圆管和板状零件外，也能生产截面形状更复杂的柱状零件。

冷挤压最早出现在 17 世纪，法国人用手动螺旋压力机挤压出铅材料的水管；19 世纪末 20 世纪初期，先后实现了锌、铜、铜合金、铝合金的冷挤压；20 世纪 30 年代德国人发明磷化、皂化的表面减摩润滑处理技术，使钢的冷挤压获得成功，用于生产钢质弹壳；50 年代开始采用熔融玻璃润滑法，钢的热挤压遂在冶金和机械工业中得到应用和发展。

挤压按坯料温度区分为热挤压、冷挤压和温挤压 3 种。金属坯料处于再结晶温度以上时的挤压为热挤压；在回复温度以下的挤压为冷挤压；高于常温但不超过再结晶温度下的挤压为温挤压。冷挤压、温挤压和热挤压的特点及应用如表 2-1 所示。

表 2-1 冷挤压、温挤压和热挤压的特点及应用

挤压类别	温度范围	工艺特点	模具材料	表面处理及润滑	零件质量影响因素
冷挤压	回复温度之下	零件表面光洁，精度高；是一种少或无切削加工工艺	高强度，高硬度，高韧性，高耐磨性，耐热性	表面磷化处理，氟化石蜡油、肥皂油和二硫化钼混合液润滑处理	设备的刚性 温度升高 模具弹性变形
温挤压	冷挤压和热挤压之间	比冷抗压容易变形。与热挤压相比，坯料氧化脱碳少，挤压件尺寸精度和表面质量提高	有足够的硬度、强度、韧性、抗磨损、耐疲劳	润滑剂具有一定热稳定和绝热性	温度 润滑 模具弹性变形
热挤压	金属再结晶温度之上	变形抗力小，塑性好，允许每次变形程度较大，但产品表面粗糙，尺寸精度低	高温抗变形能力，高温耐磨性，抗热疲劳能力，抗回火能力，良好加工性	润滑剂应具有耐压、耐热、不分解变质性能，无腐蚀作用	温度变化 挤压件断面形状 润滑条件氧化

热挤压广泛用于生产铝、铜等有色金属的管材和型材，属于冶金工业范围。钢的热挤压既用于生产特殊的管材和型材，也用于生产难以用冷挤压或温挤压成型的实心和孔心（通孔或不通孔）的碳钢和合金钢零件，如具有粗大头部的杆件、炮筒、容器等。热挤压件的尺寸精度和表面光洁度优于热模锻件，但配合部位一般仍需要经过精整或切削加工。

冷挤压原来只用于生产铅、锌、锡、铝、铜等的管材、型材，以及牙膏软管（外面包锡的铅）、锌干电池壳、铜弹壳等制件。20 世纪中期冷挤压技术开始用于碳素结构钢和合金结构钢件，如各种截面形状的杆件和杆形件、活塞销、扳手套筒、直齿圆柱齿轮等，后来又用于挤压某些高碳钢、滚动轴承钢和不锈钢件。冷挤压件精度高、表面光洁，可以直接用作零件而不需经切削加工或其他精整。冷挤压操作简单，适用于大批量生产的较小制件。

温挤压是介于冷挤压与热挤压之间的中间工艺，在某些情况下采用温挤压可以兼得两者的优点。但温挤压需要加热坯料和预热模具，高温润滑尚不够理想，模具寿命较短，所以应用不甚广泛。

按坯料的塑性流动方向和变形特点，挤压又可分为：正挤压、反挤压、复合挤压、侧向挤压、连续挤压和特殊挤压。流动方向与加压方向相同的为正挤压，流动方向与加压方向相反的为反挤压，坯料向正、反两个方向流动的为复合挤压，如图 2-2 所示。

2.1.2 挤压的特点

挤压的变形条件与其他压力加工明显不同，具体体现在如下三个方面：

（1）挤压使金属处于三向压应力状态；

（2）挤压时须建立足够的应力，使金属能够产生塑性变形；

（3）为了能使金属流出的模孔而成型，模孔是挤压时阻力最小的方向。

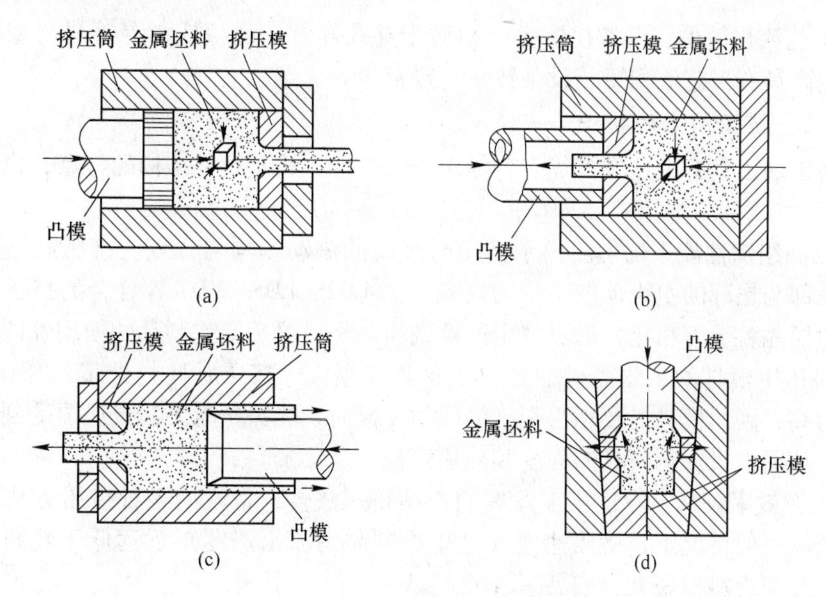

图 2-2　挤压的分类

(a) 正挤压；(b) 反挤压；(c) 复合挤压；(d) 径向挤压

挤压加工具有许多特点，主要表现在挤压变形过程的应力应变状态、金属流动行为、产品的综合质量、生产的灵活性与多样性、生产效率与成本等方面。

2.1.2.1　挤压加工的优点

(1) 提高金属的变形能力。金属在挤压变形区处于强烈的三向压应力状态，可以充分发挥其塑性，获得大变形量。例如，纯铝的挤压比（挤压筒断面积与制品断面积之比）可以达到500，纯铜的挤压比可达400，钢的挤压比可达40~50。对于一些采用轧制、锻压等其他方法加工困难乃至不能加工的低塑性难变形金属和合金，甚至如铸铁等脆性材料，也可挤压加工。

(2) 制品综合质量高。挤压变形可以改善金属材料的组织，提高其力学性能，特别是对于具有挤压效应的铝合金，其挤压制品在淬火时效后，纵向（挤压方向）力学性能远高于其他加工方法生产的同类产品。对于某些需要采用轧制、锻造进行加工的材料，例如钴合金、LF6、LC4、MB15 锻件，挤压法常被用作铸锭的开坯，以改善材料的组织，提高其塑性。与轧制、锻造等加工方法相比，挤压制品的尺寸精度高、表面质量好。随着挤压技术的进步、工艺水平的提高和模具设计与制造技术的进步，现已可以生产壁厚 0.3~0.5mm、尺寸精度达±0.05~0.1mm 的超小型高精密空心型材。

(3) 产品范围广。挤压加工不但可以生产断面形状简单的管、棒、线材，而且还可以生产断面形状非常复杂的实心和空心型材、制品断面沿长度方向分阶段变化的和逐渐变化的变断面型材，其中许多断面形状的制品是采用其他塑性加工方法所无法成型的。挤压制品的尺寸范围也非常广，可生产从断面外接圆直径达 500~1000mm 的超大型管材和型材，到断面尺寸有如火柴棒大小的超小型精密型材。

(4) 生产灵活性大。挤压加工具有很大的灵活性，只需更换模具就可以在同一台设备上生产形状、尺寸规格和品种不同的产品，且更换工模具操作简单方便、费时少、效率高。

(5) 工艺流程简单、设备投资少。相对于穿孔轧制、孔型轧制等管材与型材生产工艺，挤压生产具有工艺流程短、设备数量与投资少等优点。

2.1.2.2 挤压加工的缺点

虽然挤压加工具有上述许多优点，但由于其变形方式与设备结构的特点，也存在以下一些缺点：

(1) 制品组织性能不均匀。由于挤压时金属的流动不均匀，致使挤压制品存在表层与中心、头部与尾部的组织性能不均匀现象。如LD2、LD5、LD7等合金的挤压制品，在热处理后表层晶粒显著粗化，形成一定厚度的粗晶环，严重影响制品的使用性能。

(2) 挤压工模具的工作条件恶劣、工模具耗损大。挤压时坯料处于近似密闭状态，三向压应力高，因而模具需要承受很高的压力。同时，热挤压时工模具还要受到高温、高摩擦作用，从而大大影响模具的强度和使用寿命。

(3) 生产效率较低。除近年来发展的连续挤压法外，常规的各种挤压方法均不能实现连续生产。一般情况下，挤压速度（这里指制品的流出速度）远远低于轧制速度，且挤压生产的几何废料损失大、成品率较低。

2.1.3 挤压的发展趋势

随着经济建设与高新技术的快速发展，金属挤压技术得到了迅速发展，我国现已成为全球第一挤压生产大国。未来挤压在金属领域的主要发展方向，总体可以概括为以下几个方面：

(1) 挤压产品组织性能与形状尺寸的精确控制，实现高性能与高质量化。主要通过研究金属流动规律以及模具和挤压加工过程的温度场、速度场、应力应变场及其变化规律，同时结合数值模拟，以实现精确控制。

(2) 高性能、难挤压材料挤压工艺技术的开发。通过开发新的挤压材料和模具材料，同时加强产品设计，从而支撑高新技术和重大工程建设的发展。

(3) 挤压生产的高效率和低成本化，提高企业竞争力。充分利用不同材料的挤压特点进行先进制模技术和新的挤压技术的研究，改进现有模具结构、开发各种新的结构以及进行冷却系统和润滑系统的研究，以提高模具的寿命和产品的成本。

2.2 挤压原理

2.2.1 金属的流动

研究金属在挤压变形过程中的流动行为具有极为重要的意义。挤压制品的表面质量、尺寸精度、组织性能、模具寿命、挤压生产效率等，均与金属流动有着十分密切的关系。

2.2.1.1 金属流动的特点

为了搞清楚各种挤压方法的金属流动情况，可以采用坐标网格法、视塑性法、去光塑性法、密栅云纹法等实验方法和上限法、有限元法等数值计算方法。下面采用直观、简便的坐标网格法来分析各种挤压方法的金属流动情况。

根据合金在挤压过程中的流动特点，为了研究问题方便，通常把挤压变形过程划分为三个阶段：填充挤压阶段、基本挤压阶段和终了挤压阶段（也称缩尾挤压阶段）。这三个阶段分别对应于挤压力-行程曲线上的Ⅰ、Ⅱ、Ⅲ区，如图 2-3、图 2-4 所示。

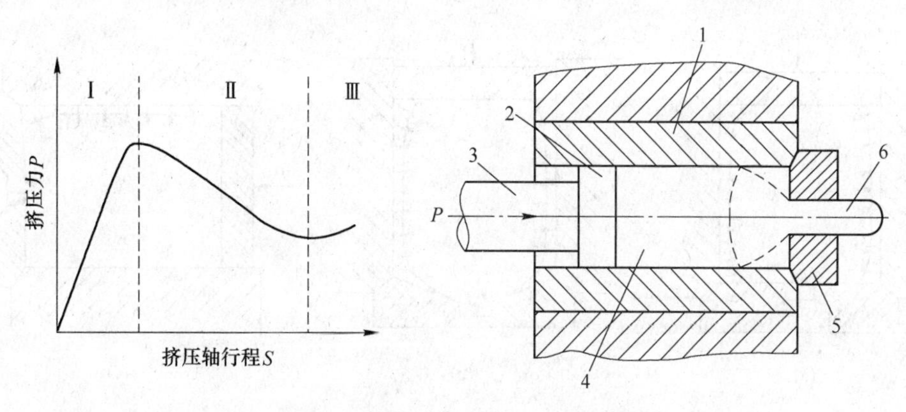

图 2-3　挤压时金属流动的三个阶段

1—挤压筒；2—挤压垫片；3—挤压轴；4—锭坯；5—模具；6—挤压制品；

Ⅰ—填充挤压阶段；Ⅱ—基本挤压阶段；Ⅲ—终了挤压阶段

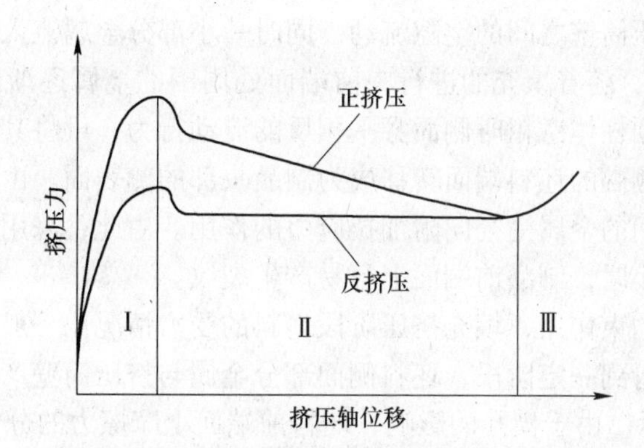

图 2-4　正挤压与反挤压时典型的挤压力-行程（挤压轴位移）曲线比较

A　填充挤压阶段金属流动行为

挤压时，为了便于将坯料装入挤压筒内，坯料直径应比挤压筒内径小 0.5~10mm。理论上用填充系数 R_f来表示这一差值：

$$R_{\mathrm{f}} = F_{\mathrm{t}}/F_0 \tag{2-1}$$

式中，F_t为挤压筒面积；F_0为坯料原始断面积。通常 $R_f=1.04\sim1.15$，其中小挤压筒取上限，大挤压筒取下限。

由于挤压坯料直径小于挤压筒内径，因此在挤压轴压力的作用下，根据最小阻力定律，金属首先向间隙流动，产生镦粗，直至金属充满挤压筒。这一过程一般称为填充挤压阶段。

填充挤压时，金属的流动方式与挤压机的形式（立式或卧式）和挤压模的形状与结构（平模或镶模、单孔模或多孔模等）有关。图 2-5 是采用平模和圆锥模挤压时金属填充流动模型。该图的模型适合于坯料装入挤压筒后周围存在均匀间隙的情形，例如，在立式挤压机上挤压时可以认为基本上是属于这类情形。在卧式挤压机上挤压时的金属填充流动行为基本上与图 2-5（c）所示的情形相同，但由于坯料装入挤压筒后必然在下部与挤压筒产生接触，故在包含挤压轴线的铅垂截面上看，填充金属的流动与坯料周围存在均匀间隙时的情形有所不同。

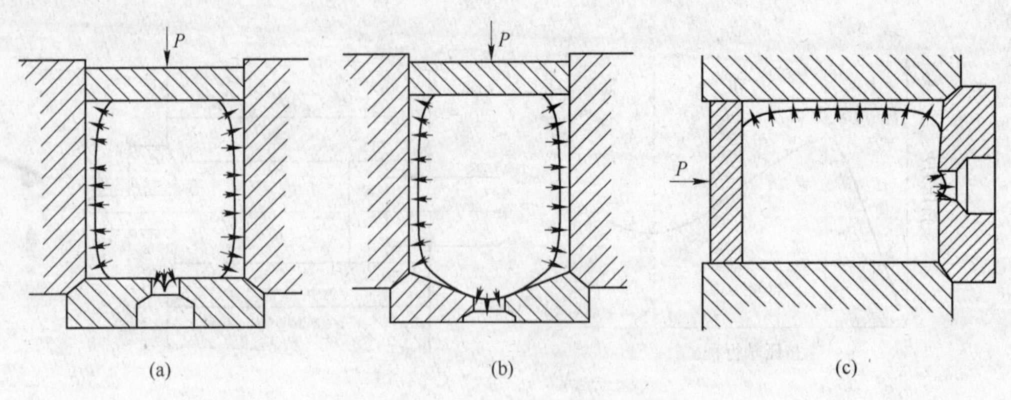

图 2-5 填充挤压时金属的流动模型
（a）平模挤压；（b）锥模挤压；（c）卧式挤压

当坯料原始长度与直径之比在 3~4 以下时，填充时坯料在挤压筒内首先会产生单鼓形，金属向坯料与挤压筒壁之间的空隙流动，同时一小部分金属流入模孔。当采用锥模挤压时（见图 2-5（b）），随着填充的进行，前端面处周围的金属逐渐流动到中心，与模子锥面相接触，形成与圆柱体镦粗时侧面翻平相反的流动行为，可将其称为端面侧翻。在进入基本挤压阶段后，侧翻的坯料端面转移成为制品头部的侧表面。由于这种变形行为，导致填充阶段坯料前端面的金属受径向附加拉应力的作用。由此，采用圆锥模挤压塑性较差的材料，当挤压比较小时，制品前端面上容易产生裂纹。

由于工具形状的约束作用，填充挤压阶段坯料的受力情况比一般的圆柱体自由镦粗更为复杂。假设填充进行到一定阶段，坯料侧面部分金属与挤压筒壁产生了接触，此时的受力情况，如图 2-6 所示。由于模孔的影响，坯料前端面上摩擦力的分布情况不同于与垫片接触的后端面，分为摩擦力方向互不相同的两个环形区域，即靠近模孔处摩擦阻力与靠近模子与挤压筒交角处的摩擦阻力方向相反。随着填充的进行，外侧环形区逐渐变小，至坯料全部充满挤压筒时消失。此外，填充挤压阶段坯料内部的轴向应力分布也与圆柱体镦粗时的情形相反，为中间小边部大，这也是由于中心部位的金属正对着挤压模模孔的缘故。

由于坯料在填充过程中直径逐渐增大，单位压力也逐渐上升，特别是当一部分金属与挤压筒壁接触后，接触摩擦及内部静水压力增大，导致填充变形所需的力迅速增加，因而对应于挤压力-行程曲线上的Ⅰ区，挤压力近似于直线上升（见图 2-3）。对于采用分流模挤压空心型材的情形，或是新模第一次挤压，或是模具经过修模、氮化处理后的第一次挤压，填充包括两个阶段：第一阶段为以上所述的挤压筒内坯料的填充过程；第二阶段为焊合腔内的填充过程。第二阶段的过程可以认为与多坯料挤压时的焊合腔充满过程相同。

当坯料的长径比大于 4~5 时，与圆柱体镦粗类似，填充时会产生双鼓形变形，如图 2-7 所示，在挤压筒的中部产生一个封闭空间。随着填充的进行，此空间体积减小，气体压力增加，并进入坯料表面的微裂纹中，在制品表面形成气泡，若通过模孔时被焊合不良会形成起皮。

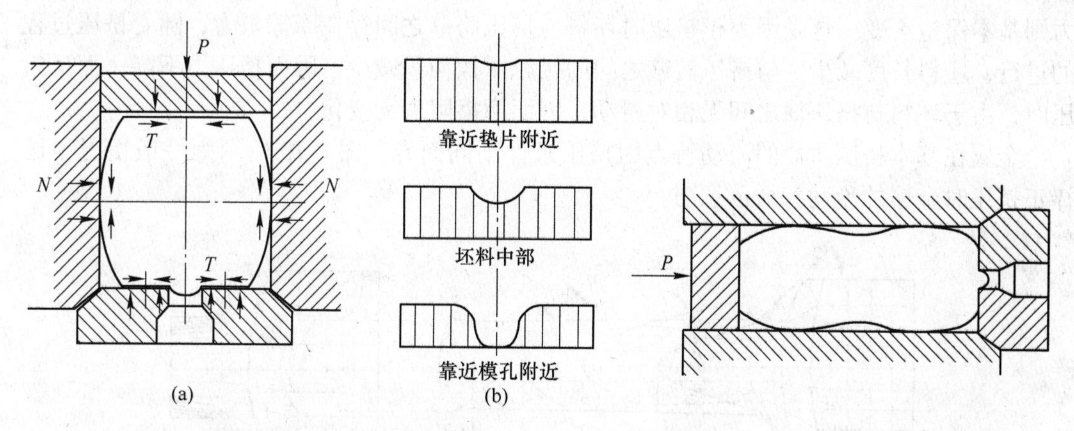

图 2-6 填充挤压阶段坯料的受力状态
（a）表面受力状态；（b）轴向应力状态

图 2-7 长坯料填充时的双鼓变形

即使坯料的长径比小于 3~4，在填充时产生单鼓形，也可能会在模子与筒壁交界部位形成密封空间，同样会给挤压制品带来气泡、起皮等缺陷。坯料和挤压筒间隙越大，即填充系数越大，产生缺陷的可能性越大，所形成的缺陷就越严重。因此，在一般情况下希望填充系数尽可能小，以坯料能顺利装入挤压筒为原则。

解决上述问题的另一措施是采用坯料梯温加热法，即使坯料头部温度高、尾部温度低，填充时头部先变形，而筒内的气体通过垫片与挤压筒壁之间的间隙逐渐排出，如图 2-8 所示。挤压填充时坯料头部部分金属未经变形或变形很小即流入模孔，导致挤制品头部的组织性能很差，因此挤制品均需切除头部。填充系数越大或挤压比越小，切头量就越大。

填充挤压阶段容易形成的另一种缺陷是棒材头部开裂，如图 2-9 所示。这种缺陷与填充挤压时金属的流动和受力特点密切相关。如前所述，锥模挤压时坯料前端面质点流向模面，从而在端面中心形成一个径向附加拉应力，此拉应力在超过挤压温度下金属的强度时，即形成了头部开裂。平模挤压时，由于模孔附近摩擦阻力的作用，也会在端面中心产生径向附加拉应力，导致头部开裂。因此难变形材料挤压时，常将坯料头部车成与锥模模腔相一致的锥体形，以减少头部开裂的产生，并改善流动均匀性。

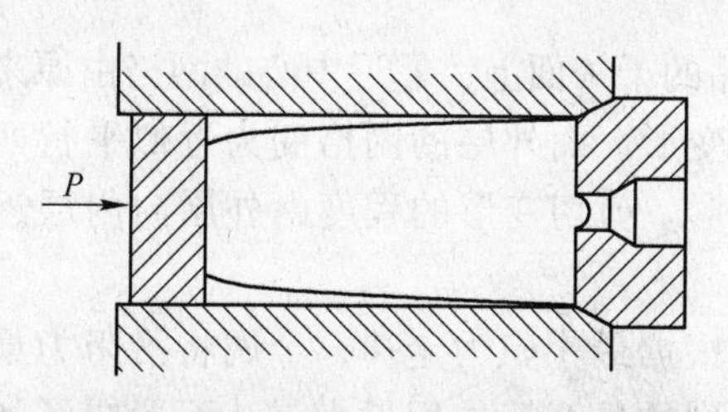

图 2-8 梯温加热后坯料的填充变形图

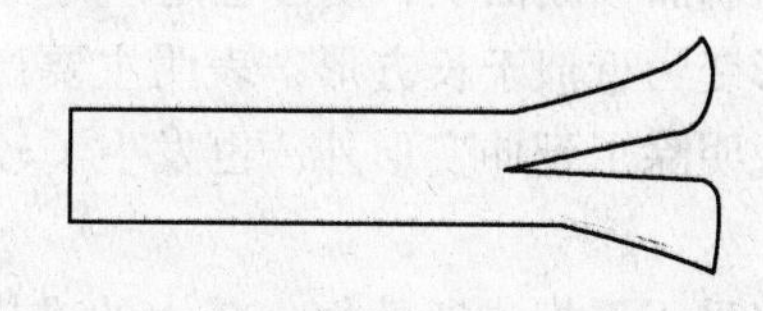

图 2-9 挤压制品头部开裂示意图

B 基本挤压阶段金属流动行为

基本挤压阶段是从金属开始流出模孔到正常挤压过程即将结束时为止。在此阶段，当挤压工艺参数与边界条件（如坯料的温度、挤压速度、坯料与挤压筒壁之间的摩擦条件）无变化时，如图 2-4 所示，随着挤压的进行，正挤压的挤压力逐渐减少，而反挤压的挤压力则基本保持不变。这是因为正挤压时坯料与挤压筒壁之间存在摩擦阻力，随着挤压过程的进行，坯料长度减少，与挤压筒壁之间的接触摩擦面积减少，因而挤压力下降；而反挤压时，由于坯料与挤压筒之间无相对滑动，因而摩擦阻力无变化。

金属在基本挤压阶段的流动特点因挤压条件不同而异。图 2-10 所示为一般情况下圆棒正挤压时金属的流动特征示意图。

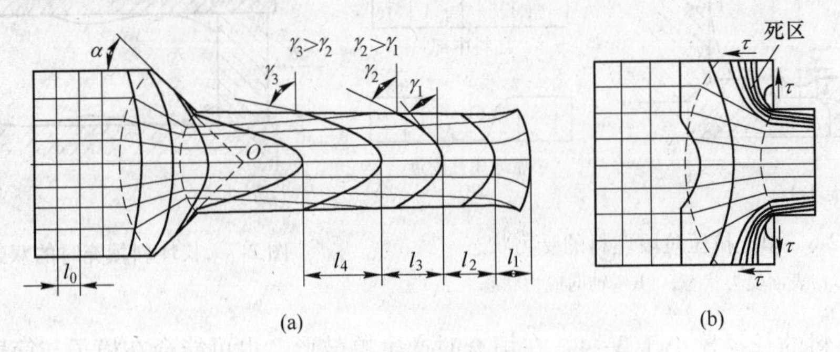

图 2-10　圆棒正挤压时金属的流动特征图

（a）锥模挤压；（b）平模挤压

由图 2-10（a）可知，纵向网格线在进出模孔时发生了两次弯曲，其弯曲角度由中心层向外层逐渐增加，表明金属内外层变形具有不均匀性。将每一纵向线两次弯曲的弯折点分别连接起来可得两个曲面，这两个曲面所包围的体积称为变形区。在理想情况下，这两个曲面为同心球面，球心位于变形区锥面构成的圆锥体之顶点 O。但是，实际的变形区界面既非球面也非平面，其形状主要取决于外摩擦条件、模具模孔的形状和大小。

横向网格线在进入变形区后发生弯曲，变形前位于同一网格线上的金属质点，变形后靠近中心部位的质点比边部的质点超前许多。表明在挤压变形过程中，金属质点的流动速度是不均匀的。由于中心部位正对着模孔，其流动阻力比边部要小；加之金属坯料的外表面受到挤压筒壁和挤压模表面的摩擦作用，使外层金属的流动速度低于中心的流动速度。

观察挤出棒材子午面上的网格变化，可以发现：沿制品的长度方向，变形是不均匀的。首先是横向网格线之间的距离由前端向后端逐渐增加，即 $l_1<l_2<l_3<l_4$。

其次，横向网格线与纵向网格线的夹角（即剪切应变 γ）是变化的，亦由前端向后端逐渐增加，例如 $\gamma_3>\gamma_2$。

沿制品横断面上，变形也是不均匀的。在制品的子午面上，靠近中心的网格由原来的正方形变为近似于长方形，表明主要产生了延伸变形。而外层的网格变为近似平行四边形，说明除了延伸变形外，也发生了较大剪切变形。剪切变形的程度由外层向内层逐渐减少。

当采用平模或者模角 α 较大的锥模挤压时，根据最小阻力定律，金属将沿阻力最小的路径流动，位于模子与挤压筒交界处的金属受到的外摩擦作用最大，从而形成了如图 2-10 所示的死区。

理论上认为死区的边界为直线，且死区不参与流动和变形，死区形成后构成一个锥形腔，相当于锥模的作用。因此认为在基本挤压阶段，金属的流动特征与锥模挤压基本相同。而实际挤压时，死区的边界形状并非为直线，一般呈圆弧状。而且由于在死区和塑性区的边界存在着剧烈滑移区，导致死区也缓慢地参与流动，死区的体积逐渐减少，如图

2-11 所示。

影响死区的因素如下：

（1）模角 α。实验表明，模角增加将使死区增大，锥模的死区比平模小。在一定的挤压条件下（一定的挤压比和外摩擦条件），存在一个不产生死区的最大模角 α_{cr}。B. Avitzur 用上限法分析的结果表明，α_{cr} 与挤压变形程度和外摩擦条件有关，如图 2-12 所示为挤压比对应于不同的摩擦因子 m（定义 $m=t/k$，t 为摩擦应力，k 为材料在变形条件下的临界剪切应力），采用图中相应曲线上方区域内的模角挤压时均会产生死区。

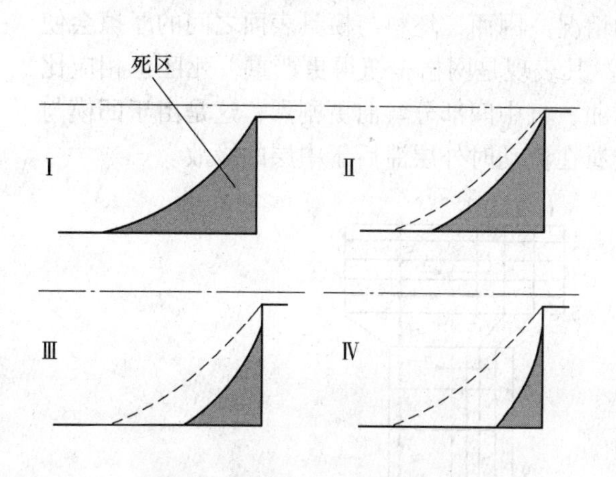

图 2-11　挤压过程中的死区变化

Ⅰ—挤压前期；Ⅱ，Ⅲ—挤压中期；Ⅳ—挤压后期

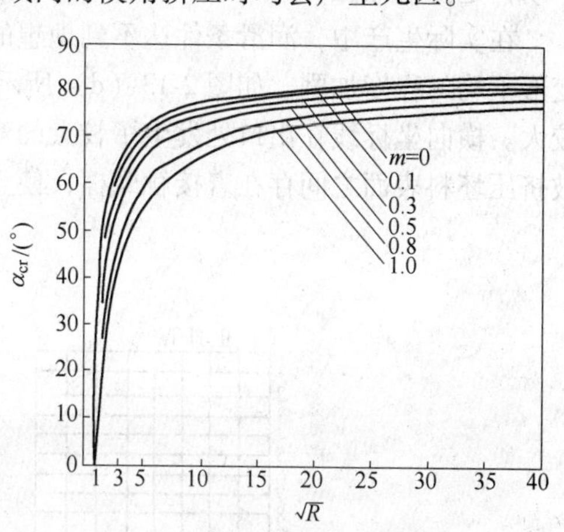

图 2-12　无死区最大模角与挤压变形程度和外摩擦条件的关系

（2）摩擦条件。由图 2-12 可知，外摩擦（m 值）越大，越容易产生死区，即在同一变形程度下，m 越大，无死区最大模角越小。因而在同一模角和变形程度条件下，外摩擦越大，死区越大。

（3）挤压比。挤压比 R（此处将挤压比定义为挤压筒断面积与制品总断面积之比）增大时，无死区最大模角增加。当润滑充分时，挤压比大到一定程度后，甚至采用平模挤压也不会产生死区。在同一润滑条件和模角条件下，死区的体积随挤压比的增加而减小。这是因为当挤压比 R 增加时，α_{max} 增加，此时死区边界附近滑移变形更为剧烈，死区边界向死区内凹进，尽管此时的死区高度 h_s 可能增加，但死区的体积是减小的。

（4）挤压温度。挤压温度越高，死区越大，热挤压死区大于冷挤压。因为挤压温度越高，金属越软，外摩擦的作用越大。

2.2.1.2　挤压变形的金属流动分析

A　正挤压实心件金属流动分析

为了解正挤压实心件的金属流动情况，可将圆柱体坯料切成两块。在其中的一块剖面刻上均匀的网格，并在剖面上涂润滑油，再与另一块的剖面拼合在一起放入挤压凹模模腔内进行正挤压。当挤压至某一时刻时停止挤压，取出试件，将试件沿拼合面分开，此时可以观察到坐标网格的变化情况。

假如凹模出口形状和润滑状态理想，则挤出的材料变形为均匀的、无剪切变形的理想变形，如图 2-13（b）所示。但是由于外部摩擦、工件形状、变形程度及各种因素的影响，实际情况与之有一定的差别。理想润滑时的挤压金属变形如图 2-13（c）所示。可以看到，坯料的边缘接近凹模孔口时才发生变形。坯料的中心部分首先开始变形，横格线向挤压方向弯曲，接近模具孔口部分的弯曲程度最大。而与模具型腔表面的接触部分，却倾向于停留不动，其表现是位于表层的横格线间隔基本不变。由于锥面的推挤作用，纵向方格线向中心靠拢，发生不同程度的扭曲，位于模具孔口附近的扭曲变形最为显著，可见，变形主要集中在模具孔口附近。处于凹模下底面转角处的那一小部分金属很难变形或停留不动，是挤压死区。

在实际生产中，润滑条件达不到理想的情况。因而，坯料与模具表面之间的摩擦会使变形不均匀程度加剧，如图 2-13（d）所示。其表现是网格歪扭得更严重，死区也相应比较大。横向坐标线在出口处发生了较大的弯曲，且中间部分弯曲更剧烈，这是由于凹模与被挤压坯料表面之间存在着接触摩擦，使金属在流动时外层滞后于中层的缘故。

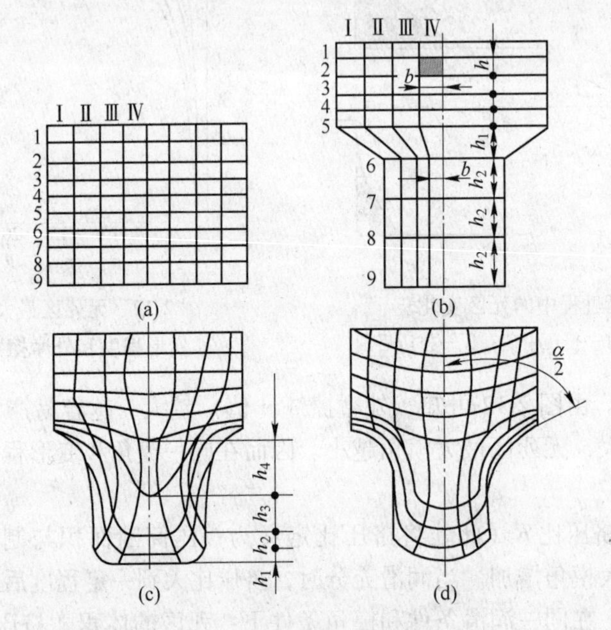

图 2-13 正挤压变形的网格示意

（a）变形前；（b）理想变形；（c）理想润滑时的变形；（d）实际变形

正挤压时坯料大致分为：变形区、待变形区、已变形区和死区，如图 2-14（a）所示。因为变形区始终处于凹模孔口附近，只要压余厚度不小于变形区的高度，变形区的大小、位置都不变，所以正挤压变形属于稳定变形。变形区的应力状态与应变状态如图 2-14（b）所示。

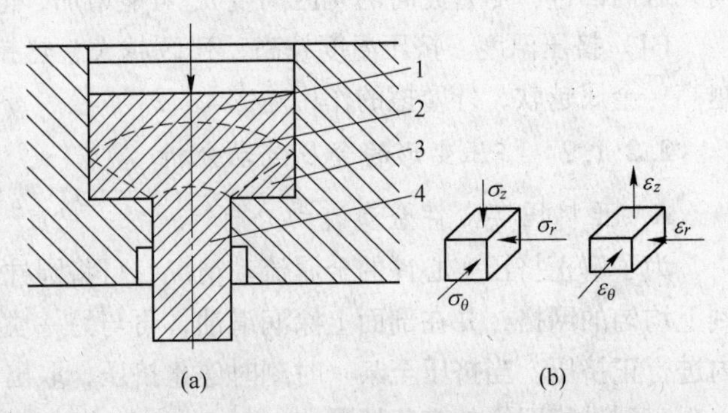

图 2-14 正挤压变形分区

（a）变形分区；（b）变形区应力应变状态

1—待变形区；2—变形区；3—死区；4—已变形区

从上述分析可以看出，正挤压实心件的变形特点是：金属进入变形区才发生变形，此区称为剧烈变形区。进入此区以前或离开此区以后，金属几乎不变形，仅作刚性平移。在变形区内，金属的流动是不均匀的，中心层流动快，外层流动慢；而当进入稳定变形阶段以后，不均匀变形的程度是相同的。在凹模出口转角处会产生程度不同的金属死区。

B 正挤压空心件变形的流动分析

正挤压空心件的坐标网格变化情况如图 2-15 所示。坯料除了受凹模工作表面的接触摩擦影响外，还受到芯棒表面接触摩擦的影响，因而坯料上的横向坐标线向后弯曲，不再有产生超前流动的中心区域，这说明正挤压空心件的金属流动比正挤压实心件均匀一些。在进入稳定流动时，剧烈变形区也是集中在凹模锥孔附近高度很小的范围内，金属在进入变形区以前或离开变形区以后几乎不发生塑性变形，仅作刚性平移。

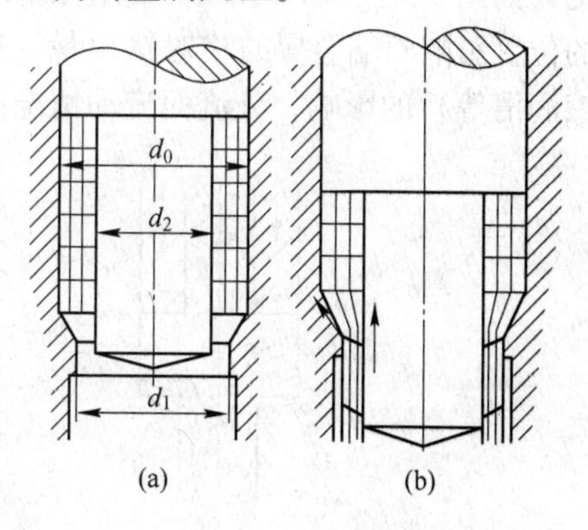

图 2-15 正挤压空心件的金属流动情况

（a）挤压前的初始状态；（b）挤压时的网格变化情况

C 反挤压变形的流动分析

用实心坯料反挤压杯形件时，挤压变形过程的坐标网格变化情况如图 2-16 所示。图 2-16（b）表示坯料高径比大于 1 进入稳定挤压状态时的网格变化情况。此时，可将坯料内部的变形情况分为五个区域（见图 2-17）：1 区为已变形区，呈现自由流动状态，形状逐渐均匀；2 区为金属“死区”，它紧贴凸模端表面，呈倒锥形，该锥形大小随凸模端表面与坯料间的摩擦阻力大小而变化；3 区为剧烈变形区，坯料金属在此区域内产生剧烈流动，该区的轴向范围大约为 $(0.1\sim0.2)d_1$（d_1为反挤压凸模直径），当凸模下行到坯料底部尺寸仍大于此界限尺寸时，仍为稳定变形状态，金属流动局限于 3 区内；4 区为过渡区，沿着金属流动方向等待发生变形，内部运动杂乱无章，逐渐向变形区移动；5 区为待变形区，即紧贴凹模腔底部的一部分金属，保持原状，不产生塑性变形；当凸模再继续下行到坯料底厚小于此界限尺寸时，在此底厚内的全部金属材料皆产生流动，成为如图 2-16（c）所示的非稳定变形状态。由图可以看出，反挤压时内壁的变形程度大于外壁。同时，强烈变形区的金属一旦到达筒壁后，就不再继续变形，仅在后续变形金属的推动和流动金属本身的惯性力作用下以刚性平移的形式向上运动。

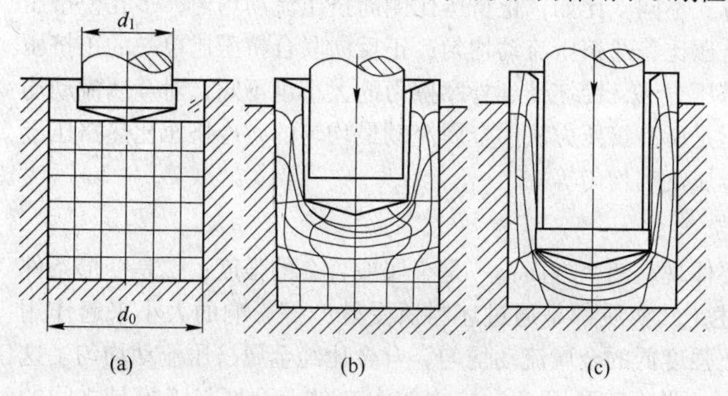

图 2-16 反挤压变形的网格图

（a）变形前；（b）稳定变形；（c）非稳定变形

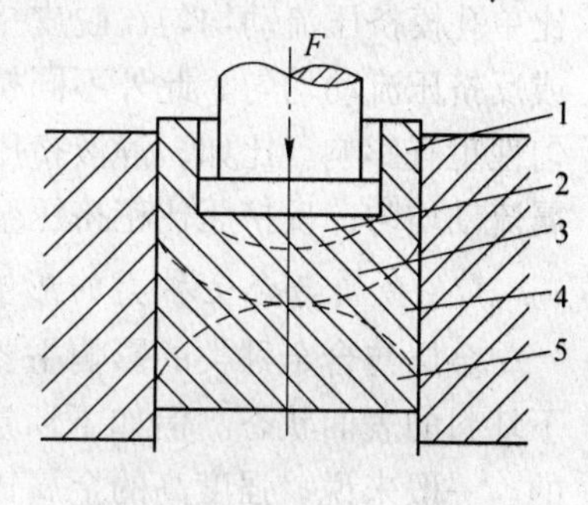

图 2-17 反挤压变形分区

1—已变形区；2—死区；3—变形区；4—过渡区；5—待变形区

D 复合挤压变形的流动分析

复合挤压因为是正挤压、反挤压的组合，有很多种复合的情况，其坐标网格的变化情况，如图 2-18 所示。复合挤压存在向不同出口挤出的流动的分界面，即分流面。分流面的位置影响两端金属的相对挤出量，但由于受到零件形状及变形条件（如模具结构、摩擦润滑等）的影响，分流面流动情况比较复杂。

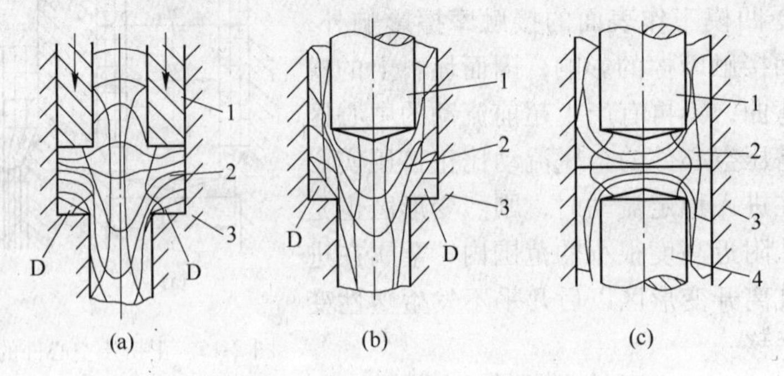

图 2-18 复合挤压变形的网格图

（a）杆-杆；（b）杯-杆；（c）杯-杯

1—凸摸；2—工件；3—凹模；4—下凸模；D—死区

2.2.1.3 影响金属流动的因素

影响挤压时金属流动的因素很多，例如挤压方法、制品的形状与尺寸、合金种类、模具结构与尺寸、工艺参数、润滑条件等。由于变形方式与工模具结构等固有特点，挤压时变形不均匀是绝对的，均匀是相对的。一般地说，较好的流动均匀性对应于较好的变形均匀性，对应于较好的制品组织性能均匀性。下面简述各种因素对金属流动的影响。

A 制品的形状与尺寸

一般而言，当其他条件相同时，棒材挤压比型材挤压时金属流动均匀，而采用穿孔针挤压管材时的金属流动比挤压棒材时均匀。制品对称度越低，宽高比越大，壁厚越不均匀，比周长越大（断面越复杂）的型材，挤压时金属流动的均匀性就越差。

B 挤压方法

不同挤压方法使金属流动方式不同。比如，正挤压比侧向挤压流动均匀，多孔模挤压比单孔模挤压流动均匀，脱皮挤压比普通挤压流动均匀，正反向联合挤压比单一的正挤压或反挤压流动均匀。此外不同挤压方法，锭坯受到外摩擦力的大小也不同，对金属流动均匀性也有影响。比如，静液挤压是所有挤压方法中金属流动最均匀的，冷挤压比热挤压金属流动均匀，反挤压比正挤压金属流动均匀等。

C 金属与合金种类的影响

金属与合金种类的影响主要体现在两个方面：一是金属或合金的强度；二是变形条件下坯料的表面状态。但如下所述，其实质都是通过坯料所受外摩擦影响的大小来起作用的。一般来说，强度高的金属比强度低的金属流动均匀，合金比纯金属挤压流动均匀。这是因为在其他条件相同的情况下，强度较高（变形抗力较大）的合金，与工模具之间的摩擦系数降低，摩擦的不利影响相对减少。

在热挤压条件下，不同金属坯料的表面状态不同，金属流动均匀性不同。例如，纯铜表面的氧化皮具有较好的润滑作用，所以纯铜挤压时的金属流动均匀性比α黄铜的均匀，而α+β黄铜（H62、HPb59-1）、铝青铜、钛合金等挤压时金属流动均匀性最差。

D 摩擦条件的影响

如前所述，挤压方法、合金的种类对金属流动均匀性的影响，主要是通过外摩擦的变化而产生的。

2.2.2 挤压力

2.2.2.1 概述

通过挤压轴和垫片作用在金属坯料上的外力，称为挤压力（P）。挤压过程中，随着挤压轴的移动，挤压力是变化的。通常在填充完成后，金属开始从模孔流出时挤压力达到最大值。合理地制订生产工艺规程、正确地选择挤压设备和设计工模具都需要准确地确定最大挤压力。挤压力也是现代挤压机上实现计算机自动控制所不可缺少的重要参数之一。

单位垫片面积上的挤压力称为单位挤压力（p）；单位挤压力与变形抗力（σ_k）之比，称为挤压应力状态系数（n_σ）：

$$p = \frac{P}{F_P} \tag{2-2}$$

$$n_\sigma = \frac{p}{\sigma_k} \tag{2-3}$$

式中，F_P为垫片面积，对于不带穿孔针的挤压，取$F_P = F_t$；对于带穿孔针的挤压，$F_P = F_t - F_z$，F_t、F_z分别为挤压筒和穿孔针针杆的断面积。

确定挤压力大小的方法分为实测法和计算法两大类。

（1）实测法。实测法包括压力表读数和电测两种基本方法。压力表读数法是一种简单易行的方法。利用挤压机上的压力表，读出挤压机工作时主缸或穿孔缸内的工作压力p_b，根据挤压机的额定挤压力（也称吨位）或额定穿孔力N，挤压机高压液体的额定工作压力p_e，即可确定挤压或穿孔力p：

$$p = \eta \frac{N}{p_e} p_b \tag{2-4}$$

由于运动件之间存在摩擦（如柱塞与缸，活动横梁与底座等），实际加在坯料上的挤压力比由压力表上的读数所确定的挤压力要低。因此，在式（2-4）中考虑了一个挤压机的效率系数η，通常取$\eta = 0.95 \sim 0.98$。

压力表读数的缺点在于当挤压速度太快时，因压力表上的指针摆动太快读数不易准确，且由于冲击惯性，表上读数通常比实际值偏高。此外，压力表读数法难以记录挤压力在挤压过程中的变化。

采用电测法可以克服上述缺点。电测法的基本原理是：通过压力传感器，将压力转换成应变和电阻的变化，以改变测量电路中的电信号输出，从而记录挤压过程中挤压力的变化情况。

实测法可以真实地反映特定生产条件下挤压力及其各分量的变化，有助于研究各种因素对挤压力的影响规律，可用来评价各种挤压力计算式。实测法的缺点在于对每一种生产条件均需进行实测，不能预测挤压力，在采用新工艺、生产新材料、新产品时，由于没办法实测，则希望能预先估算挤压力。

（2）计算法。计算法则是采用经验计算式，或由力平衡条件、能量不变条件、屈服条件以及金属流动许可相容速度条件导出的各种计算式，来预测某一生产工艺所需的挤压力，以便正确地制订工艺规程、选择设备和设计工模具。由于计算法中所采用的是数学式或数字模型，有利于在计算机上应用，实现自动控制。所用参数或数学模型不精确，导致计算结果不够准确，是计算法的主要不足。式（2-5）为现在常用的适用于现代挤压机的挤压力计算公式。

$$P = \beta A_0 \sigma_0 \ln\lambda + \mu\sigma_0 \pi(D + d)L \tag{2-5}$$

式中 P——挤压力，N；

A_0——挤压筒或挤压筒减挤压针面积，mm^2；

σ_0——与变形速度、温度等有关的变形抗力，MPa；

λ——挤压系数；

μ——系数，$1/\sqrt{3}$；

D——挤压筒直径，mm；

L——镦粗后铸锭长度，mm；

d——挤压针直径，mm；

β——修正系数（1.3~1.5，硬合金取下限，软合金取上限）。

2.2.2.2 挤压受力状态分析

金属在稳定流动阶段（基本挤压阶段）的受力状态与镦粗阶段有较大的不同，其基本特征如图2-19所示，包括挤压筒壁、模子锥面和定径带作用在金属上的正压力和摩擦力，以及挤压轴通过垫片作用在金属上的挤压力。这些外力随挤压方式的不同而异：反挤压时，挤压筒壁与金属间的摩擦力为零；有效摩擦挤压时，筒壁与金属间的摩擦力与如图2-19所示的方向相反而成为挤压力的一部分。在不同挤压条件下，接触表面的应力分布各异，且不一定按线性规律变化。但用测压针测定筒壁和模面受力情况的实验结果表明，当挤压条件不变时，各处的正压力在挤压过程中基本上不变，如图2-20所示。

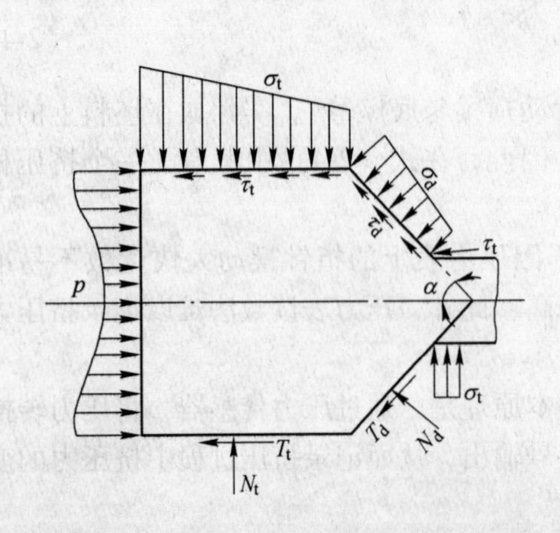

图2-19 正挤压基本阶段金属受力情况图

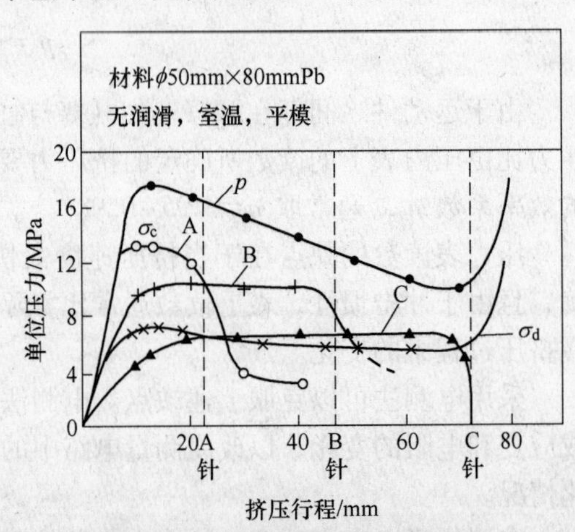

图2-20 正挤压铅时筒壁上各点压力及垫片上平均单位压力的变化

坯料与挤压筒以及模子锥面之间的摩擦应力，主要取决于挤压变形温度与润滑条件，通常比较复杂。对于无润滑热挤压，在理论分析与工程计算上，常取极限摩擦状态，即认为摩擦应力达到相应变形温度下金属的剪切屈服极限，且其分布是均匀的。

基本挤压阶段变形区内部的应力分布也是比较复杂的。多种实验结果表明：(1) 坯料的中心部正对着模孔，金属流动阻力小，而坯料的外周由于受到模面的约束，金属流动困难。因此轴向应力 σ_z，在靠近挤压轴线的中心部小，靠近挤压筒壁的外周大。(2) 剪切应力在中心线上为0，沿半径方向至坯料与挤压筒（或挤压模）接触表面呈非线性变化。(3) 沿挤压方向的逆向，各应力分量的绝对值随着离开挤压模出口距离的增加而上升。

2.2.2.3 影响挤压力的因素

影响挤压力的因素主要有金属坯料的性质、状态和尺寸、挤压工艺参数、外摩擦状态（润滑条件）、棋子形状与尺寸、制品断面形状以及挤压方法等。

A 金属坯料的影响

理论和实验研究都表明：挤压力随金属坯料的变形抗力的增加而线性地增加。挤压力与坯料状态有关。当坯料内部组织性能均匀时，所需的挤压力较小。经充分均匀化退火的铸锭比铸锭挤压力低，且在挤压速度越低时这一效果越明显，如图 2-21 所示。对工业纯铝和 6063 铝合金的热挤压实验研究证明，铸锭内部为沿挤压方向取向的羽毛晶组织时，其挤压力比等轴晶时小。此外，当在相变点温度附近挤压时，在单相区内挤压比在多相区内挤压所需的挤压力低。因为在相变点温度附近，温度变化很小而流动不均匀性变化很大，所以导致挤压力的变化很大。

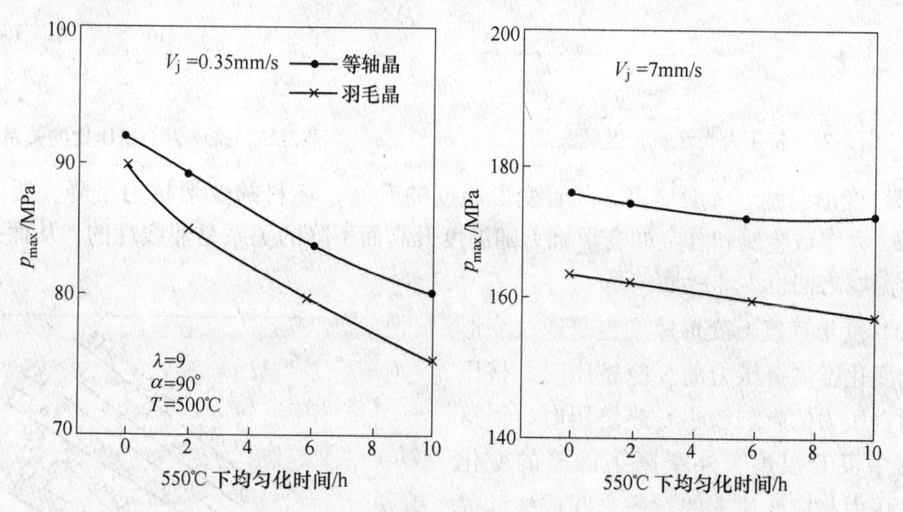

图 2-21 纯铝组织与均匀化时间对挤压力的影响（V_j为挤压轴速度）

挤压力还与挤压变形历史有关。例如，经一次挤压后的材料作为二次挤压的坯料时，在相同工艺条件下，二次挤压时所需的单位挤压力比一次挤压大。这实际上是由于在同一温度、速度和外摩擦条件下，二次挤压时金属坯料加工硬化或晶粒细化导致的变形抗力提高了的缘故。

坯料长度对挤压力的影响，实际上是通过挤压筒内坯料与筒壁之间的摩擦阻力而产生作用的。由于不同挤压条件下坯料与筒壁之间的摩擦状态不同，因而坯料长度对挤压力的影响规律也不同。反挤压的坯料与筒壁之间无相对滑动，不产生摩擦阻力，故挤压力与坯料长度无关。正挤压的挤压力随坯料长度增加而增大。图 2-22 是纯铝热挤压时挤压力与坯料长度之间关系的实验曲线。一般情况下，坯料与筒壁之间的摩擦应力达到极限值，$\tau_t=\kappa=\mathrm{const}$，即为常摩擦应力状态，随着坯料长度的减小，挤压力线性地减小。由于接触表面正压力沿轴向非均匀分布，故摩擦应力也非均匀分布，一般挤压力与坯料长度之间是非直线关系。

B 工艺参数的影响

（1）变形程度。挤压变形程度 ε_e 用挤压比的自然对数表示，即 $\varepsilon_e=\ln\lambda$。大量的理论分析与实验研究结果表明，挤压力与变形程度 ε_e 成正比关系。图 2-23 所示为不同挤压温度下，6063 铝合金挤压力与挤压比的关系的实验曲线。

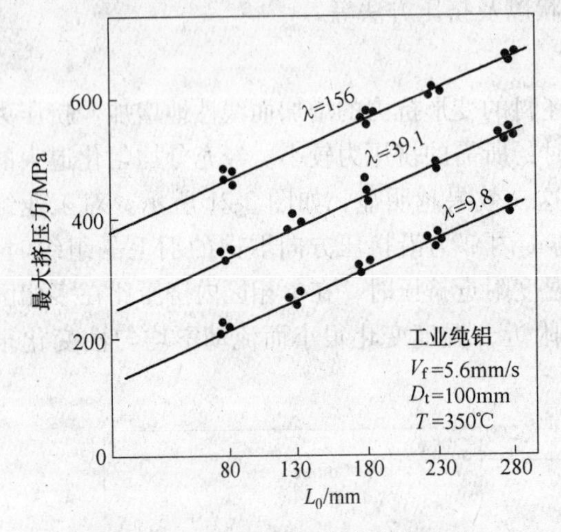

图 2-22 挤压力与坯料长度的关系

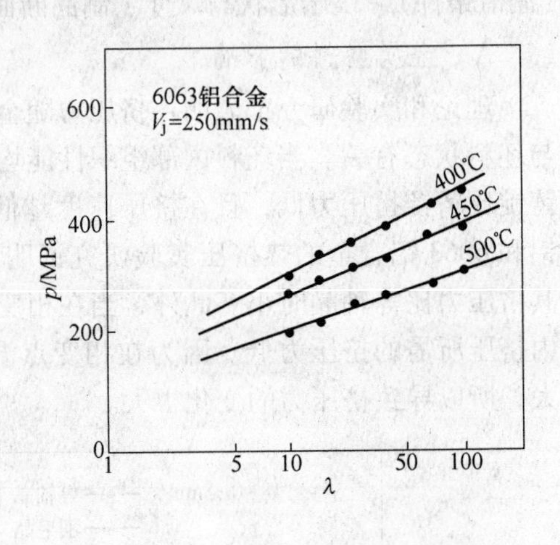

图 2-23 挤压力与挤压比的关系

（2）变形温度。一般地讲，随着变形温度的升高，坯料的变形抗力下降，所需挤压力下降。大多数金属和合金的变形抗力随温度升高而下降的关系是非线性的，从而挤压力与变形温度之间也为非线性关系。

（3）变形速度。变形速度也是通过变形抗力的变化影响挤压力的。冷挤压时，挤压速度对挤压力的影响较小。热挤压时，当挤压过程中没有温度、外摩擦条件等的变化时，挤压力与应变速率的对数之间成线性关系，如图 2-24 所示。挤压速度增加，所需的挤压力增加，可以解释为：热挤压时，金属在变形过程中产生的硬化可以通过再结晶软化。但这种软化需要充分的时间进行，当挤压速度增加时，软化来不及进行，导致变形抗力增加，使挤压力增加。根据图 2-25 可以正确地确定不同挤压温度和应变速度下的真

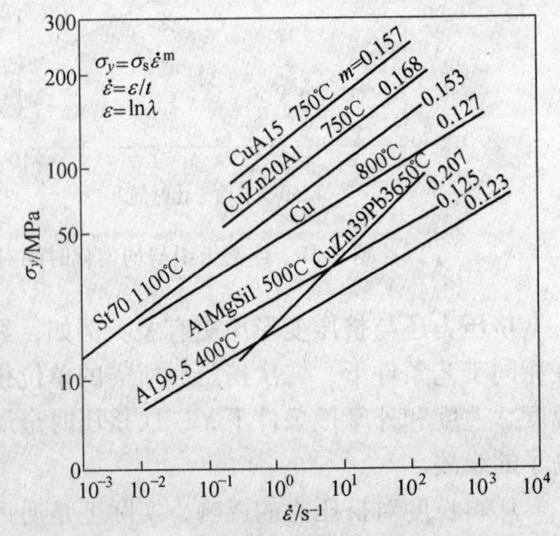

图 2-24 应变速率对挤压变形抗力的影响

实变形抗力，但目前有关这方面的资料还很不全面，实际应用中，通常用一个应变速度系数 C_v来近似确定变形抗力：

$$\sigma_{\kappa} = C_v \sigma_s \tag{2-6}$$

其中，对于铝及铝合金、铜及铜合金，C_v按图 2-25 确定（图中横轴为对数比例）；σ_s为变形温度下静态拉伸时的屈服应力。

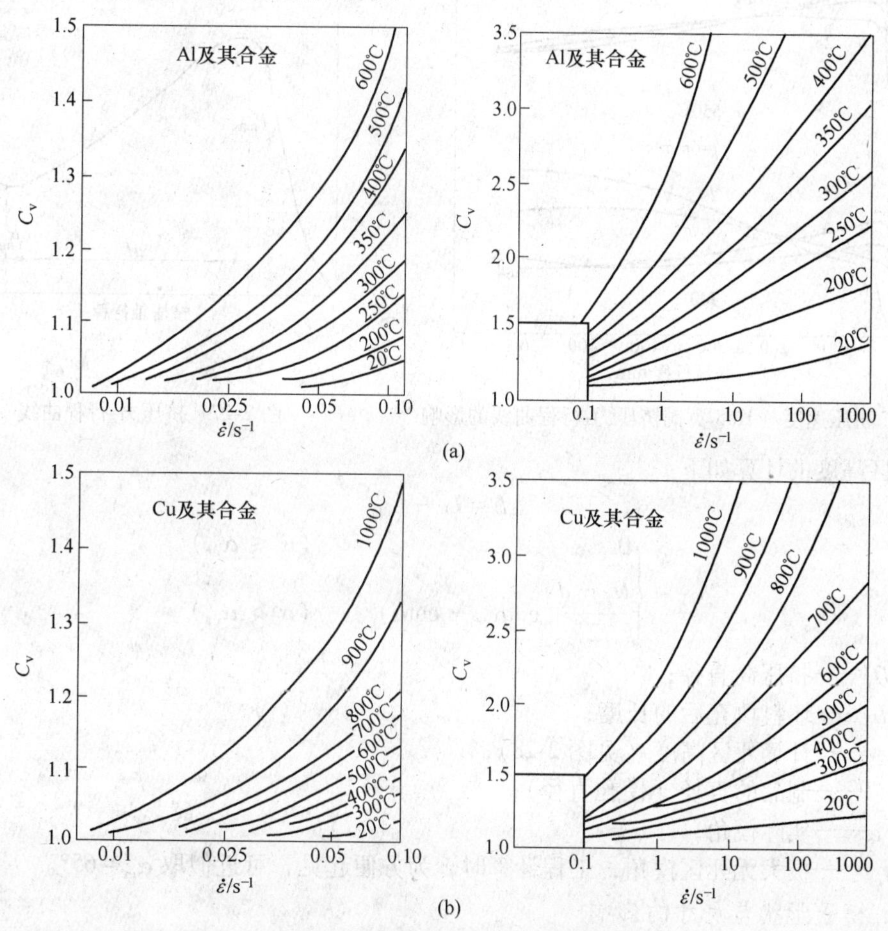

图 2-25　变形抗力与应变速度关系图

（a）Al 及其合金；（b）Cu 及其合金

图 2-26 所示为 H68 黄铜挤压时，挤压速度对挤压力曲线的影响。在挤压前阶段，挤压速度越高，挤压力越大。但在挤压后阶段，当挤压速度较慢时，所需的挤压力反而较高。这是因为铜及铜合金的挤压温度较高，与挤压筒的温差大，当挤压速度较慢时，坯料的后端因受到冷却而温度降低，变形抗力升高。因此，挤压后阶段速度对挤压力的影响与前阶段不同，实际上是由于温度发生变化所引起的。

C　外摩擦条件的影响

金属与挤压筒、挤压模表面之间的摩擦阻力增加而使挤压力增加，随着外摩擦阻力的增加，金属流动不均匀程度增加，也会使挤压力增加。

金属坯料与挤压筒壁之间的摩擦状态因挤压温度和润滑条件不同而异。但确定挤压筒上的摩擦应力 τ_t的分布比较困难，实际应用中，摩擦应力 τ_t通常取用挤压力-行程曲线上的平均值，如图 2-27 所示。

$$\bar{\tau}_t = \frac{P_{max} - P_{min}}{\pi D_t \Delta L} \tag{2-7}$$

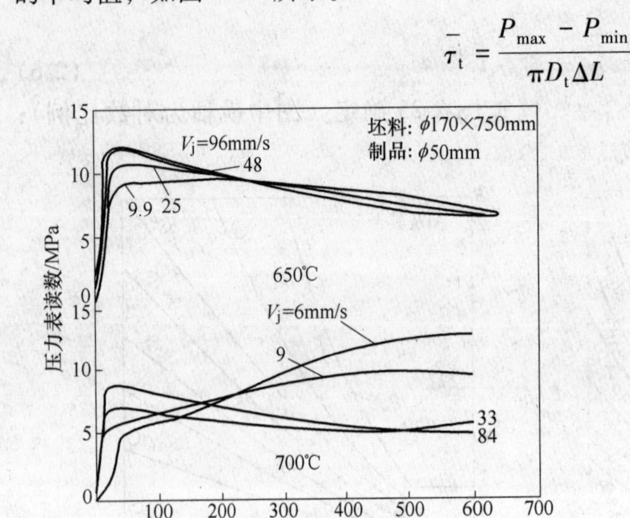

图 2-26 挤压速度对 H68 黄铜挤压力-行程曲线的影响

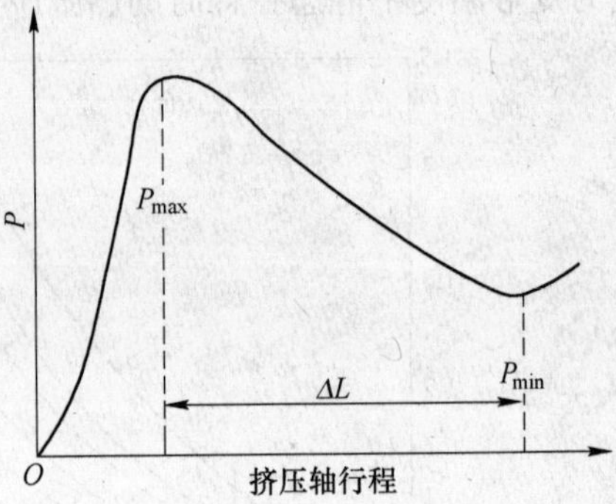

图 2-27 挤压力-行程曲线

死区高度的计算如下：

$$\Delta L = L_t - L_{s1}$$

$$h_{s1} = \begin{cases} 0 & (\alpha \leqslant \alpha_{cr}) \\ \dfrac{D_t - d}{2}(\cot\alpha_{cr} - \cot\alpha) & (\alpha > \alpha_{cr}) \end{cases} \tag{2-8}$$

式中 D_t——挤压筒直径；

L_t——坯料填充后的长度；

h_{s1}——计算死区高度（见图 2-28）；

d——制品的直径（模孔直径）；

α——实际模角；

α_{cr}——极大无死区模角，工程计算时，为方便起见，可近似取 $\alpha_{cr} = 65°$。

D 模子形状与尺寸的影响

（1）模角的影响。模角对挤压力的影响，主要表现在变形区及变形区锥表面，而克服金属与筒壁间的摩擦力及定径带上的摩擦力所需的挤压力与模角无关。在一定的变形条件下，如图 2-29 所示，随着模角 α 的增大，变形区内变形所需的挤压力分量仅 R_M 增加，

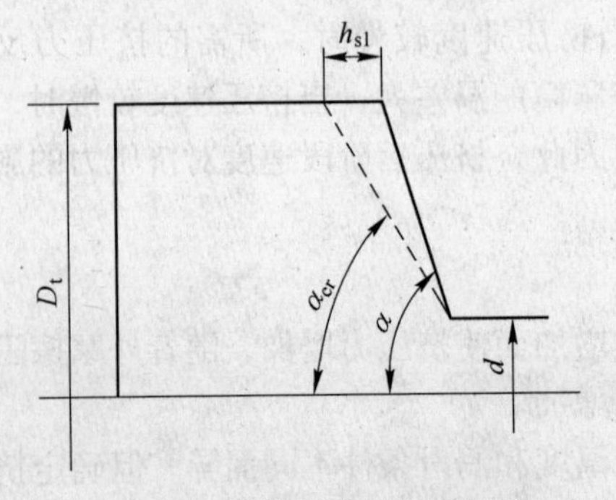

图 2-28 计算死区高度示意图

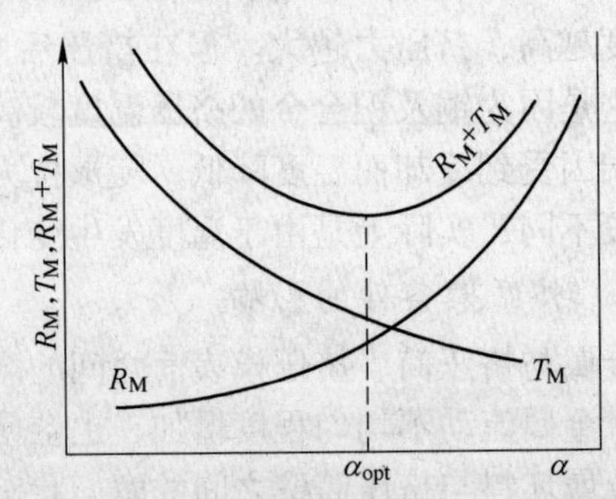

图 2-29 挤压力分量与模角关系示意图

这是由于金属流入和流出模孔时的附加弯曲变形增加之故，但用于克服模子锥面上摩擦阻力的分量 T_M 由于摩擦面积的减小而下降。以上两个方面因素综合作用的结果，使 R_M+T_M 在某一模角 α_{opt} 下为最小，从而总的挤压力也在 α_{opt} 为最小，α_{opt} 称为最佳模角。一般认为，挤压最佳模角一般在45°~60°的范围内。

但近年来，对各种不同条件下所做的大量理论和实验研究证明，挤压最佳模角随挤压条件不同而异，主要与挤压变形程度与外摩擦有关。对于无润滑热挤压的情况，理论分析表明，最佳模角与挤压变形程度（$\varepsilon_e=\ln\lambda$）之间具有如下关系：

$$\alpha_{opt} = \arccos\frac{1}{1+\varepsilon_e} = \arccos\frac{1}{1+\ln\lambda} \tag{2-9}$$

用铅作变形材料所得到的最佳模角与挤压比关系的实验曲线如图2-30所示，图中同时给出了有关理论分析结果。由图2-30可知，随着挤压比的增加，最佳模角 α_{opt} 的数值是增加的。

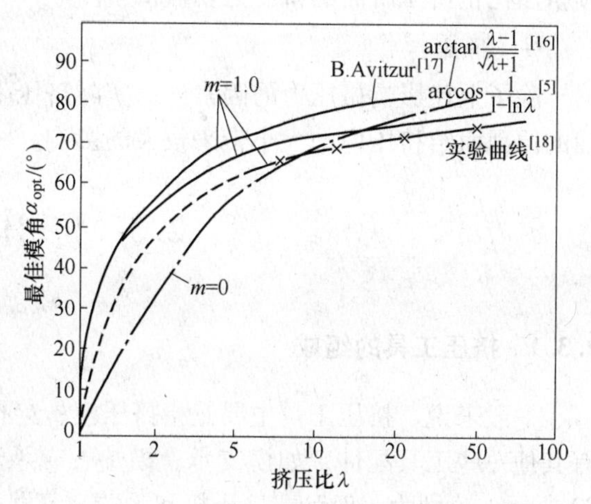

图2-30 最佳模角与挤压比的关系

（2）模面形状。采用合适的模面形状能大大改善金属流动的均匀性，降低挤压力。对于铝及铝合金、铜及铜合金的热挤压，大多数情况下为无润滑挤压，由于挤压操作上的原因，往往采用平模或角度较大的锥模挤压；而对于各种材料零部件的冷挤压、温挤压成形，以及钛及钛合金、钢铁材料的热挤压，采用合适形状的曲面模挤压，以改善金属的挤压性，降低挤压生产能耗，有其重要意义。

（3）定径带长度的影响。随着定径带长度的增加，克服定径带摩擦阻力所需的挤压力增加。消耗在定径带上的挤压力分量为总挤压力的5%~10%左右。

（4）其他因素的影响。挤压模的结构、模孔排列位置等对挤压力也有较大的影响。当挤压条件相同时，采用桥式模挤压空心材比采用分流模挤压的挤压力下降30%。采用多孔模挤压时，模孔的排列位置对挤压力也有一定影响。

E 制品断面形状的影响

在挤压变形条件一定的情况下，制品断面形状越复杂，所需的挤压力越大。制品断面的复杂程度可用系数 f_1、f_2 来表示。

$$f_1 = \frac{\text{型材截面周长}}{\text{等断面圆周长}} \tag{2-10}$$

$$f_2 = \frac{\text{型材外切圆面积}}{\text{型材断面积}} \tag{2-11}$$

f_1、f_2 称为型材断面形状复杂系数。只有当 $f_1>1.5$ 时，制品断面形状对挤压力才有明显的影响。纯铝静液挤压试验结果表明，与等面积圆棒挤压时的情形相比，当 $f_1=1.17$ 时，挤压力上升3%；$f_1=1.52$ 时，挤压力上升12%；$f_1=1.76$ 时，挤压力上升33%；$f_1=4.22$ 时，挤压力上升61%。即在 $f_1=1.5\sim2.0$ 的范围内，型材断面形状复杂系数对挤压力有较为显著的影响，随f_1的增加，所需挤压力迅速增加；低于此范围时，随f_1的变化，挤压力的变化不明显；高于此范围时，随f_1的增加，挤压力上升的速度变慢。此外，如以$f_1 \cdot f_2$的大小来衡量，则当$f_1 \cdot f_2 \leqslant 2.0$时，断面形状对挤压力的影响很小。例如，挤压正方形棒（$f_1 \cdot f_2 = 1.77$）和六角棒（$f_1 \cdot f_2 = 1.27$）所需的挤压力，与挤压等断面圆棒的挤压力几乎相等。

F 挤压方法

不同的挤压方法所需的挤压力不同。反挤压比同等条件下正挤压所需的挤压力低30%以上；侧向挤压比正挤压所需的挤压力大。此外，采用有效摩擦挤压、静液挤压、连续挤压比正挤压所需的挤压力要低得多。

G 挤压操作

除了上述影响挤压力的因素外，实际挤压生产中，还会因为工艺操作和生产技术等方面的原因而给挤压力的大小带来很大的影响。

2.3 挤压工具

2.3.1 挤压工具的组成

一般来说，挤压工具主要是指挤压模、穿孔针、垫片、挤压轴和挤压筒等。此外，还有其他一些工具配件，如模支承、模垫、支承环、冲头、针座、导路等。图2-31和图2-32所示，分别为一般卧式挤压机和无独立穿孔系统的立式挤压机的工具组装图。

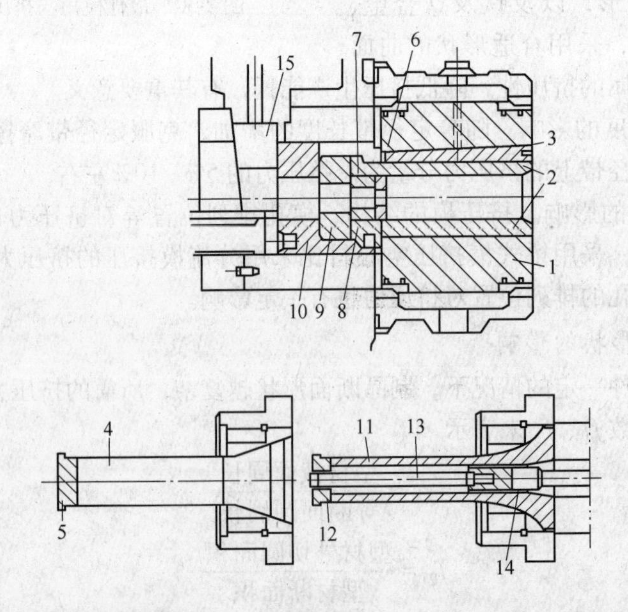

图2-31 卧式挤压机的工具及组装

1—挤压筒外套；2—挤压筒内套；3—挤压筒中套；4—棒材挤压轴；5—实心垫片；6—模子；7—模垫；8—模支承；9—支承环；10—活动头（模座）；11—管材挤压轴；12—管材垫片；13—穿孔针；14—针支承；15—锁键

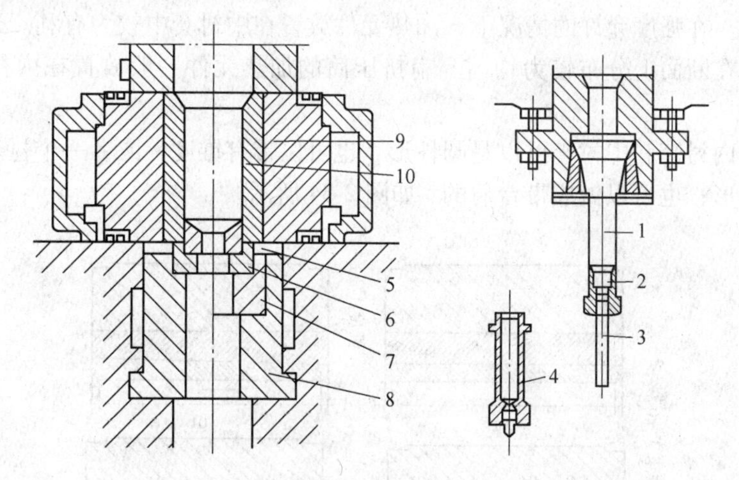

图 2-32 无独立穿孔系统的立式挤压机的工具及组装
1—挤压轴；2—针支承（同时起垫片作用）；3—穿孔针；4—冲头；5—模子；6—模垫；
7—模支承；8—工具座；9—挤压筒外套；10—挤压筒内套

挤压工具的工作条件极为恶劣，它们在工作中承受着长时间的高温、高压、高摩擦和交变负荷，使得挤压工具的使用寿命比较短。而制造这些工具又必须用高级的耐热合金钢，使挤压生产成本增高。正确地设计挤压工具的结构尺寸，合理地选用材料，是实现高产、优质、低耗生产所必需的条件。

2.3.2 挤压筒

挤压筒是由两层以上的衬套以过盈热配合组装在一起构成的。挤压筒做成多层的理由是，使筒壁中的应力分布均匀和降低应力峰值，同时，在磨损后只更换内衬套即可，而不必换整个挤压筒。

为了使金属流动均匀和挤压筒免受过于剧烈的热冲击，挤压筒在工作时应加热到400~450℃。加热方法多数采用工频感应加热，即将加热元件（铜棒）包覆绝缘层后插入沿挤压筒圆周分布的轴向孔中，然后将它们串接起来通电，靠磁场感应产生的涡流加热。如图2-33所示，为感应加热元件在挤压筒中的安置情况。对圆挤压筒，因其壁较厚加热元件

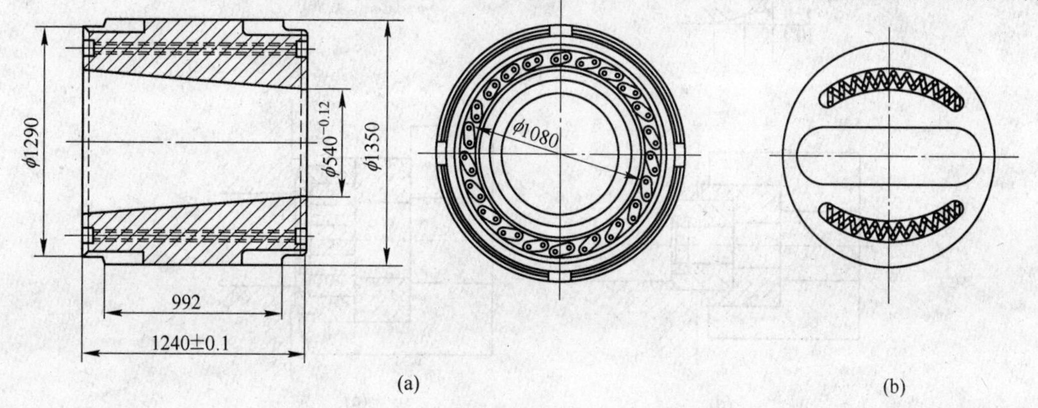

图 2-33 挤压筒中感应加热元件的布置
（a）圆挤压筒外套中的加热元件；（b）扁挤压筒内套中的加热元件

皆放在外套中。在强度允许的情况下，加热元件放置在中衬套中较为有利。这样可使整个挤压筒的温度在断面上分布较为均匀。扁挤压筒的加热元件一般放置在内衬套中呈“腰子”形分布。

挤压筒的内衬套和中衬套可以是圆柱形，也可以带有锥度，或者一个衬套带锥度另一个衬套为圆柱形；也可以做成带台肩的，如图 2-34 所示。

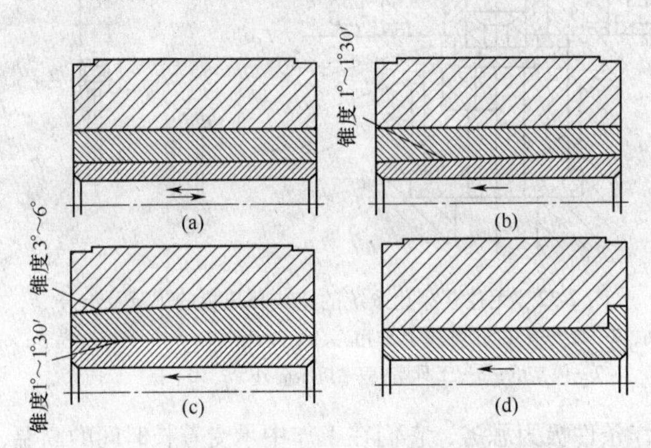

图 2-34　挤压筒衬套的配合方式（箭头表示挤压方向）

挤压筒内衬套与模具的配合方式。根据挤压的合金种类、产品的品种以及挤压筒与模座之间的压紧力大小而不同。对管棒挤压机来说，这种配合方式是很重要的，它必须保证在模座靠紧挤压筒内衬套后，模子能准确地位于挤压中心线上，以保证管子不偏心。

对于挤压重金属来说，当用带斜面的锁键时，应采用图 2-35（a）所示的双锥结构。

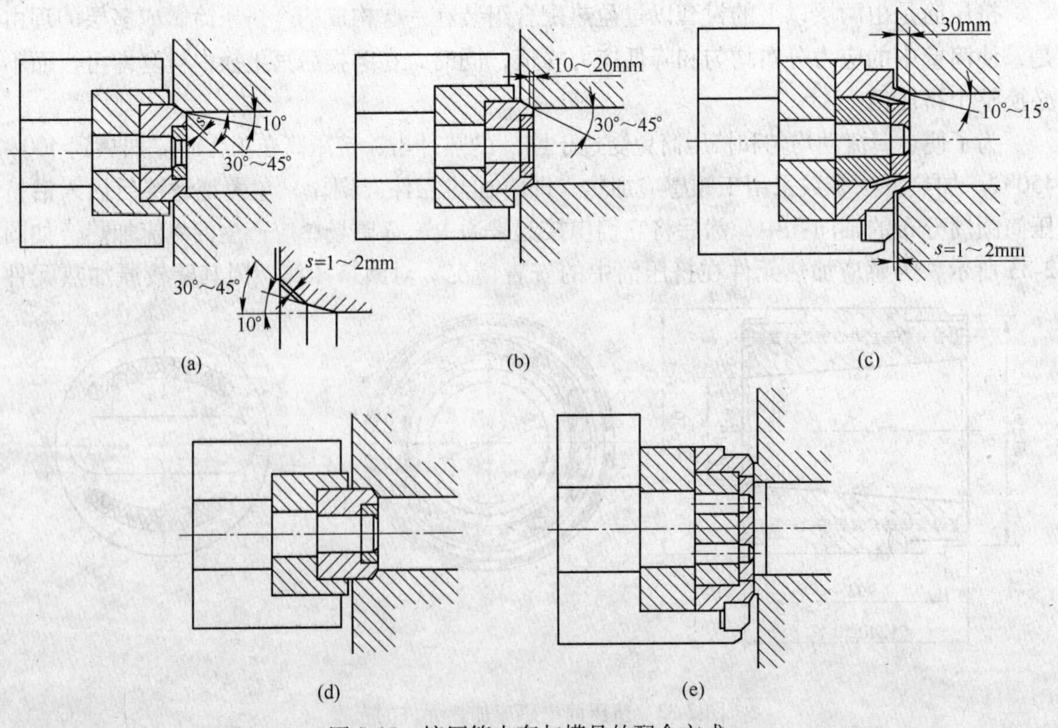

图 2-35　挤压筒内套与模具的配合方式

在用平锁键时，由于挤压筒工作缸的压紧力很大，能保证内衬套与模支承贴合面密封，所以可采用图 2-35（b）所示的结构。在挤压轻合金时，内衬套的定心锥取 10°~15°、宽 30mm，如图 2-35（c）所示。锥面配合由于接触面积不大，故当稍有一点偏心载荷时就会使筒歪斜，从而破坏了挤压工具的对中。因此，又提出一种新的配合形式（见图 2-35（d））。这种形式由于支承面积大，有着很好的定心作用。对于棒型挤压机，模子与挤压筒的对中要求不严格，可以采用图 2-35（e）所示的形式。这种形式对挤压宽的型材很有利，因为可以充分利用挤压筒的面积。例如，挤压铝合金壁板以及用舌模挤压空心制品的棒型挤压机上不少采用了此种形式。但是应满足这样一个条件，即挤压筒与模支承的接触面上的单位压力应比作用在垫片上的单位压力大 10%左右。

挤压筒尺寸的确定，包括筒内径、筒长和各层衬套的厚度。

（1）挤压筒内径尺寸 D_0。挤压筒内径是根据合金的强度、挤压比以及挤压机的吨位确定的。筒的最大直径应保证作用于垫片上的单位压力不低于金属的变形抗力。显然，筒直径越大，则作用在垫片上的单位压力越小。一般作用在垫片上的单位压力在 200~1200MPa 范围之内。对于铝合金，垫片上的单位压力一般需要到 400~500MPa。在挤压复杂的薄壁型材时，可高达 600~750MPa。当用舌模挤压时，垫片上的单位压力能达到 800~900MPa。在挤压钢、钛及一些低塑性合金时，单位压力高达 1200~1300MPa，有时甚至高达 2000MPa。筒的最小直径应保证挤压轴的强度，一般所受的压应力不得超过 800~1200MPa，个别情况下也有达到 1400~1500MPa 的。在考虑上述情况下，再根据生产的产品品种、规格来确定挤压筒的内径尺寸。

对于扁挤压筒，其内孔的长短轴之比在 3~4 范围内。在确定内孔面积时应根据这样一个原则，即内孔的长轴应保证获得最大宽度的壁板。但是要注意到内孔的宽度受内衬套在危险断面处壁厚的限制。内孔的宽度与挤压筒外径最合适的比值为 0.40~0.45。宽度超过此合理值时，不能保证挤压筒具有足够的强度。内孔的高度取决于挤压合金强度最高、长度最大的薄壁板时所需的单位压力。一般当挤压比为 10~30 时，单位压力应不小于 450~500MPa。

挤压机上的挤压筒个数一般为 2~4 个。

（2）挤压筒长度 L_t。挤压筒长度可用下式确定：

$$L_t = (L_{max} + l) + t + s \tag{2-12}$$

式中 L_{max}——锭坯最大长度，对棒型材为 $(2\sim3.5)D_0$，对管材为 $(1.5\sim2.5)D_0$，对铝合金可取 $(4\sim6)D_0$，其中对管材不大于 $4.5D_0$，对扁挤压筒锭坯 $L_{max} = (3\sim5)H$，H 为短边长度；

l——锭坯穿孔时金属向后流动增加的长度；

t——模子进入挤压筒的深度；

s——垫片厚度。

（3）挤压筒衬套厚度。挤压筒各层衬套壁厚尺寸多半靠经验数据先初步确定，然后再进行强度校核修正。挤压筒的外径应等于其内径的 4~5 倍，而每层的壁厚则根据内部受压的空心筒当各层内衬套直径比值相等时的强度最大的原则来确定。如果取挤压筒的外径、内径比值为 4 时，则对两层挤压筒为 $D_1/D_0 = 2$；对三层挤压筒为 $D_1/D_0 = D_2/D_1 =$

1.58。但是在实际中，考虑到挤压筒外套里有加热孔以及键槽等而引起的强度降低，各层的直径比应保持为 $D_1/D_0<D_2/D_1<D_3/D_2$ 的关系（见图 2-36）。在确定各层衬套壁厚时，也可以按下列经验式进行计算：

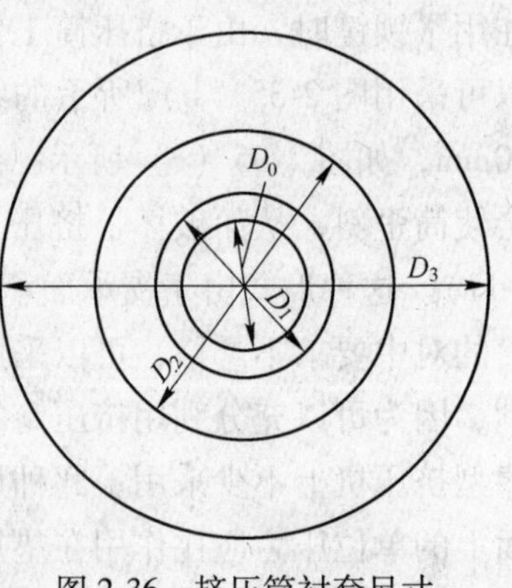

图 2-36 挤压筒衬套尺寸

1）二层挤压筒：

$$\frac{D_1}{D_0}=0.2\frac{D_2}{D_0}+1;\qquad \frac{D_2}{D_0}=2.5\sim4 \tag{2-13}$$

式中的 D_2/D_0，对一台挤压机上的挤压筒而言，内径大的取下限，内径小的取上限。

2）三层挤压筒：

$$\frac{D_1}{D_0}=0.07\frac{D_3}{D_0}+1.15;\qquad \frac{D_2}{D_1}=0.1\frac{D_3}{D_0}+1.2;\qquad \frac{D_3}{D_0}=4\sim5 \tag{2-14}$$

一般情况下，各层外径、内径比值，对三层的挤压筒大约在 1.5~1.8 范围内；对两层的挤压筒大约在 1.4~2.0 范围内，其中挤压筒承受单位压力小的取下限。

挤压筒层数的选取与所用材料和受力大小有关。当用两层情况下等效应力值超过材料允许强度时，即应采用 3 层、4 层甚至 5 层。有的研究者建议：在承受的最大内压力不超过挤压筒材料在挤压温度下屈服强度的 40%~50%时，挤压筒用两层的；不大于 60%~75%时用三层的；超过 75%时用 4 层的。

近来出现了一种用一定张力将钢丝多层缠绕在内套上的挤压筒和带液压支承的挤压筒。用带预应力钢丝缠绕的挤压筒的优点是不需要对大规格的优质合金钢锭进行锻造、机械加工和热处理。目前，这种结构的挤压筒已在静液挤压机上获得应用。

2.3.3 挤压轴

2.3.3.1 挤压轴结构及尺寸的确定

挤压轴是用来传递主柱塞压力的，它在挤压时承受很大的压力，如设计不当常产生弯曲变形，而这则是导致管材产生偏心的主要原因。

挤压轴分空心与实心的两种：前者用于挤压管材，后者用于挤压棒型材，如图 2-37 所示。为了节省高级钢材，有时可将它以过盈配合做成装配式的。轴杆用高一级材料，轴基座用稍次一些的材料。

挤压轴的外径与挤压筒内径大小有关，对卧式挤压机一般比筒内径小 4~10mm；对立式挤压机小 2~3mm。管材挤压轴的内孔大小应根据轴的环形断面上所承受的压应力不超过允许值而定，此内孔也就是能通过轴的最大针径。卧式挤压机挤压轴的工作长度等于挤压筒长度 L_t 加 5mm 余量，以保证可靠地把压余及垫片推出筒外。

2.3.3.2 挤压轴的强度校核

A 稳定性校核

一般当挤压轴的工作长度与直径之比为 4~5 左右时，不会产生纵向失稳。但是由于挤压轴与挤压筒安装得不可能完全同心，挤压轴在工作时受到一偏心载荷作用（见图 2-38）。

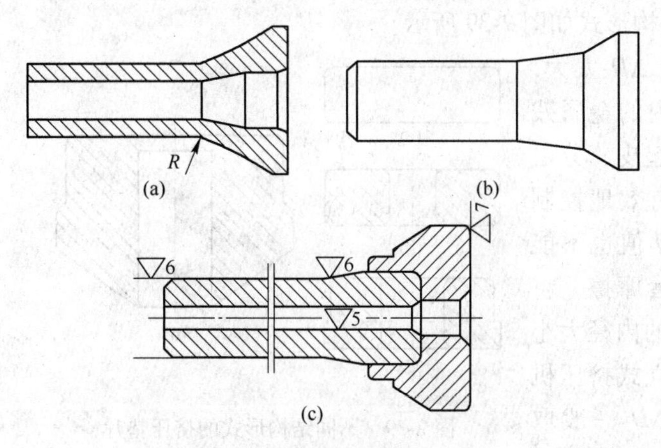

图 2-37 不同结构的挤压轴

（a）管挤压轴；（b）棒挤压轴；（c）装配式挤压轴

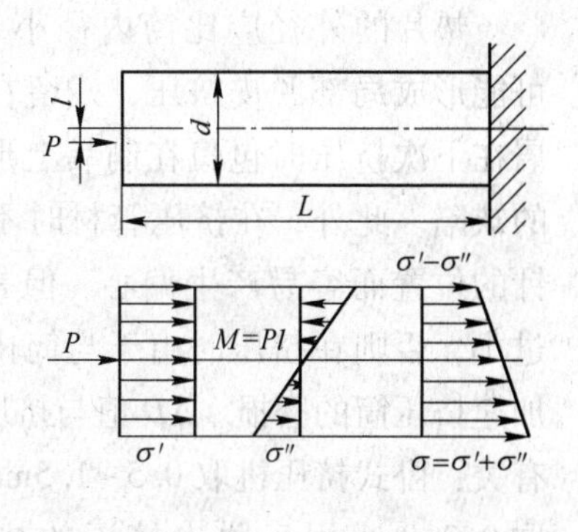

图 2-38 挤压轴强度校核用示意图

因此，在校核挤压轴强度时，应同时考虑所受到的压应力 σ' 和弯矩所引起的应力 σ''，即：

$$\sigma = \sigma' + \sigma'' \tag{2-15}$$

$$\sigma' = P/(\varphi F_{zh}) \tag{2-16}$$

式中 φ——许用应力的折减系数，与挤压轴的柔度和材料有关；

F_{zh}——挤压轴的断面积。

$$\lambda = \frac{\mu L}{i_{\min}} \tag{2-17}$$

其中 λ——柔度；

μ——长度系数，$\mu = 1.5 \sim 2.0$；

L——挤压轴的工作长度；

i——断面惯性半径，对圆断面 $i = d/4$，对圆环断面 $i = \frac{1}{4}\sqrt{d_w^2 + d_n^2}$，这里 d_w、d_n 分别为圆环外径和圆环内径。

知道柔度 λ 数值和挤压轴材料时，则可确定 φ 值，一般可取 $\varphi = 0.9$。

由弯矩所产生的应力 σ'' 用下式求得：

$$\sigma'' = M/W = Pl/W \tag{2-18}$$

式中 W——截面系数，对实心圆轴为 $0.1d^3$，空心圆轴为 $0.1d_w[1-(d_n/d_w)^4]$；

P——挤压机的全压力；

L——偏心距，最大可达挤压筒与轴直径差之半，即 $(D_0 - d_w)/2$。

B 抗压强度校核

挤压时作用在挤压轴上的单位压力为 500～1200MPa。对于管材挤压轴和端部固定穿孔针的挤压轴，由于断面积减小需进行强度校核。3Cr2W8V 材料的许用应力 $[\sigma]$ 为 1000～1200MPa，轴基座面的许用应力为 400MPa 左右。

2.3.4 挤压垫片

挤压垫片结构及尺寸确定。挤压垫片是用来避免高温的锭坯直接与挤压轴接触，防止其端面磨损和变形的工具。垫片的结构形式如图 2-39 所示。

垫片的外径应比筒内径小 ΔD。ΔD 太大，可能形成局部脱皮挤压，残留在筒内的金属残屑在下次挤压时包覆在制品上形成起皮、分层的缺陷。此外，在挤压管材时不能有效地控制针的位置而容易产生偏心。但是 ΔD 值也不能过小，否则在挤压时由于与筒内衬套摩擦，将加速挤压筒的磨损。ΔD 值与挤压筒的内径大小有关：卧式挤压机取 0.5~1.5mm；立式挤压机取 0.2mm。用于脱皮挤压的垫片 ΔD 一般取 2.0~3.0mm。有时铸锭表面质量不佳，如有夹灰、逆偏析等也可将 ΔD 选得更大些。管材垫片的内孔直径不能大得太多，否则不但不能校正针在挤压筒内的位置，而且还有可能在挤压时金属倒流包住穿孔针。垫片厚度可等于其直径的 0.2~0.7 倍。

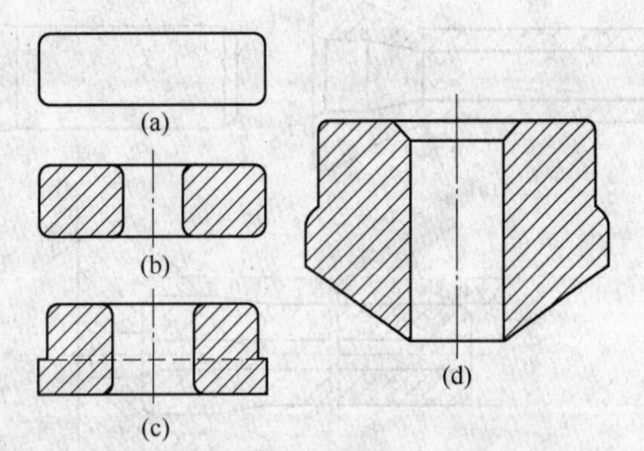

图 2-39　不同结构形式的挤压垫片
（a）棒型材垫片；（b）管材垫片；（c）铝合金挤压用的垫片；（d）立式挤压机上的垫片

在挤压铝合金、含铝的青铜和黄铜时，为了减少垫片与金属的粘结、摩擦，应采用带凸缘的垫片。在脱皮挤压时也应使用此种形式的垫片。

立式挤压机上的穿孔针夹持器实际上也起垫片的作用。其结构形式与设备结构有关。图 2-39（d）为用锥模时的夹持器，其锥面的水平夹角比模子锥度小 1°~5°，以便于提取压余。

2.3.5　穿孔针

2.3.5.1　穿孔针结构及尺寸确定

穿孔针是用来对锭坯进行穿孔和确定制品内孔尺寸的，它对保证管材内表面质量也起着重要作用。图 2-40 为不同的穿孔针结构。

（1）圆柱式针。为了减少因金属流动产生的摩擦力而使穿孔针受到的拉应力，增加其使用寿命起见，沿针的长度上有很小很小的锥度：在卧式挤压机上采用随动针操作时，针的锥度应以管子壁厚负偏差为限；当采用固定针操作时，针工作长度的直径差为 0.5~1.5mm；立式挤压机上的穿孔针为 0.2~0.5mm。

（2）瓶式针。当挤压内孔小于 20~30mm 的厚壁管或供给立式挤压机用的坯料时，圆柱式针由于在穿孔时弯曲和过热，会使所穿的孔不正和过早地被拉细、拉断。在此情况下宜用瓶式针。在用空心锭挤压铝合金管材时，圆柱式针的表面常被挤压垫划伤，影响管子内表面质量，故也以采用瓶式针为好。

瓶式针提高了针的强度，延长了其使用寿命，同时穿孔料头也少，可使成品率提高。但是此种针要求在挤压过程中固定不动，所用的挤压机必须满足这一要求。

瓶式针的结构分为两部分：定径部分（针头）的直径较小，在工作时与模孔配合决定管子的内径尺寸；针杆部分直径较粗，一般为 ϕ50~60mm 或更大，以便增加抗纵向弯曲的强度。针头与针杆间过渡区锥度一般为 30°~45°。

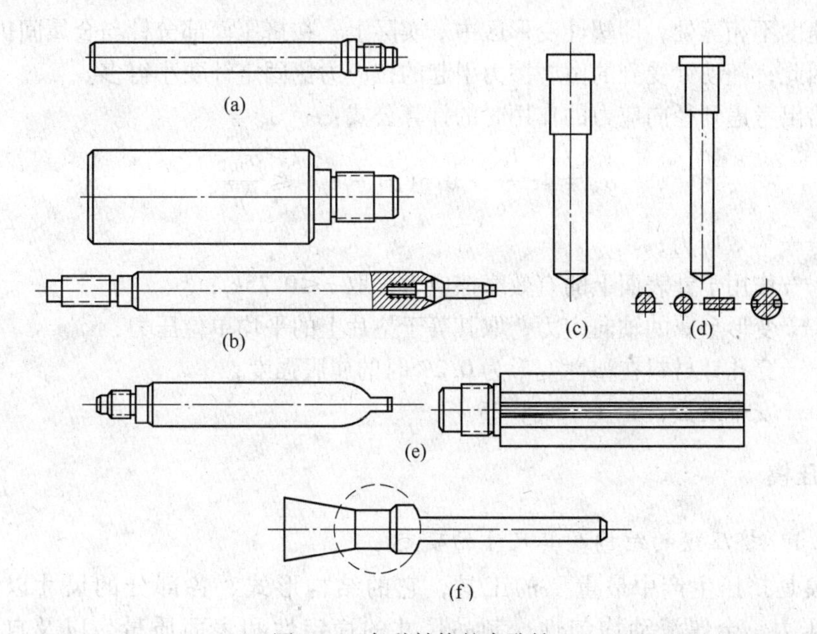

图 2-40 各种结构的穿孔针

(a) 圆柱式针；(b) 瓶式针；(c) 立式挤压机用的固定针；(d) 异型针；(e) 变断面型材针；(f) 立式挤压机用的活动针

穿孔针与针座的连接一般是用细牙螺纹。其缺点是装卸慢、费力。较先进的挤压设备上可使用机械装卸。

2.3.5.2 穿孔针的强度校核

A 稳定性校核

根据下式求临界力 P_1：

$$P_1 = \frac{\pi^2 EI}{(\mu l)^2} \tag{2-19}$$

式中 E——材料弹性模量，对钢为 $2.2\times10^6 \text{kg/cm}^2$；

I——惯性矩，对圆断面，$I = \frac{\pi d_0^4}{64}$，cm^4；

μ——长度系数，一端固定一端自由时取 1.5~2.0；

l——针的工作长度，cm。

则穿孔针允许的受力为：

$$P_{ch} < \frac{P_1}{n} \tag{2-20}$$

式中 n——安全系数，取 1.5~3.0。

B 抗拉强度校核

在计算挤压过程中穿孔针所受的拉应力时，必须考虑所受到的径向应力的作用，这个应力在变形区开始处大约可达最大单位挤压力的 90%。其次，在确定变形区高度时，还应区别是固定针挤压还是随动针挤压。因这两种情况的摩擦面长度有很大不同。在固定针挤压时，摩擦力作用于针的整个长度上，在随动针挤压时，摩擦力只作用在金属流动速度与针运动速度不相等处，即塑性变形区中。实际上，在挤压筒部分针与金属间仍可能有相对滑动。因此，随动针受到的由摩擦力引起的拉应力比固定针要小得多。

下面给出考虑到径向应力的作用时的计算公式：

$$\sigma_{\mathrm{v}} = 4\tau \frac{L_0}{d_0} + 0.6(\sigma_1 - k_{\mathrm{z}}) \leqslant \frac{\sigma_{0.2}}{n} \tag{2-21}$$

式中 σ_{v}——等效应力；

τ——作用于针表面上的有效摩擦应力，取 $\tau \leqslant 0.25k_{\mathrm{z}}$；

σ_1——变形金属的轴向应力，取其等于垫片上的平均单位压力；

$\sigma_{0.2}$——穿孔针材料在塑性变形为0.2%时的屈服强度；

n——安全系数，$n=1.15 \sim 1.25$。

2.3.6 挤压模

2.3.6.1 挤压模的结构及其尺寸的确定

挤压模是挤压生产中最重要的工具，它的结构形式、各部分的尺寸以及所用材料，对挤压力、金属流动均匀性、制品尺寸的稳定性和表面质量，以及自身的使用寿命都有极大的影响。模子可以按不同的特征进行分类。一般常根据模孔的断面形状分为7种，如图2-41所示。其中在有色金属挤压中最基本的和使用最广泛的是平模和锥模。图2-42为典型模子的结构尺寸图。

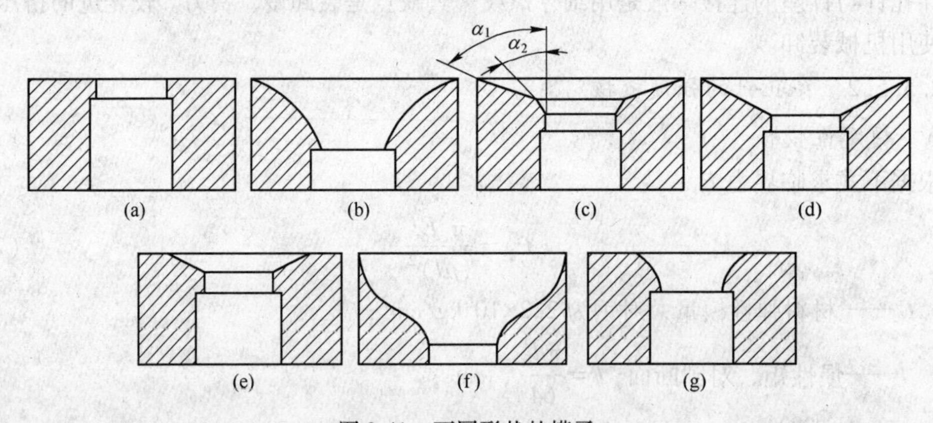

图2-41 不同形状的模子

(a) 平模；(b) 流线模；(c) 双锥模；(d) 锥模；(e) 平锥模；(f) 碗形模；(g) 平流线模

A 模角 α

模角是挤压模的最基本的参数之一。模角是指模子的轴线与其工作端面间所构成的夹角。

平模的 α 角等于90°，其特点是在挤压时，由于形成较大的死区，可以获得优良的制品表面。但是当死区断裂时，会在制品表面上出现起皮、分层。平模的挤压力也较大，并且在挤压温度高、强度大的合金时，模孔由于塑性变形而变小。从前述已知，模角 α 对挤压力有影响，并且存在一合理模角区，在此合理模角范围内的挤压力最小。根据实验，此合理模角范围为45°~60°。从保证产品质量的角度来看，模角等于45°~50°时，由于死区很小甚至消失而无法阻碍锭坯表面缺陷和偏析物流出使制品表面质量恶化。在用玻璃垫作为润滑剂挤压钢和某些稀有难熔金属时，由于模角太小而难以使润滑剂贮存在模子的工作面上，导致润滑条件变坏。故锥模的 α 角一般取 55°~70°。在挤压有色金属中常采用的模角为 60°~65°。应指出的是，随着挤压条件的改变，此合理模角也会发生变化。例如，在静液挤压时，此合理模角波动在 15°（小挤压比）到 40°（大挤压比）之间。这是因为在静液挤压时，工具与金属间的摩擦应力很小的缘故。显然，不同的工作介质的摩擦应力也不会一样，所以其合理模角也将发生变化。

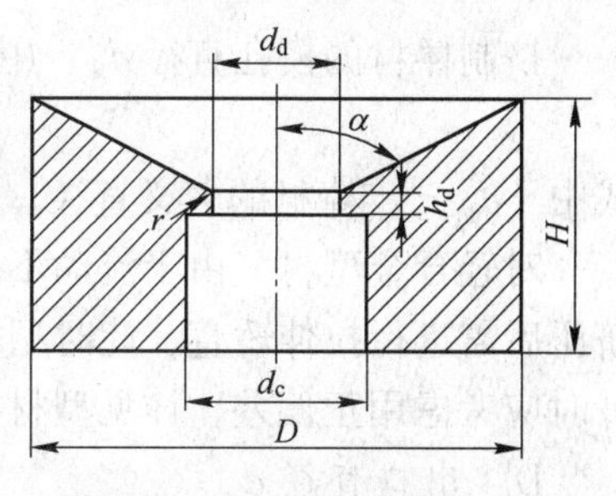

图 2-42 典型模子的结构尺寸

为了兼有平模和锥模的优点，出现了双锥模与平锥模，其结构如图 2-41（c）、（e）所示。双锥模的模角为：α_1 为 60°~65°；α_2 为 10°~45°。用这种双锥模加工铜合金可提高模具使用寿命，用于挤压铝合金管材，由于增大了轴向压应力，可以提高挤压速度。根据实验，挤压铝合金时取 α_2 为 10°~13°最好。碗形模主要用于润滑挤压和无压余挤压方面。在挤压钢和钛合金型材时多采用平锥模或平流线模。

B 定径带长度 h_d

定径带也称工作带，是用来稳定制品尺寸和保证制品表面质量的部分。定径带过短，模子易磨损，同时会压伤制品，出现压痕、椭圆等；定径带过长，易在定径带上粘结金属，使制品表面上出现划伤、毛刺、麻面等缺陷，同时挤压力也将增高。

根据生产经验，挤压紫铜、黄铜和青铜的定径带长取 8~12mm，立式挤压机上的取 3~5mm。挤压白铜、镍合金的定径带为 20~25mm。轻合金挤压模的一般最短取 1.5~3mm，最长取 8~10mm。稀有难熔金属的挤压模定径带取 4~8mm。

C 定径带直径 d_d

模子定径带直径与实际所挤出的制品直径并不相等。在设计时应保证挤压出的制品在冷状态下不超出所规定的偏差范围，同时应保证最大限度地延长模子的使用寿命。通常是用一模孔裕量系数 C_1 来考虑各种因素对制品尺寸的影响。表 2-2 为挤压不同金属与合金时的模孔裕量系数值。

表 2-2 模孔裕量系数 C_1

合 金	C_1 值
含铜量不超过 65%的黄铜	0.014~0.016
紫铜、青铜、含铜量不超过 65%的黄铜	0.017~0.02
纯铝、防锈铝及镁合金	0.015~0.02
硬铝、锻铝	0.007~0.01

对于棒材，按标准规定只有负偏差。在挤压铜合金棒材时，由于模孔会逐渐变小，模子定径带直径的设计应使开始一批棒材的直径接近其名义尺寸。随着模孔变小，挤出的棒材实际直径接近最大的负偏差。对于轻合金，由于挤压温度低，不必考虑模孔变小的问题。

挤制棒材的模孔直径 d_d，用下式计算：

$$d_d = d_m + C_1 d_m \tag{2-22}$$

式中　d_m——棒材的名义直径，对方棒为边长，对六角棒为内切圆直径。

对轻合金型材，由于流动不均匀性是难免的，制品出模孔后会产生弯曲、扭转。因此挤压后需进行拉伸矫直，此时型材的断面有1%～3%的塑性变形，使尺寸减小。在模孔设计时应考虑用正偏差，详见型材模设计部分。

D　出口直径 d_c

模子的出口直径不能过小，否则在挤压时易划伤表面。出口直径的尺寸一般取比定径带直径大3～5mm。但是对挤压薄壁管或变外径的管子时，此值可增大到10～20mm，也有的将模子出口做成带1°30′～10°的锥角。

为了保证定径带部分的抗剪强度（主要是型材模），定径带与出口的过渡部分可做成20°～45°的斜面，或以圆角半径等于4～5mm的圆弧连接，借以增加定径带的厚度。

图2-43为卧式挤压机用的锥形模结构；图2-44为卧式挤压机用的平模结构；图2-45为立式挤压机用模的结构。

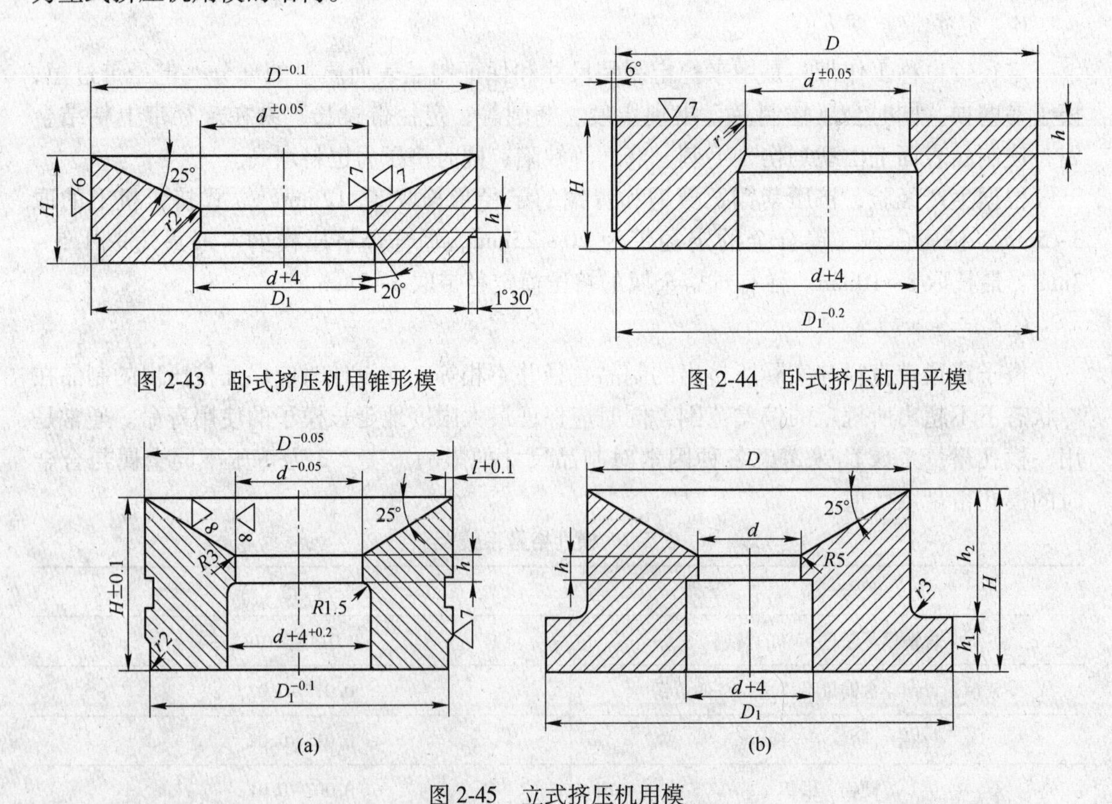

图2-43　卧式挤压机用锥形模

图2-44　卧式挤压机用平模

图2-45　立式挤压机用模

（a）铝台盘用模；（b）铜合金用模

2.3.6.2　多孔模设计

A　模孔数目选择

在生产直径φ40～30mm以下（与挤压机吨位有关）的棒材和形状简单的小断面型材

时，为了提高挤压机的生产率，采用多孔模挤压。在生产断面较复杂的型材时，为了使金属流动均匀也常采用几个模孔对称布置的模子挤压。

模孔数目多的可达10~12个，但常用的多在4~6个以下。孔数过多，常因金属出模孔后互相扭绞在一起和擦伤，增加了操作困难和废品量。此外，确定模孔数时还应考虑模子的强度。当以考虑产品力学性能为主时，模孔数目可按下式确定：

$$N = F_0/(\lambda F_1) \qquad (2\text{-}23)$$

式中 F_0——挤压筒断面积；

F_1——一个制品的断面积；

λ——平均延伸系数。

延伸系数 λ 可根据挤压机吨位的大小、挤压筒大小、制品力学性能和合金变形抗力大小来确定，一般取 λ 为40~50。表2-3所列数据，系我国用不同挤压筒挤压铝合金时一般选用的 λ 值，其中软合金用上限，硬合金用下限。

表 2-3 铝合金的平均延伸系数 λ

挤压筒直径/mm	500	420	360	300	200	170	130	115	95
λ	3~9	7~11	8~13	10~20	13~18	16~25	20~40	35~45	35~45

B 模孔排列原则

采用多孔模挤压时，金属流动要比用单孔模均匀，故形成的中心缩尾量很少。但是如果模孔排列不当，也会使挤出的制品长短不齐，增加几何废料量。为了使每个模孔中的金属流速相等，应将模孔布置在1个同心圆上；同时还应使互相间的孔距相等。如果各孔中的供应体积不相等，则供应体积大的模孔挤出的制品就长；供应体积小的模孔挤出的制品则短。各模孔的供应体积之间界限的划分不是在塑性变形区压缩锥中，而是在弹-塑性过渡区中就开始了，这个区实际上扩展到了锭坯整个长度。由于供应体积间的界面是弯曲的，因此垫片的向前推移改变了向各模孔中流动的体积比，继而也就改变了各模孔间的速度关系。

图2-46所示为不同挤压阶段各模孔流出速度的变化。如果开始阶段在挤压筒断面上流出速度分布规律近似于抛物线，则在终了阶段的分布曲线形状较为复杂。图2-47所示系不同的模孔排列和模孔大小不同时对金属流动速度的影响。

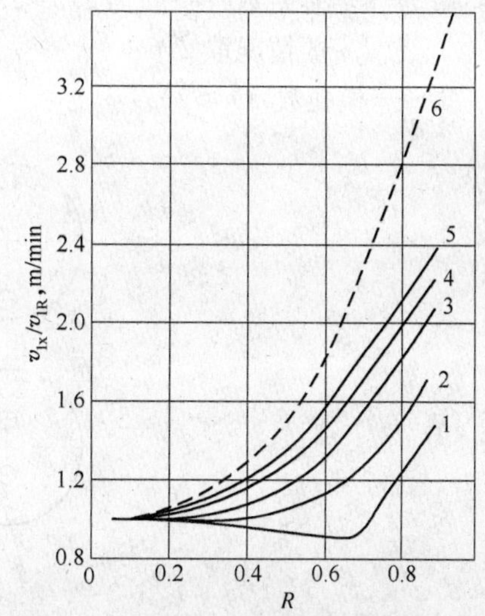

图2-46 多孔模挤压时中心孔流速 v_{1x} 对距离中心 R 处模孔流速 v_{1R} 比值的关系

（不同阶段的实验数据：1—$L_x/d_0=0.3$；2—$L_x/d_0=0.6$；3—$L_x/d_0=1.0$；4—$L_x/d_0=1.2$；5—$L_x/d_0=0.3$；6—计算数据）

在设计时不宜将模孔安置得过分靠近模子边缘。因这不但会降低模子强度，而且会导致死区流动，恶化制品表面质量，出现起皮、分层等缺陷。在挤压铝合金时，模孔太靠近外缘时，除了产生上述缺陷外，由于内侧金属供给

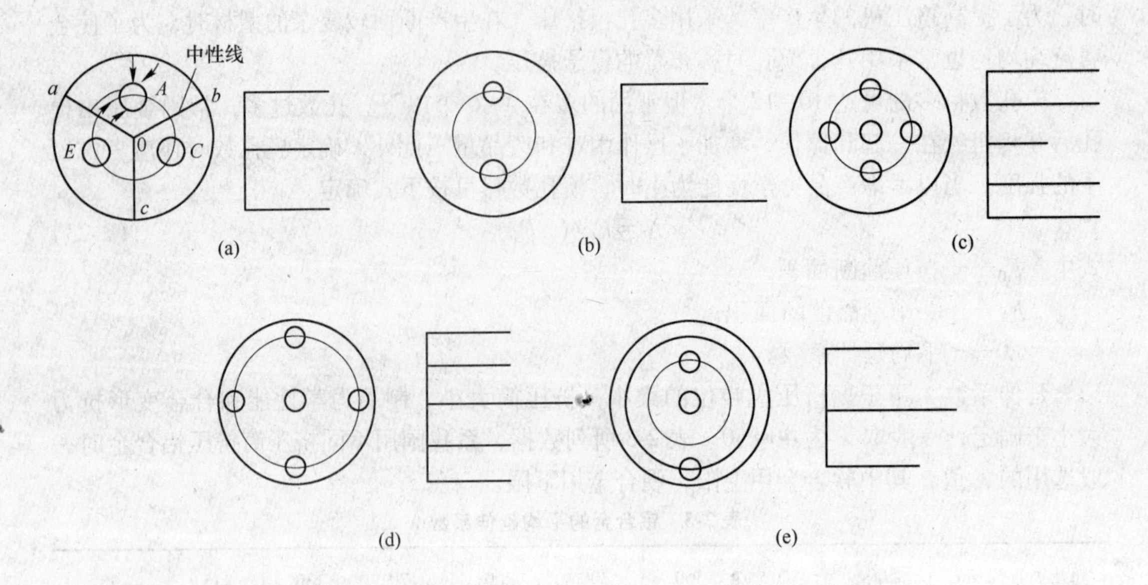

图 2-47 模孔排列位置和大小对金属流动速度的影响

量大，流动速度快，而外侧由于金属供给量少，流动速度慢，造成制品外侧出现裂纹，粗晶环厚度增加。当模孔太靠近模子中心时，则情况正好相反，制品内侧出现裂纹（见图 2-48）。因此，同心圆直径大小必须合适。挤压筒直径 D_t 与同心圆直径 D_0 之间有如下关系：

$$D_t = \frac{D_0}{a - 0.1(n - 2)} \tag{2-24}$$

式中 a ——经验系数，一般为 2.5~2.8，当 n 值大时取下限，挤压筒直径大时取上限，一般情况取 2.6；

n——模孔数（$n \geqslant 2$）。

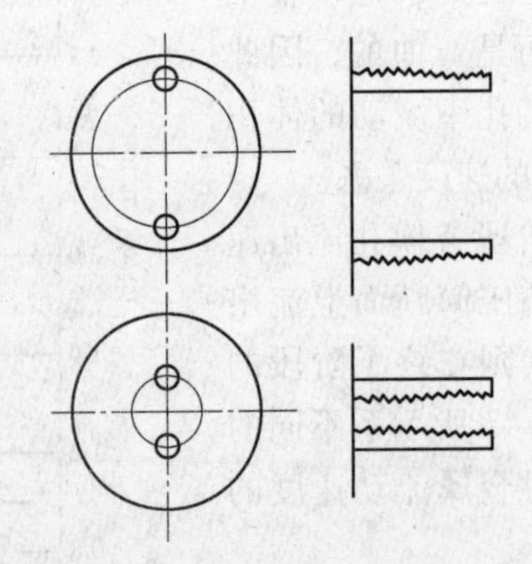

图 2-48 模孔位置对铝合金制品的影响

同心圆直径求出之后，还必须考虑工具钢材的节约和工具规格的系列化及互换性，如模垫、导路等的通用性，再对它进行必要的调整。

在实际生产中，由于某些原因，比如挤压筒润滑不均匀，铸锭断面温度不一致以及模子定径带长度上的制造误差和光洁度上的差异等，皆可促使制品出现长短不齐。故在设计型材模时，主要是要解决金属流动不均匀性和模子强度两个问题：

（1）克服金属流动不均匀的措施。在挤压断面很复杂的型材时，金属流动不均匀的现象非常严重。这是因为型材本身失去了对称性，型材与锭坯间的形状也失去了相似性，构成了非对称流动。如果在模子设计时不采取措施，则会由于流动不均匀在制品中产生很大的附加应力。附加拉应力可能使型材产生裂纹，而附加压应力则会使制品薄壁部分出现波浪。附加应力还会使制品出模孔后发生翘曲、歪扭或充不满模孔。

减少挤压型材时金属流动不均匀性的措施很多，在设计时可根据情况采取其中之一或几种措施兼用。

1）型材的重心布置在模子的中心。此原则只适用于有两个和两个以上对称轴的型材。对于只有 1 个对称轴且壁厚差异不大的型材，可将型材的对称轴与模面坐标轴之一重合，其重心则与另一坐标轴相合。当型材只有 1 个对称轴但壁厚差很大或无对称轴时，须将型材的重心对模子中心作一定的偏移，使壁薄难流动的部分更靠近模子中心。如图 2-49 所示，应该按实线位置布置模孔，虚线的位置是不正确的。

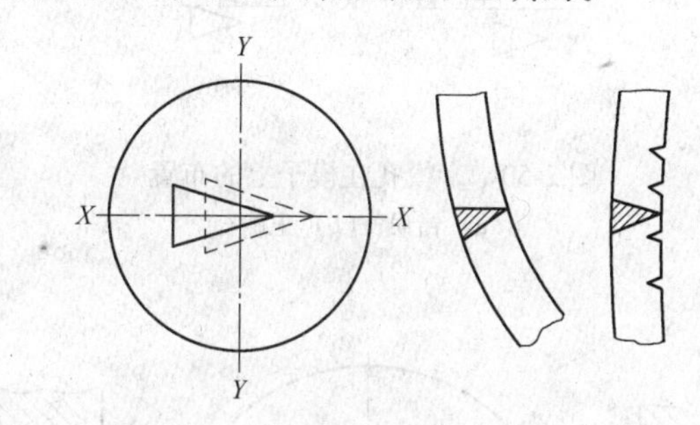

图 2-49　型材模孔在模子上的布置

2）采用多模孔对称布置。对于对称面少的型材，可以采用多模孔对称布置以增加其对称性，并考虑将壁厚部分布置在靠近模子的外缘（见图 2-50）。

3）采用不等长的定径带。由于定径带对金属流动也起着阻碍作用，增加定径带长度可以使摩擦阻力加大，流体静压力增大可迫使金属向阻力小的部分流动，增加流动均匀性。因此，型材的壁越薄比周长越大，断面形状越复杂处定径带越短；型材的壁越厚比周长越小，断面形状越简单处定径带越长。图 2-51 所示为采用不同长度的定径带的模子纵断面。但是金属在通过定径带时由于冷却收缩，不能用无限制的增加定径带长度的办法来控制金属流速。对铝合金，定径带的有效长度为 15~20mm，一般不超过 8~10mm。

4）采用平衡模孔。在挤压只有一个对称轴的重金属异型管材时，一般情况下模子上只能布置一个型材模孔。为了增加金属流动的均匀性，保证制品的尺寸、形状准确和有时需要减小挤压比，可以在模子上附加一个或两个平衡模孔（见图 2-52）。平衡孔一般最好是圆形的，以便能利用从其中挤出来的金属，当然也可采用其他形状的平衡孔。

5）采用工艺裕量或附加筋条。在挤压宽厚比很大的壁板一类的型材时，如果对称性很差，可以采用工艺裕量或附加筋条，待挤出后，将它们由壁板上铣掉。例如，图 2-53 所示的壁板中有很长的一段没有桁条，可在这一段加上筋条。

（2）型材模孔设计。模孔尺寸应与制品截面尺寸相适应，那就是要考虑制品的形状、尺寸和尺寸偏差。此外，还要充分考虑挤压过程和拉伸矫直时的变形。

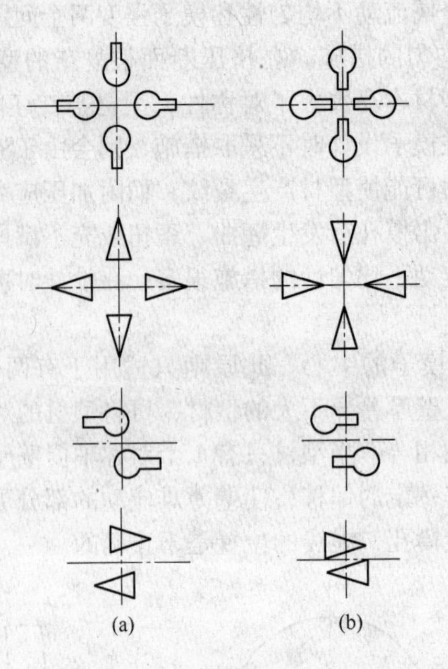

图 2-50 多模孔在模子上的布置

(a) 错误;(b) 正确

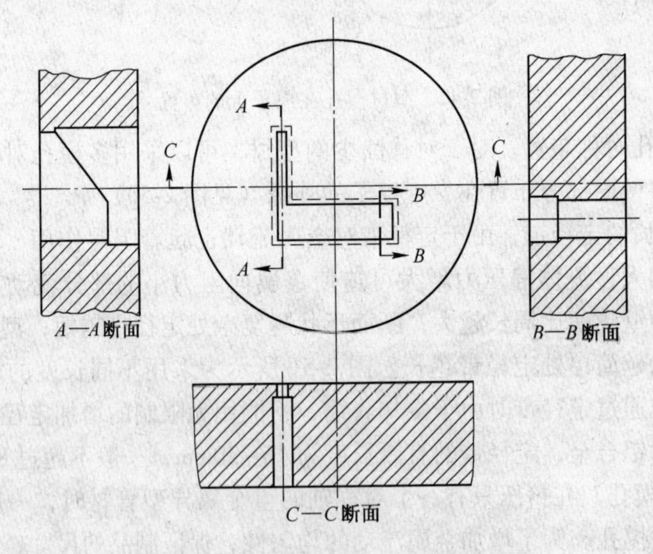

图 2-51 用不等长度的定径带控制金属流速

型材模孔尺寸可按下式计算:

1) 型材的外形尺寸(指型材的宽与高):

$$A = A_m(1 + C_1) + \Delta_1 \tag{2-25}$$

式中 A_m ——型材的名义尺寸;

C_1——裕量系数,见表 2-2;

Δ_1——型材尺寸的正偏差。

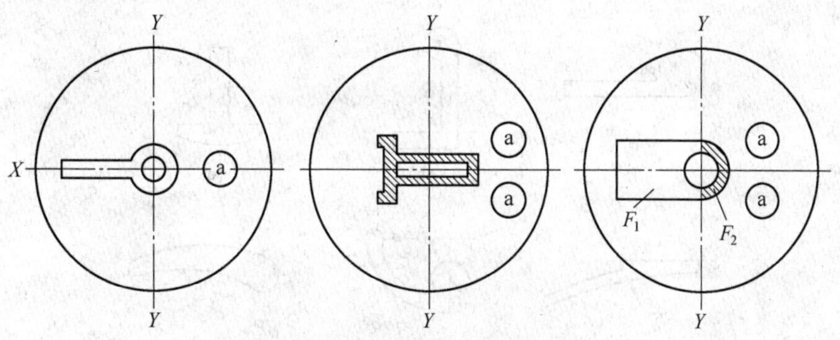

图 2-52 带平衡孔的模子示意图

a—平衡模；F_1，F_2—型材模各部分面积

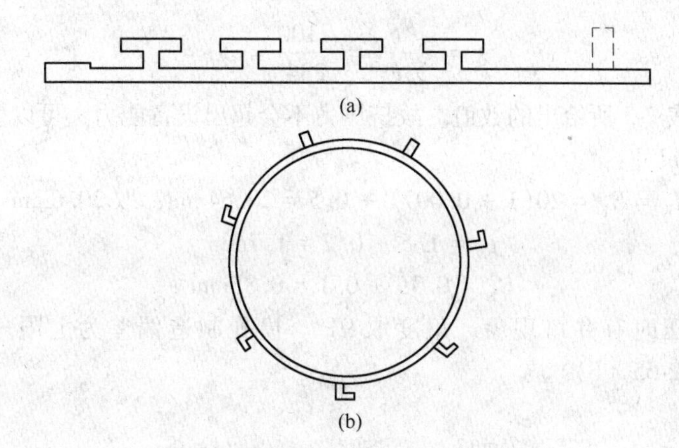

图 2-53 采用工艺裕量平衡金属的流速

（a）用扁挤压筒挤压；（b）用圆挤压筒挤压

2）型材的壁厚尺寸：

$$B = B_m(1 + C_2) + \Delta_2 \tag{2-26}$$

式中 B_m——型材壁厚的名义尺寸；

C_2——裕量系数，对铝合金等于 0.05~0.15，其中薄壁取下限，厚壁取上限，对外形尺寸大的槽形、工字形等型材还应增加；

Δ_2——型材壁厚的正偏差。

3）型材的圆角、圆弧与角度。常见的圆角和圆弧的结构如图 2-54 所示。对于没有偏差要求的圆角和圆弧，模孔可以按名义尺寸设计；对于有偏差要求的圆弧、圆角以及由圆弧、圆角所组成的型材，其模孔尺寸亦应按前式计算。

［**例**］ 试设计用 ϕ95mm 挤压筒挤压断面为 58.4mm² 硬铝等边角材（见图 2-55（a））的模孔尺寸。

［**解**］ ①确定延伸系数 λ 及模孔数 n：

$$F_a = \frac{\pi \times 95^2}{4} = 7100\text{mm}^2$$

初步选用 4 个模孔挤压，则：

$$\sum F_1 = 4 \times 58.4 = 234\text{mm}^2$$

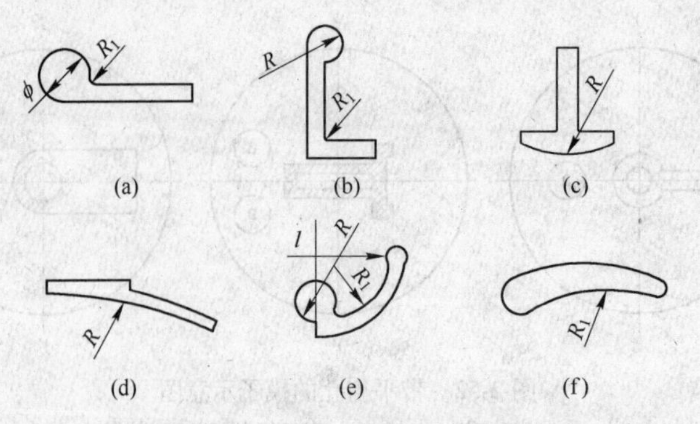

图 2-54 带圆角和圆弧的型材

$$\lambda = \frac{F_0}{\sum F_1} = \frac{7100}{234} = 30$$

此值未超出表 2-3 所给出的数值，故挤压力不会超出设备能力，可以生产。

② 确定模孔尺寸：

$$H_K = B_K = 20(1 + 0.007) + 0.5 = 20.64\text{mm}，取 20.6\text{mm}$$

$$t_K = 1.5 + 0.2 = 1.7\text{mm}$$

$$R_K = 0.75 + 0.1 = 0.85\text{mm}$$

此种角材挤压时有并口现象，角度取 91°。模孔制造偏差为上限 -0.02mm，下限 -0.05mm（见图 2-55（b））。

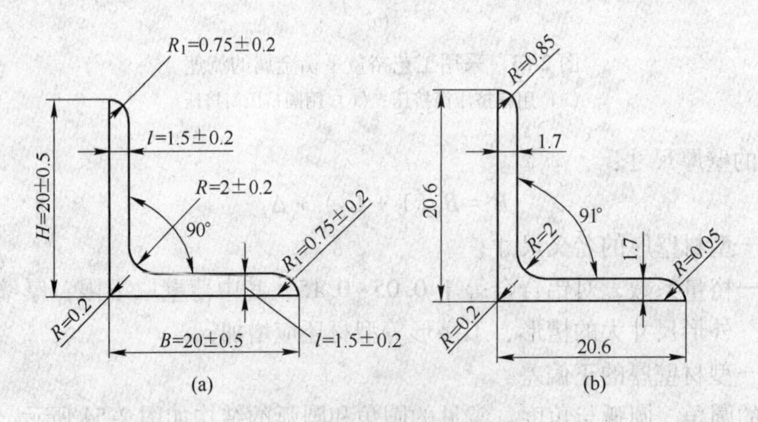

图 2-55 型材及模孔断面图

（a）型材；（b）模孔

③ 确定定径带长度。因为是等壁厚型材，又采用了对称排列模孔，故定径带皆取 2~3mm。不必用不等长定径带来控制金属流速。

2.3.6.3 舌模设计

舌模又称为组合模或带针模，其特点是将穿孔针放在模孔中与模子组合成一个整体。针在模孔中犹如舌头一样，舌模即由此得名。挤压时舌模上刀将锭坯分成几股金属流而流入模孔，借助于模壁和针所给予的压力，使金属坯料重新焊合起来形成空心制品。制品上的焊缝数与金属流股数相同。舌模有不同结构形式，如图 2-56 所示。

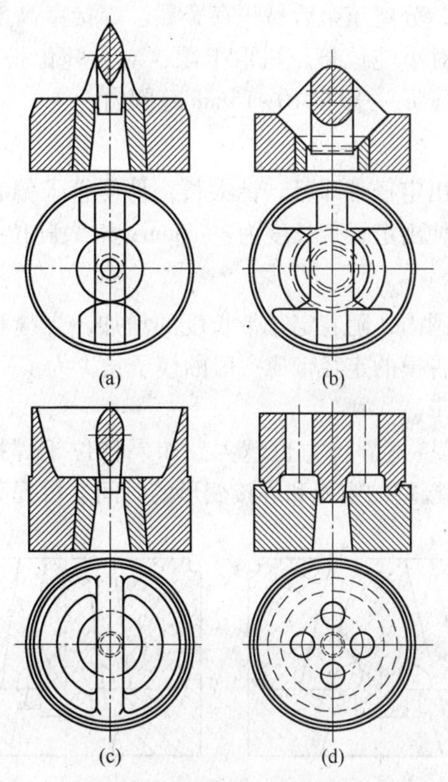

图 2-56 舌模的不同结构形式

（a）突刀式；（b）半突刀式；（c）隐刀式；（d）平刀式

突刀式舌模（桥式模）的结构如图 2-57 所示。突刀式舌模的主要结构尺寸确定如下所述。

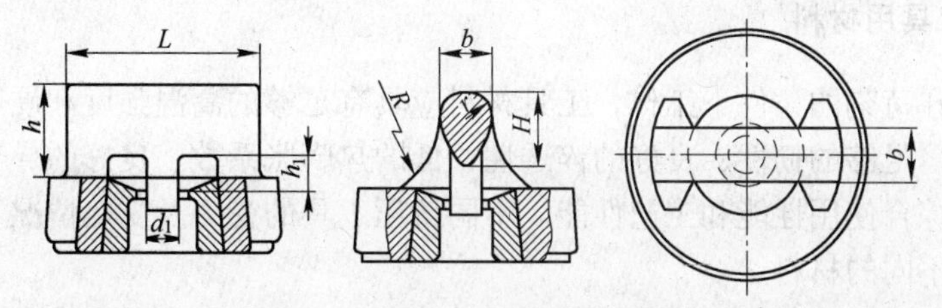

图 2-57 突刀式舌模结构尺寸

A 刀（桥）

模桥设计时主要考虑其桥长、桥高、桥宽和桥座，如图 2-57 所示。主要为了使模桥能顺利地放入挤压筒中，桥长 L 应比筒内径 D_0 小 2~10mm（小筒取下限，大筒取上限）；桥高 H 则根据强度校核确定；桥宽 b 一般取 20~60mm，也可以取桥宽 b 等于$1.1 \sim 1.2d_1$；桥的高与宽比 H/b 为 1.5~2.0，小于 1.5 时会影响空心型材的焊缝质量；桥面圆弧半径 r 等于 $1/2b$。桥座高 h 应尽可能取小些以减少金属损失，一般取 $(1.5 \sim 2.0)d_1$，对空心型材 h 取 40~50mm；桥根弧半径 $R = (h - b)/2$，一般为 20~30mm，太小易压坏。

B 焊接室

焊接室是金属流会合并进行焊接的地方，其高度 h_1 对焊接强度有影响。焊接室如太浅，不能建立起足够的反压力而使焊接区压力不足，导致焊接不良，同时还限制挤压速度不能提高；焊接室如太深，分离压余后易积存金属。焊接室高度 h_1 一般为 10~20mm，或者等于管壁的 4~10 倍，对小吨位挤压机取上限，对大吨位挤压机取下限。如挤压内孔 ϕ10mm 以下的空心型材时，h_1 一般在 10~15mm 范围内。

C 针（舌）

针的长度宜短，稍伸出定径带即可。针太长，易使管子偏心，太短则管子易成椭圆。一般对小吨位挤压机，针伸出定径带长度为 1~3mm；对大吨位挤压机可达 10mm。

D 定径带

在定径带有效长度范围内，随着定径带长度的增加，焊缝和基体金属的强度皆增加。因此为保证可靠的焊接，舌模的定径带比一般的模子长。为了平衡金属流动，可采用对称排列的模孔和不等长定径带。

刀的 β_d 锥角越大，焊接室静压力也越大。如果将位于焊接室中的针车出一个细颈（见图 2-58），由于增加焊接室的容积和焊接变形的时间，可提高焊缝的质量。

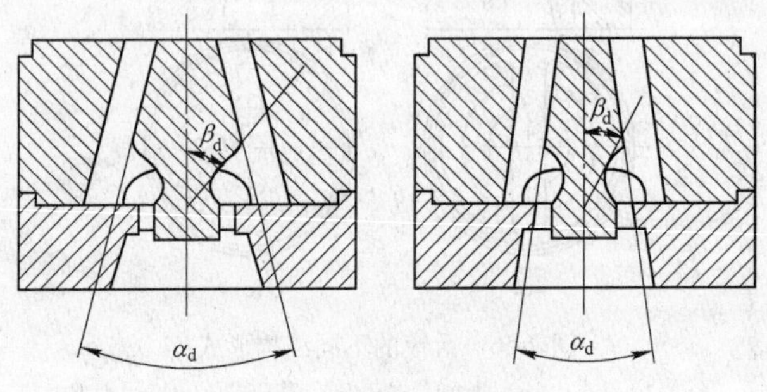

图 2-58 不同的刀的锥角

2.3.7 挤压工具用材料

挤压工具在苛刻的条件下工作，工具材料应具有足够的高温强度和硬度、耐高温氧化性、耐热裂性、足够的韧性、良好的淬透性、低的热膨胀系数、良好的导热性、良好的工艺性等优良的综合使用性能和工艺性能。不同挤压工具的受力及受热情况不尽相同，因此不同工具选用不同的材料。

目前，用于制造挤压工具的材料主要是热模具钢，它们多数是添加钨、钼、铬、镍、钒等合金化元素，含碳量为 0.3%~0.45% 的 Cr-W 系和 Cr-Mo 系亚共析奥氏体合金钢。其中最有代表性的是 3Cr2W8V。该钢具有较高的高温强度，在 650℃ 时 σ_S 仍可达 1100MPa，硬度为 HRC47。在超过 650℃ 以后，该钢强度和硬度急剧下降，它只适合于铝合金和铜合金的挤压。该合金钢的工艺性能不好，用其生产的锻件质量一般小于 500kg，难以用来制造大型挤压工具。该钢导热性能差，线膨胀系数高，在工作中产生很大的热应力，使挤压工具产生龟裂甚至破碎。此外，它在加热时易脱碳，使工具表面层的强度降低和抗磨性能下降，以及含钨量高、价格较贵等缺点。

为了克服 3Cr2W8V 的上述缺点，寻求性能更加优良的热模具钢，国内外都在积极开展研究工作。我国研制的 5Cr4W2Mo2VSi 挤压模具与 3Cr2W8V 的相比可提高使用寿命 2~2.5 倍。除了在合金元素上进行探索外，还在熔炼、热处理工艺制度上加以改进。此外，还发展了很多的表面处理方法，如渗氮、渗硼、渗硅、渗铬，或者在模子表面上用电弧、等离子或火焰喷涂上 ZrO_2、Al_2O_3、WC 以及 TiC 等，取得了积极的效果。例如，用软渗氮法处理的模具用于挤压铝合金时，可使其使用寿命提高 3.5 倍，而表面涂覆 Al_2O_3 和 ZrO_2 可使模子的工作温度分别达到 1800℃ 和 2260℃。国外在制造挤压工具方面还采用了镍基、钴基高温合金，难熔金属以及金属氧化物陶瓷材料，也取得了显著的成果。

表 2-4 为不同挤压工具所用的材料；表 2-5 为几种常用钢材的力学性能。

表 2-4 不同挤压工具选用的材料

挤压工具		硬 度	材 料	注
挤压筒	外套	44~47	5CrNiMo	
		35~44	5XHB	
	中套	44~47	5CrNiMo、5CrMnMo	
		35~44	5XHB	
	内套	48~52	3Cr2W8V	大规格内套用
		44~47	5CrNiMo	
		40~45	5XB2C	
		48~50	4X5B2ΦC	
挤压轴		48~52	3Cr2W8V	
		44~47	5CrNiMo	
		40~45	4XB2C、5XB2C	
挤压垫		45~50	3Cr2W8V	
		40~45	5XB2C	
		43~48	45X3B3MΦC	
模具	模子及模芯	45~52	3Cr2W8V	挤大规格铝合金制品用
		42~48	5CrNiMo	
		43~48	45X3B3MΦC	
		48~52	2X8K8M6B2	
	模套	40~45	3Cr2W8V、5XB2C	
		43~47	H11、H13	
	模支承	35~40	5CrNiMo	
		40~45	3Cr2W8V	
	模垫	42~48	5CrNiMo、5CrMnMo	
		39~43	SKT4、SKD61	
	支承环	42~48	5CrNiMo、5CrMnMo	
		45~52	SKT4	
针	实心无水内冷	48~52	3Cr2W8V	大规格针
		42~48	5CrNiMo	
	实心水内冷	43~47	4XB2ΦC、35X5BMC、H12	

表 2-5　几种常用钢材的力学性能

牌号	试验温度/℃	力学性能						热处理制度
		σ_b/MPa	σ_s/MPa	δ/%	Ψ/%	α_K/J·cm^{-2}	HB	
5CrNiMo	20	146	138	9.5	42	38	418	820℃油淬，500℃回火
	300	137	106	17.1	60	42	363	
	400	111	90	15.2	65	48	351	
	500	86	78	18.8	68	37	285	
	600	47	41	30.0	74	125	109	
5CrMnMo	100	118	97	9.3	37	38	351	850℃空淬，600℃回火
	300	115	99	11.0	47	65	331	
	400	101	86	11.1	81	49	311	
	500	78	69	17.5	80	32	302	
	600	43	41	26.7	84	38	285	
4CrW2Si	300	180				40	514	950℃油淬，在试验温度下回火1h
	400	155				38	444	
	500	112				42	881	
	600	50				110		
3Cr2W8V	20	190	175	7.0	25	40	481	1100℃油淬，650℃回火
	300						429	
	400	152	140			61.9	429	
	450	150	139			51.6	402	
	500	143	133			56.7	405	
	550	134	123			58.1	363	
	600	128				63.3	325	
	650						290	

2.4　挤压设备

2.4.1　挤压机的类型及其结构

按其结构形式的不同，挤压机分为卧式挤压机和立式挤压机两大类型。现分别将它们的基本结构、特点和应用范围叙述如下。

2.4.1.1　卧式挤压机

卧式挤压机的工作部件的运动方向与地面平行，如图 2-59 所示，因此具有如下特点：

（1）挤压机本体和附属设备基本上都布置在地面上，在工作时便于对设备的状况进行监视，而且对它们进行保养和维护均便利；

（2）挤压机的主要机构布置在同一水平面上，容易实现机械化和自动化；

（3）由于是在地面上水平出料，不需要地坑，不仅减少了建筑施工投资，而且制品的规格不受限制，还可以制造和安装大型的挤压机；

图 2-59　卧式挤压机

（4）挤压机的运动部件，如柱塞、穿孔横梁、挤压筒等部件的自重加压在导套、导轨面上，造成较严重的磨损，长时间应用后难以保持精度；

（5）挤压机上受热膨胀的某些部件，会使其位置改变，导致挤压机的对中精度降低；

（6）挤压机占地面积较大。

在卧式挤压机上挤压管材时，最容易出现管子偏心，造成壁厚不均的缺陷。这主要与上面所述的卧式挤压机缺点有关。但卧式挤压机使用、维修方便，经济效果好，在生产中的应用极为广泛。

根据挤压机的用途，卧式挤压机又分为棒材挤压机和管棒挤压机，或者称之为单动式与复动式挤压机。二者的主要区别是后者有独立的穿孔系统。

按其挤压方法，卧式挤压机也可以分为正向挤压机、反向挤压机和联合挤压机（即在此种设备上可以实现正挤或反挤）三种类型。

卧式管棒挤压机根据穿孔缸相对于主缸的位置，一般可分为后置式、侧置式和内置式三种基本形式。

（1）后置式。穿孔缸位于主缸之后，其布置如图 2-60 所示。其优点是：穿孔系统与主缸之间完全是独立的，穿孔柱塞的行程可以比主柱塞行程长，故可以实现随动针挤压，使针的使用寿命延长；由于针在挤压时可自由前后移动，故可以生产内径变化的管子，如

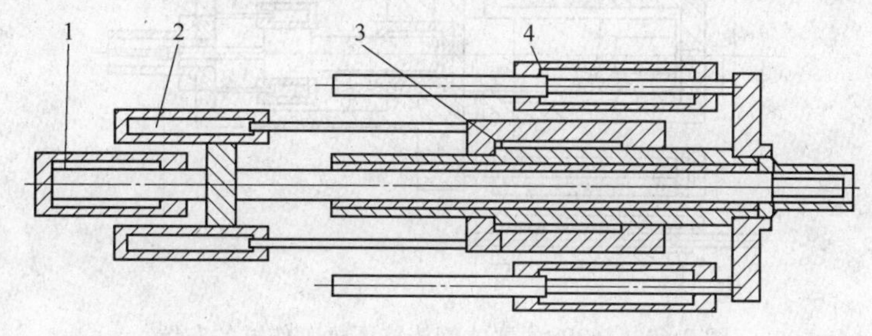

图 2-60　后置式管棒挤压机工作缸的布置

1—穿孔缸；2—穿孔返回缸；3—主缸；4—主返回缸

铝合金钻探管；在挤压棒型材时，可将穿孔缸的压力叠加到挤压轴上增大挤压力；维修比较方便。

此种挤压机的缺点是机身较长，占地面积相应增大。其次，虽然在设计上是使穿孔系统与柱塞同位于挤压中心线上，但是实际上由于穿孔系统很长，刚性较差，加之在主柱塞中的导向衬套有磨损，这些都会引起穿孔系统偏斜，使管子偏心。

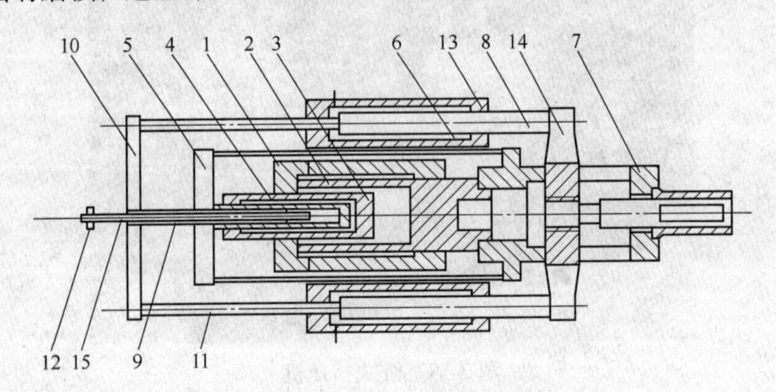

图 2-61 侧置式管棒挤压机工作缸的布置

1—主缸；2—主柱塞；3—主柱塞回程水缸；4—回程缸的空心柱塞，同时又是空心柱塞 9 的缸；5，10—栋梁；6，11—拉杆；7—与主柱塞固定在一起的栋梁，与拉杆 6、栋梁 5、柱塞 4 相连；8—穿孔柱塞；9—穿孔柱塞 8 的回程空心柱塞；12—支架，进水管 15 固定于其上；13—穿孔缸；14—穿孔横梁；15—进水管

（2）侧置式。穿孔工作缸位于主缸的两侧，如图 2-61 所示。侧置式挤压机的穿孔柱塞与主柱塞的行程相同，不可能实现随动针挤压。穿孔针在挤压时不动，在高温金属坯料作用下，针常被拉细、拉断，寿命较短。主缸后面安装着主柱塞与穿孔塞回程缸，机身也较长。

（3）内置式。内置式挤压机结构较先进，其穿孔缸安置在主柱塞之前的内部，穿孔缸和穿孔返回缸所需的工作液体各用一个套筒式导管供给（见图 2-62）。由此可见，主缸两侧与机头相连接的两个缸是活塞式的，它既是主柱塞的返回缸，又是副挤压缸。当主缸与副缸同时供给高压液体时，挤压机可达到全吨位；只向主缸供给高压液体时为低吨位。

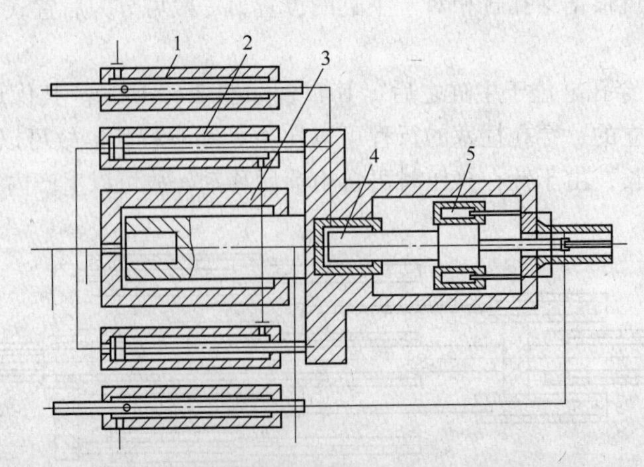

图 2-62 1630t 内置式管棒挤压机工作缸的布置

1—进水管；2—副缸及主返回缸；3—主缸；4—穿孔缸；5—穿孔返回缸

内置式挤压机穿孔系统位于主柱塞头部之中，机身长度缩短，与吨位相同的棒型挤压机相当。其穿孔系统较短，刚性好而且导向精确，故管子不易偏心。其穿孔针在挤压时可以随着主柱塞一同前进，既能实现随动针挤压，也可以实现固定针挤压。内置式挤压机的缺点主要是维修、保养困难。而且由于位置所限，穿孔缸的尺寸受到限制，穿孔力不大。由于内置式挤压机所具有的优点，近几年内置式结构得到广泛的应用。

2.4.1.2　立式挤压机

立式挤压机工作部件的运动方向和出料方向与地面垂直，故占地面积小，但是要求有较高的厂房与较深的地坑。由于运动部件垂直地面移动，不仅磨损小，而且运动部件受热膨胀后变形均匀，挤压精度高，挤压出的管子偏心很小。地坑是为保证挤压空间，使挤压出的制品有一定的长度，以便于随后的酸洗、冷轧或带芯头拉拔等。根据立式挤压机的特点，它主要用来生产中、小尺寸的管材。

带独立穿孔系统的立式挤压机，可采用实心锭进行穿孔挤压，管子的偏心度很小，内表面质量好，但是这种挤压机的结构复杂，操作麻烦，故应用并不广泛。无独立穿孔系统的挤压机必须使用空心锭挤压，有时锭坯内孔的氧化使内表面质量变劣，有时挤出的管子稍微有些偏心。但是这种挤压机结构简单、操作方便、机身不高，在生产中应用最为普遍。故下面只介绍无独立穿孔系统的挤压机。

立式挤压机可用剪切模分离压余，挤压后利用液压缸使模座横向移动，借助剪切模将管子切断，挤压模连同压余用挤压轴再一次的行程推出筒外，也可用冲头分离压余。用剪切模分离压余的挤压机适用于挤压铝合金管材，而用冲头分离压余的挤压机则适用于铜合金。

图2-63所示为600t立式挤压机，挤压后进行再一次行程，利用冲杆上的冲头将管子切断。

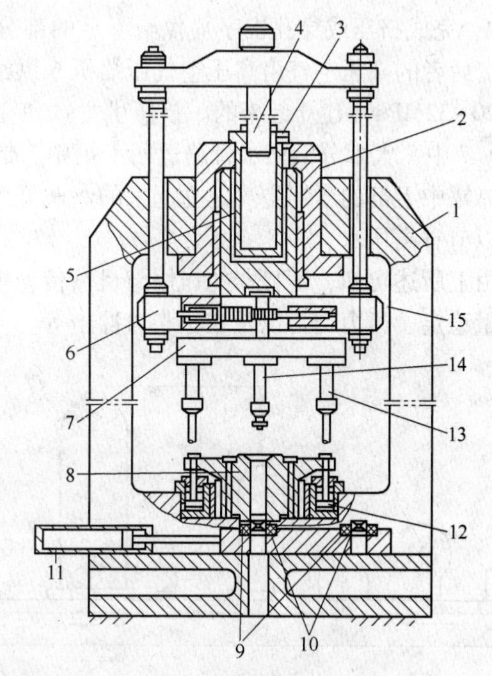

图2-63　600t立式挤压机

1—机架；2—主缸；3—主柱塞返回缸；4—返回缸3的柱塞；5—主柱塞；6—滑座；7—回转头；8—挤压筒；9—模支承；10—模子；11—模座移动缸；12—挤压筒锁紧缸；13—挤压轴；14—冲杆；15—滑板

2.4.2　挤压机的液压传动和控制

挤压机液压传动的类型主要有高压泵直接传动和高压泵-蓄势器传动两种。

（1）高压泵直接传动。此种传动方式比较简单，挤压机所需的高压液体直接由高压泵通过控制机构供给。通常可以把高压泵、油箱、各种阀等直接安装在挤压机后机架上方或安装在挤压机附近，一般称其为自给油压机。

由高压泵直接传动的基本特点是：泵所产生的液体压力是变化的，它根据挤压时金属变形所需的挤压力大小而变化；挤压速度或者说主柱塞的运动速度与挤压力大小无关，而只取决于泵的生产率。实际上，在用高压泵直接传动时主柱塞的运动速度仍然会随着挤压力的变化而有所波动。这是因为工作液体的单位压力随着挤压力增高而上升后，泵、缸、控制阀等的液体泄漏量增大，从而使泵在单位时间内向主缸中供给的工作液体数量减少，其结果也就改变了主柱塞的运动速度，使挤压速度降低。

由高压泵直接传动的最大优点是速度控制较容易，用电液伺服阀和变量泵即可实现；其次，是高压液体的能量利用率高，压力损失小，并且系统中的温升和噪声皆小。此外，由于不需要安装蓄势器等一系列装置，设备投资少。

高压泵直接传动方式的缺点是，所安装的高压泵和带动它的电动机的功率要根据挤压时所需的最大挤压速度来选择，这样将使高压泵和电动机的利用系数不高。

(2) 高压泵-蓄势器传动。为了减小挤压机液压传动的安装功率和提高泵及电动机的利用系数，大型的挤压机和安装多台挤压机的大型车间多半建立有集中的高压泵-蓄势站。图 2-64 所示为此种传动方式的示意图。

由图可见，工作液体借自重由水箱 1 进入高压泵 2，经管道 3 和分配器 8 送至挤压机 9 的工作缸中。当挤压机在单位时间内的用水量小于高压泵的供水量时，则将多余的工作液体打入高压水罐 4 中储存起来，以备挤压机的耗水量大于高压泵单位时间内供给量时(例如，完成挤压或穿孔工序）供给不足的部分。高压水罐中的液面上部与高压空气罐 5 相通，后者的高压空气由高压空气压缩机 6 供给。高压水的压力即由此空气罐中的空气压力（20~32MPa）建立起来的。挤压机主缸和穿孔缸中工作后的水一部分进入低压罐（填充罐）7 中，大部分沿回水管路返回水箱中。低压水罐中水的压力为 0. 8~1. 2MPa，其压力系靠罐中上部的压缩空气建立起来的。此低压水用来完成主柱塞和穿孔柱塞空行程，这样可以节省高压水。

由上所述可知，蓄势器的作用与机械传动中的飞轮相似。蓄势器还可以使管路中的液体流量稳定、压力均匀以及减小水力冲击等。

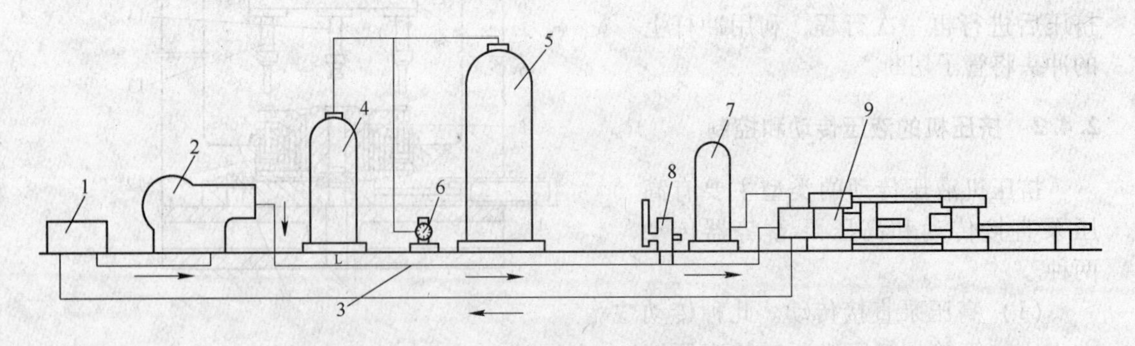

图 2-64　高压泵-蓄势器传动示意图
1—水箱；2—高压泵；3—管道；4—高压水罐；5—高压空气罐；
6—高压空气压缩机；7—低压罐（填充罐）；8—分配器；9—挤压机

如果忽略由于高压水罐中水位的变化而引起的压力波动，高压泵-蓄势器传动时工作液体的压力是不变的，而挤压速度则随着挤压力的不同而变化。当挤压力大时，速度慢，反之则速度快。

根据挤压工艺的要求，需要在挤压过程中保持速度恒定或者减速。在高压泵-蓄势器传动时，一般皆采用节流阀进行速度调节。这样当高压液体通过节流阀时由于受到阻力而损失掉一部分能量（压力），这部分能量转变为热能导致系统的温升和噪声增大。此外，对挤压速度的控制也较困难。

根据上述情况，当挤压的时间占整个挤压周期70%~80%，且挤压速度变化不大（即合金品种单一或性质相似）时，采用高压泵直接传动肯定是有利的；当挤压速度快、时间短，对较大型的挤压机或机组采用高压泵-蓄势器传动较为经济。

随着近些年油压技术的发展，液压元件不断完善，用油作为工作液体的高压泵直接传动方式在挤压机上得到了广泛的应用。表 2-6 为挤压不同合金时所要求的挤压速度及适宜采用的传动方式。

表 2-6　传动方式的应用范围

用　途	挤压速度/mm · s^{-1}	传动方式
铝及铝合金	0~20	泵传动
铜及铜合金	0~40，最大不超过 80	泵传动
	0~160	泵-蓄势器传动
铜、稀有金属	0~400	泵-蓄势器传动

2.5 挤 压 工 艺

2.5.1 挤压工艺参数的确定

与其他的热加工一样，挤压工艺参数主要是温度、速度和变形程度。这些参数选择是否正确，对挤压制品的组织性能、技术经济性都有很大的影响。

2.5.1.1 挤压温度

挤压温度对制品的组织和性能影响颇大。图 2-65 所示为在不同温度下，以同一变形程度挤压 H68 管材的高倍组织。由图可以看出，随着挤压温度的升高，晶粒逐渐变大。

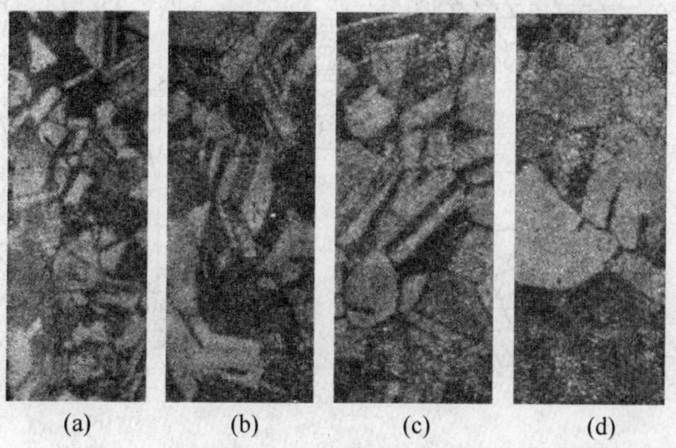

(a)　(b)　(c)　(d)

图 2-65　变形程度为 95%的 H68 挤压管材的高倍组织

（a）600℃；（b）700℃；（c）800℃；（d）900℃

对于温度升高发生相变的某些金属与合金，在高于相变温度下挤压，晶粒会变得很粗大。例如，钛及其合金在高温 β 区内挤压时即如此，从而导致力学性能变坏。钛及钛合金制品的粗大晶粒与钢不同，不能用热处理方法通过相变重结晶予以消除。又例如，铀在高温 γ 区加工时也有此类似情况。图 2-66 所示为在不同温度下挤压铝时的力学性能。由图可见，随着挤压温度的升高，抗拉强度、屈服强度和硬度下降，伸长率增高。当达 500℃以上时，伸长率开始下降，这是由于晶粒过分长大之故。

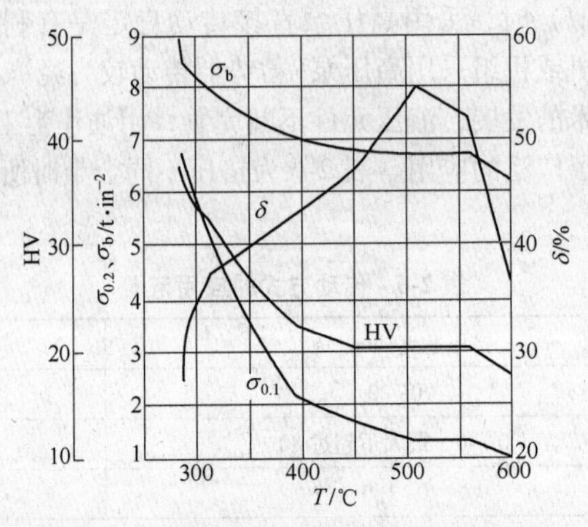

图 2-66　不同温度下铝挤压制品的力学性能

图 2-67 为变形温度和变形程度对晶粒度的影响。图 2-68 为不同的变形温度和变形程度对紫铜挤压棒材晶粒度影响的组织图。由图可清楚地看到，在加热温度 600~900℃范围内提高温度，对晶粒度的影响一般要比在变形程度 20%~95%范围内减小变形程度时的影响大得多，特别是对再结晶开始温度低的金属，如紫铜、H96 等更是如此。因此，当制品的力学性能不合格时，首先应从改变锭坯的加热温度方面着手。但是对有挤压效应的铝合金来说，提高挤压温度则能增加其机械强度。

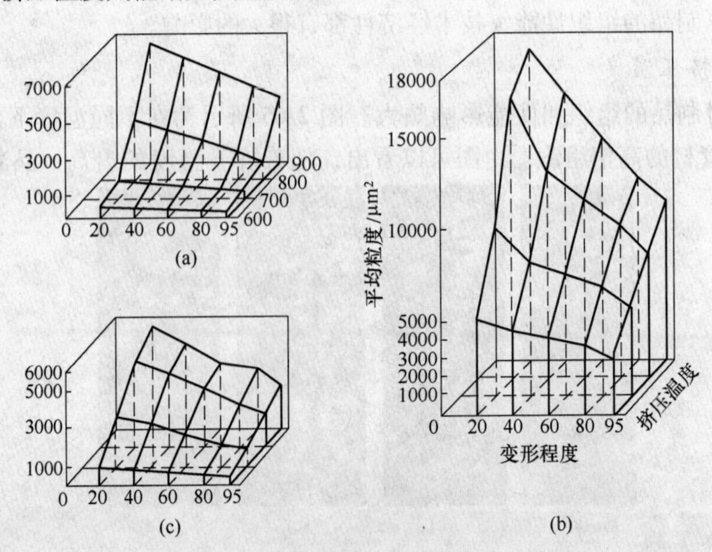

图 2-67　挤压制品的晶粒度与变形温度和变形程度间的关系

（a）紫铜；（b）H68；（c）H62

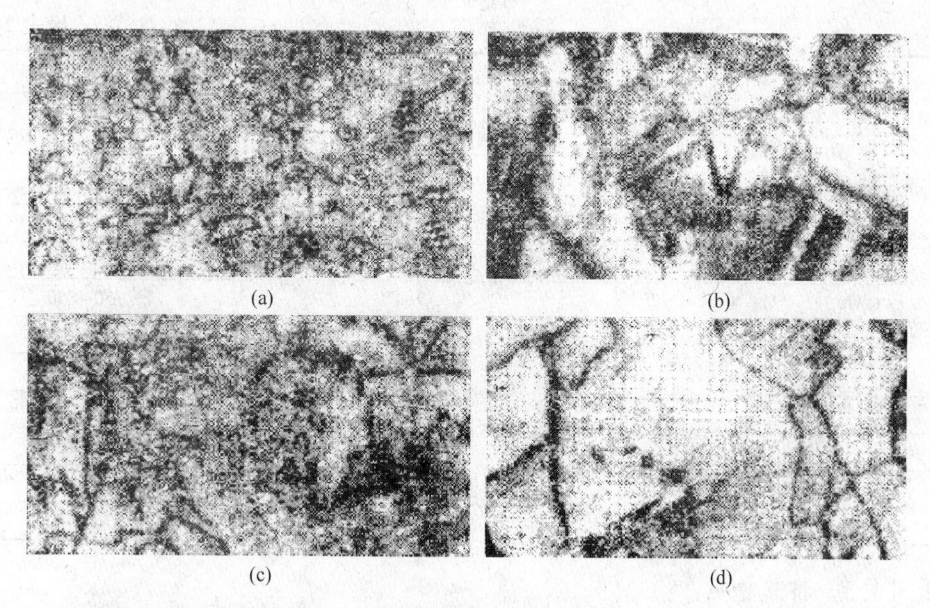

图 2-68 T4 紫铜挤压棒材的晶粒度与挤压温度和变形程度 ε 间的关系
（a）600℃，ε=20%，晶粒面积 290μm^2；（b）900℃，ε=95%，晶粒面积 3430μm^2；
（c）600℃，ε=20%，晶粒面积 382μm^2；（d）900℃，ε=20%，晶粒面积 6633μm^2

一般情况下金属在塑性变形时，变形能的 90%~95%转变为热量。在研究挤压温度对制品组织性能的影响时，变形热和摩擦热不可忽视。与其他压力加工方法相比，挤压时一次变形量很大，而强烈的三向压应力状态也会使金属的变形抗力增加。同时挤压时金属与工具间的摩擦也产生较大的热量。摩擦热主要产生在模孔部分和挤压筒部分，挤压筒部分产生的摩擦热占有较大的比例，且其与锭坯长度成正比。由于上述原因，在挤压时产生的附加热量很大，它可以使锭坯温度上升几十度，甚至可达 300℃以上。

由变形热所引起的温升可用下式计算：

$$\Delta t = \frac{k\,\overline{K}_z \ln\lambda}{427CV\rho} \tag{2-27}$$

式中 k——提高物体晶体点阵能所消耗的功的系数，k=0.9~1.0；
C——金属热容量，kJ/(kg·℃)；
V——变形物体的体积，cm^3；
ρ——密度，g/cm^3。

常用的有色金属与合金的锭坯加热温度列于表 2-7。

表 2-7 常用金属与合金的加热温度

金属与合金	品 种	挤压温度/℃
紫铜	棒	750~830
	管	800~880
H96	管	790~870
H68	棒	700~770
	管	760~800

续表 2-7

金属与合金	品 种	挤压温度/℃
H62	棒	600~710
HPb59-1	管	600~650
HSr70-1、HSr62-1	管	650~750
HA77-2	管	720~820
QAl10-3-1.5	棒、管	750~800
QAl9-2、QAl9-4	管	750~850
QSn6.5-0.1	管	650~700
B30	棒	900~1000
钛		850~900
镍		1100~1200
纯铝、LD2	棒、型	320~450
LD10	棒、型	370~450

2.5.1.2 挤压速度

挤压速度与制品的组织、性能之间的关系，主要是通过影响金属的热平衡来体现的。挤压速度低，金属热量逸散得多，造成挤压制品尾部出现加工组织；挤压速度高，热量来不及逸散，有可能形成绝热挤压过程使金属的温度不断升高。在一般情况下也是如此，挤压速度越高，则温升也就越大。

对于硬铝合金来说，其挤压速度虽然是极慢的，每秒钟只有零点几到几毫米，但是由于金属的加热温度与挤压筒温度相近，热传导进行得很慢；同时铝的热含量较大，温度很难下降，故在挤压过程中，金属的温度不断升高，以致进入脆性区甚至达到共晶的熔点，其结果导致在制品的表面上出现裂纹。如果降低挤压温度，则可以提高挤压速度。例如，LY12 铝合金，将加热温度由 450℃降低至 390℃，在以挤压比为 15 挤压棒材时，可以提高挤压速度 2 倍，而挤压力只增加 15%。表 2-8 为用不同铝合金挤压棒材时，流出速度与锭温的关系。

从表中可以看出，适当地降低锭坯温度可以成倍地提高流出速度，从而提高挤压机的生产率。但是对软铝合金，如只单纯地追求增加挤压速度，则在工艺上和技术经济上未必都是有利的。例如，增加挤压速度会使变形金属温度升高，粘结工具现象加剧，制品外形精度变劣和表面机械损伤增多；同时，泵和电动机的能力以及加热设备的生产率都需相应地增大等。

表 2-8 挤压铝合金棒材时流出速度与锭温的关系

合 金	高温挤压		低温挤压	
	锭温/℃	流出速度/m · min^{-1}	锭温/℃	流出速度/m · min^{-1}
LY11	380~450	1.5~2.5	280~320	7~9
LY12	380~450	1.0~1.7	330~350	4.5~5
LD5	380~450	3.0~3.5	280~320	8~12
LC4	370~420	1.0~1.5	300~320	3.5~4
LD2	480~500	2.0~2.5	260~300	12~15

挤压速度对制品的组织、性能的影响也可以通过冷却速度来实现。锭坯温度虽然高，但如果增加挤压速度，使金属在变形区内停留时间很短，而出模孔后再给以强烈的冷却，晶粒来不及长大，则也可以得到细晶组织。例如，在β区内挤压钛及钛合金，采用上述制度也可以获得优良的组织。但是一般来说，对在高温下有相变的合金，应防止冷却速度过快，以免引起淬火效应。例如，铝青铜 QAl10-3-1.5 在 875℃以上挤压时，由于淬火效应引起硬度过高而不合格。对于α+β黄铜，为了保证α相能充分地析出，挤压后亦不可用冷水急冷。

2.5.1.3　变形程度

变形程度一般不应小于90%~92%。在实际生产中，往往都会超过此值。但是在某些情况下，比如挤压难熔金属或大规格的制品，由于受到设备能力和工具强度的限制而难以遵守此原则。至于挤压后还要进行压力加工的制品，其变形程度则不必受此限制，但一般以挤压比不小于 5 为好。

2.5.1.4　工艺参数间的相互关系

温度、速度、变形程度以及压力，对合理地制订挤压规程是必不可少的。而且这些工艺参数是相互联系和相互影响的。图 2-69 所示，即为反映四者之间相互关系的变形制度示意图。图中的 1 区表示合适的变形制度区域，2 区表示超过设备能力允许压力的区域，3 区表示部分的晶界已熔化或出现裂纹的区域。由图可知，当锭坯的加热温度不变，随着挤压比的增加，使金属流动的压力也增加。当超出等压线以上进入 2 区时就不可能实现挤压。这是因为压力受到设备能力或者工具强度所限之故。随着加热温度的提高，允许的变形程度增大。区域 1 和 3 之间的第二条极限曲线是表示绝热条件下由于热效应引起锭坯温升的影响。由图可见，随着锭坯挤压前加热温度的增加，必须减小挤压比。如果保持加热温度不变，增加变形程度将会由于变形热超出开始熔化线而进入 3 区，制品便出现裂纹、破碎或者晶粒粗大，从而使产品力学性能不合格。

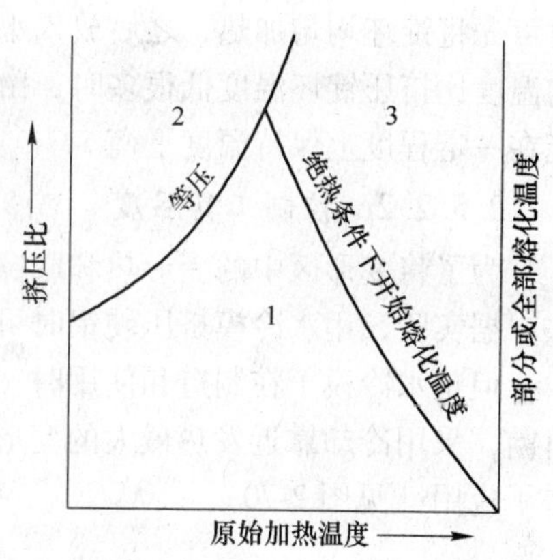

图 2-69　变形制度示意图
1—合适的变形制度区域；
2—超过设备能力允许压力区域；
3—部分晶界已熔化或出现裂纹区域

2.5.2　挤压过程中的温度-速度控制

为了获得沿长度和断面上组织、性能均匀的、表面质量良好的和无裂纹的制品，应最大限度地提高金属允许的挤压速度和流出速度，在挤压过程中对温度、速度敏感的合金（例如硬铝）采取了各种温度-速度控制技术。

2.5.2.1　锭坯梯温加热

所谓锭坯梯温加热，就是使锭坯在长度上或断面上的加热温度有一个梯度。最常采用的是沿长度上的梯温加热。合理的梯温加热制度可以使制品在长度上组织与力学性能比较均匀。表2-9所示为用均匀加热和不同梯温加热制度的LY12锭坯挤压棒材的力学性能。

表 2-9 均匀加热与不同梯温加热制度时 LY12 棒材的力学性能

加热方法	锭坯加热温度/℃	允许流出速度/m·min^{-1}	流出速度增量/%	棒材力学性能								
				前部			中部			尾部		
				σ_b/MPa	σ_s/MPa	δ/%	σ_b/MPa	σ_s/MPa	δ/%	σ_b/MPa	σ_s MPa	δ/%
均匀	320	4.95	—	49.4	32.7	15.0	54.4	38.5	11.9	55.9	39.9	11.0
梯温加热	400~250	6.0	20	56.7	40.5	11.2	57.0	41.1	11.3	57.3	41.4	10.9
	450~150		20	55.8	40.0	10.4	54.4	38.5	12.0	56.2	39.9	11.0

在确定梯温加热制度时应考虑被挤压金属和工具金属的热性能、金属允许的加热温度、锭坯长度、锭坯长度与直径之比，以及锭坯在空气中的冷却时间的影响。

锭坯在断面上的梯温加热可有两种情况：需要锭坯内部温度高或需要锭坯外部温度高。当锭坯与挤压筒壁产生剧烈摩擦，使锭坯表面温度升高时，需要锭坯内部温度高。此时可先将锭坯均匀加热，之后放入水中使锭坯表面层达到低温的要求。当挤压筒或挤压垫的温度比挤压锭坯温度低很多时，由于挤压时这些工具吸热量，需要锭坯外部温度高，才能在一定程度上保持温度平衡。

2.5.2.2 控制工具温度

为了将变形区中的变形热和摩擦热通过工具逸散掉，可以采用水冷挤压筒和模子的方法。据实验，用水冷模挤压硬铝时可使金属流出速度提高20%~30%。

但是水冷模子在制造和使用时，存在结构上和技术上的困难，没有获得有效的应用。目前，采用冷却靠近发热最大的变形区部位，即冷却挤压筒内衬套端部或者冷却模支承获得了应用（见图2-70）。

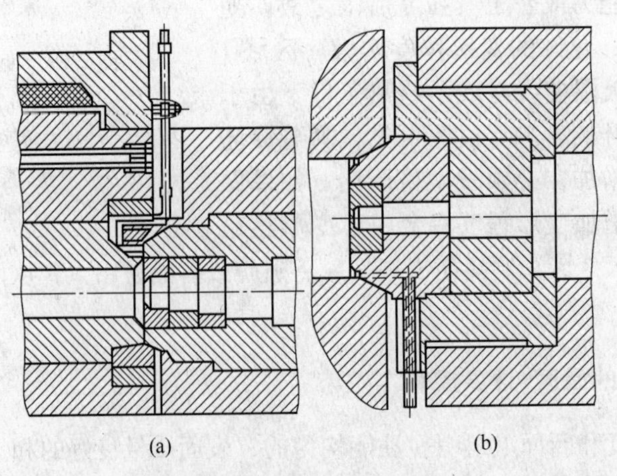

(a) (b)

图 2-70 挤压筒与模支承的水冷
(a) 外部水冷；(b) 内部水冷

2.5.2.3 调整挤压速度

调整挤压速度也可以控制变形区内金属的温度。在挤压硬铝时，过去最常采用的方法就是在挤压后期调整节流阀，降低挤压速度，以免因变形区温升过高而使制品出现裂纹。

但这种方法使挤压周期增长、生产效率降低。可以采用低温加热或不加热的锭坯，以适当高的挤压速度进行挤压，铝合金的温挤压与冷挤压即属此类。由于锭坯温度较低，在开始挤压阶段必须施加很大的挤压力。例如，在挤压高强度铝合金时，如果与正常挤压所采用的锭坯温度相比为0.5∶1时，则挤压力比为1.5∶1，流出速度比为2∶1。

等温挤压技术，就是在挤压过程中通过自动调节挤压速度，使变形区内的温度保持不变。等温挤压时将测得的出口处制品温度作为反馈信号，并与给定的温度进行比较，以偏差作为控制信号，经过放大，通过执行机构来调整工作液体的供给量，借此调整挤压速度以保持温度恒定。但是目前面临所需要的热敏元件可靠性不足，运动部件的惯性、锭坯与工具的热惯性等问题，制造这种装置还有非常大的难度。目前比较成功的是模拟等温挤压，这是使挤压速度按事先规定好的挤压速度曲线进行挤压，从而达到制品出模口的温度恒定的一种方法。根据我国的实践，采用模拟等温挤压硬铝时，可使挤压机生产率提高20%，成品率提高5%。此外，等温挤压技术也为制品出模后直接进行淬火提供了可能性，可以省掉淬火前的重复加热和运输等工序。

2.5.3 锭坯尺寸的选择

锭坯尺寸选择得是否合理对挤压制品的质量和技术经济指标均有直接影响。锭坯的尺寸（长度和直径）越大，切头尾的损失和挤压机的辅助时间所占比例越少。但是对压余来说，增加锭坯的长度或直径的影响是不同的。在锭坯体积一定的条件下，增大直径和减少长度时，压余金属损失增大；在增加长度并相应减小直径时，压余金属损失减少。这不只是由于减少了压余的相对长度，也是由于减少了绝对长度之故。锭坯直径减小不均匀变形也会减小，因而减少了缩尾的形成。

在锭坯尺寸一定时，其直径与长度间的关系应该是保证挤压力最小。图2-71所示为根据皮尔林挤压力计算公式作出的挤压力及其分量与锭坯直径的关系曲线。由图可见，增大锭坯直径使挤压力分量 $(R_s+T_x)/K_z$ 增加很快，而 T_t/K_z 比值下降得则很慢。故为了获得最小挤压力，最合理的是增加锭坯长度。

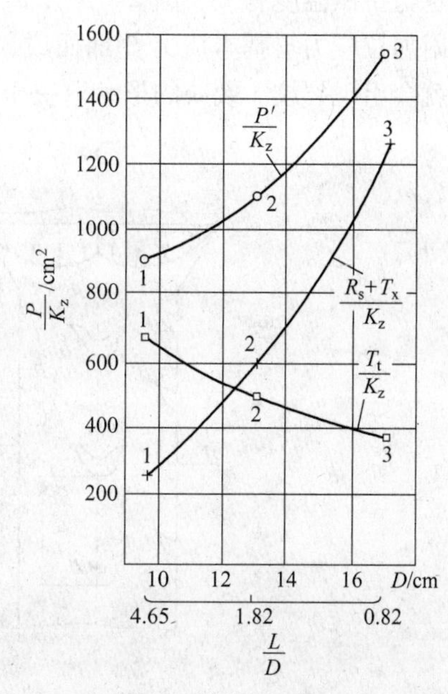

图2-71 挤压力及其分量与锭坯直径的关系

过分地增加锭坯长度可能会使挤压后期金属显著冷却，从而导致制品的组织和性能不均匀。在金属的冷却过分时，会出现挤不动的情况。

一般应在满足制品性能和均匀性的前提下，尽可能地采用小的延伸系数来确定锭坯的直径。关于最小的延伸系数前面已提及过。但是在挤压断面复杂的和外接圆大的型材时，要考虑模孔的轮廓不能太靠近挤压筒壁，以免在制品上出现分层。在多模孔挤压时，除上述条件外还要考虑孔与孔之间的距离，以保证模子的强度。

挤压管、棒、型、线材用的锭坯通常皆为实心圆锭，但是在下列一些情况下生产管材时应考虑用空心锭坯：（1）挤压温度高或强度大的材料，例如钢、锡磷青铜等；（2）挤压重要用途的薄壁管材，以防止穿孔时可能在锭坯上形成微裂纹；（3）挤压某些异型管材，例如双孔管等；（4）挤压某些极易粘结针的稀有金属材料；（5）在无独立穿孔系统的挤压机上生产管材。

圆断面锭坯的长度可用下式确定：

$$L_d = \left\{ \frac{[(L_1 + l_1)m + l_2]nF_1}{F_d} + L_y \right\} \times \lambda_c \tag{2-28}$$

式中 L_1——成品长度；

l_1——长度裕量；

m——成品倍数（根数）；

l_2——切头尾长度；

n——模孔数；

L_y——压余厚度；

F_d，F_1——锭坯和成品断面积；

λ_c——填充挤压系数。

2.5.4 挤压制品的裂纹

在挤压生产中，有时制品表面上出现裂纹。挤压裂纹多半外形相同、距离相等，并呈周期性分布，通常称之为周期裂纹（见图 2-72）。挤压裂纹的产生既与金属受力情况有关，也与挤压温度有关。图 2-73 所示为坯料受力情况和裂纹产生的过程。挤压工作拉应力由附加拉应力与基本应力叠加而成，当工作拉应力值超过金属在该温度下的抗拉强度时，就会出现裂纹。裂纹的形状取决于裂纹向深部扩展的速度 v_W 和金属的流出速度 v_1 的

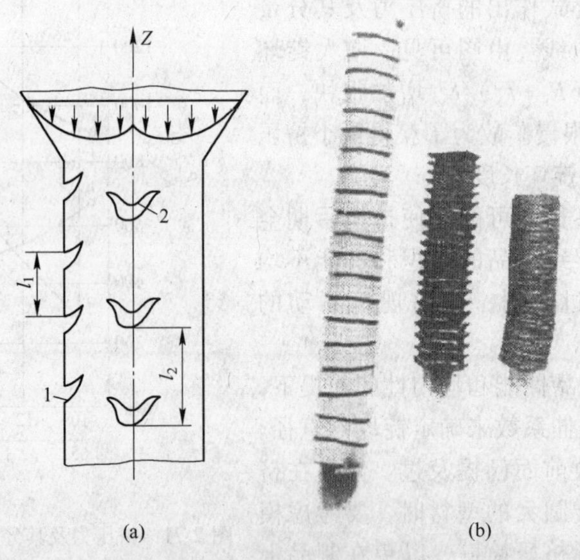

图 2-72 挤压制品的周期裂纹

（a）内、外部周期裂纹示意图；（b）外部周期裂纹实物图

1—外部裂纹；2—内部裂纹

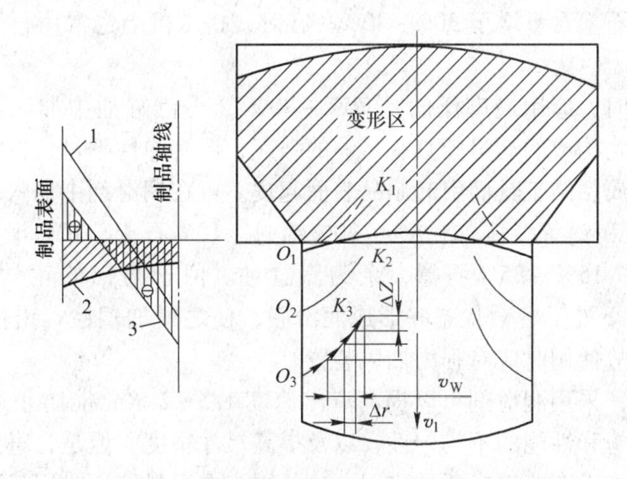

图 2-73 挤压时周期裂纹的形成过程

1—附加应力；2—基本应力；3—工作应力

相互关系。当出现第一条裂纹后，附加拉应力值减小，裂纹向深部扩展的速度减慢。这里可以认为 v_W 是等减速的，则在每一瞬间裂纹加深值为 Δr，而制品以固定速度 v_1 移动 Δr 值。其结果使裂纹形状如图中 O_1K_1 曲线所示形状。当此裂纹扩展到一定深度后，此局部的附加拉应力消失，裂纹停止发展。随后的金属又会由于拉应力的作用而出现第二条裂纹。

挤压裂纹的产生还与“临界温度”有关。每一种合金在温度达到一定值时，材料抵抗拉应力的能力急剧下降，从而容易产生裂纹，这一温度称为临界温度。对临界温度而言，每一种合金都有固定的临界温度，这一温度高低主要与化学成分有关。例如，LC4 的临界温度为 470~480℃；LY12 为 485~495℃；LD2 为 520~530℃。

可以采取以下一些措施来减少或防止周期裂纹：制订合理的温度-速度规程；采取增大挤压比、增大模子定径带长度等措施，来增加变形区内的基本压应力；采用新的挤压技术，例如，对铝合金采用上述的梯温加热、水冷模挤压、冷挤压、润滑挤压以及等温挤压等。

2.5.5 挤压润滑

挤压时的一次变形量很大，作用于接触表面上的正应力极高，相当于金属变形抗力的 3~10 倍。挤压时变形金属的表面不断剧烈地更新，粘结工模具的能力大大增强。挤压时润滑剂的作用是尽可能地使金属与工模具间的干摩擦变为边界摩擦。

采用合适的润滑剂对挤压来说有着特别重要的意义，它不仅影响到能量和工具的消耗，影响到产品的质量，而且关系到能否实现挤压变形，因此世界各国对润滑剂进行了大量的研究。对润滑剂的要求是：（1）润滑剂导热系数小，减小坯料温降和减小模具温升；（2）润滑剂具有小的摩擦系数，以便在挤压条件下，润滑剂能始终分布于金属与工具之间；（3）润滑剂与热锭坯表面有一定的结合力，便于涂敷，又便于清理；（4）润滑剂与坯料表面无化学作用，不引进产品组织缺陷；（5）润滑剂安全环保并且资源丰富。

目前，在挤压铜合金方面常使用的润滑剂是 45 号机油中加入 20%~30%鳞片状石墨，挤压白铜、青铜时石墨含量增至30%~40%。在卧式挤压机上也常用石油沥青来润滑穿孔针、垫片和模子。

在挤压铝合金时，应用最广泛的是70%~80%72号汽缸油中加入30%~20%粉状石墨。石墨和其燃烧物构成的润滑膜具有足够的强度，但其弹性不足，在延伸系数大时会发生局部破裂，使金属粘结工具而引起制品表面起皮。可在润滑剂中加入表面活性物质，如熔融的易熔金属铅和锡等。例如，8%~20%铅丹，10%石墨，10%滑石，余为汽缸油；5%~7%硬脂酸锡，15%~25%石墨，余为汽缸油。由于与铝的化学反应而析出的铅（锡），在挤压温度下处于熔融状态并形成润滑膜，使之增加塑性。铅化合物润滑剂较为有效，但有毒性，故使用时应有强力抽风装置。

在挤压硬铝时，采用润滑剂可以提高流出速度1.5~2倍，能防止形成粗晶环，减少制品在长度上的组织和性能的不均匀性，以及提高尺寸精度。但是，直到目前为止，润滑挤压在铝合金方面尚没有获得广泛的应用。这是因为在润滑挤压时用普通结构的模子不能完全消除死区，从而导致在制品的表面层出现缩尾。此外，采用润滑挤压还有可能出现气泡、起皮和润滑剂燃烧产物的压入。

除了石墨以外，还可以添加MoS_2、氮化硼、云母和滑石。与MoS_2相比，由于石墨结晶点阵的表面能低，所以摩擦系数小、润滑效果好。

在挤压温度和强度较高的材料，如钢、钛时，润滑剂除了能降低摩擦力外，还应具有绝热的性能。石墨在此种条件下已难以满足要求，加之在挤压时还会使钢挤压制品的表面增碳。目前在高温挤压时广泛采用的是玻璃或者在玻璃中添加某些物质以达到所需的性能。为了提高玻璃的绝热性能，有时还加入石棉或发泡剂。玻璃润滑剂目前在挤压高温材料方面是较好的一种润滑剂，其摩擦系数只有0.01~0.02，而石墨润滑脂为0.1。但是它也有一些缺点：去除制品表面上的玻璃颇费工夫；由于在变形区内的润滑层较厚，制品的质量有时不能保证；挤压速度受一定限制。

作为润滑剂使用时玻璃的主要特性是其软化点和黏度，它们应与挤压温度相适应。通过改变玻璃中的成分则可使其性能变化。例如，用其他氧化物代替Na_2O可使黏度增加；又如，增加B_2O_3可使750℃以上的黏度减小，使750℃以下的黏度增加等等。表2-10为国内使用的部分玻璃润滑剂的牌号及成分。

表2-10 玻璃润滑剂的牌号及成分

牌号	化学成分（质量分数）/%								软化点/℃
	SiO_2	CaO	MgO	Al_2O_3	B_2O_3	Na_2O	K_2O	其他	
S-2	65.5	10.1	2.3	—	7.6	13.8	0.3	TiO_2-0.1	688
A-5	55	6	4	14.5	8	12.5	—	Fe_2O_3-0.3	740
A-9	68	6	4	3	2	—	17	ZrO_2-3.0	670
G-1	67.5	9.5	2.5	0.5	6.5	13.5	—	—	691

为了避免出现上述缺点，盐类润滑剂和结晶润滑剂被研制出来。例如，英国研究的用玄武岩制成的结晶润滑剂即是其中的一种。

在挤压铍、锆、铀、铌、钽以及钛等材料时，常采用紫铜、软钢等软而韧的材料包覆在铸锭外面。这不但可以起到润滑作用，而且还起到防止氧化、污染，防毒和防止粘结工具的作用。采用紫铜、纯铁或其复合板作为包套材料，可以对钨、钼一类的材料在400~600℃低温下进行挤压。包套在此情况下还可以增强静液压力，起到提高被挤压金属塑性的目的。

2.5.6 挤压制品的产品质量分析与缺陷消除

挤压制品不论在尺寸精度和表面质量上，还是在力学性能上，通常高于轧制制品或锻造制品的质量。但是挤压制品的组织和性能仍不够均匀，呈现出与其他加工方法不同的特点。

2.5.6.1 挤压制品组织的不均匀性

与其他热加工制品一样，挤压制品的组织也是用晶粒和合金相的形状、大小与均匀性来描述的。挤压组织在制品断面上和制品长度上都很不均匀。一般情况是制品的前端晶粒粗大，尾端晶粒细小；在断面上则是中心晶粒粗大，外层的晶粒细小。

图2-74所示为QAl10-3-1.5铝青铜挤制棒材的高倍组织。图中制品头部晶粒由于未发生明显塑性变形，仍旧保留着铸造组织，而且制品的晶粒由棒材的头部向尾部逐渐减小。

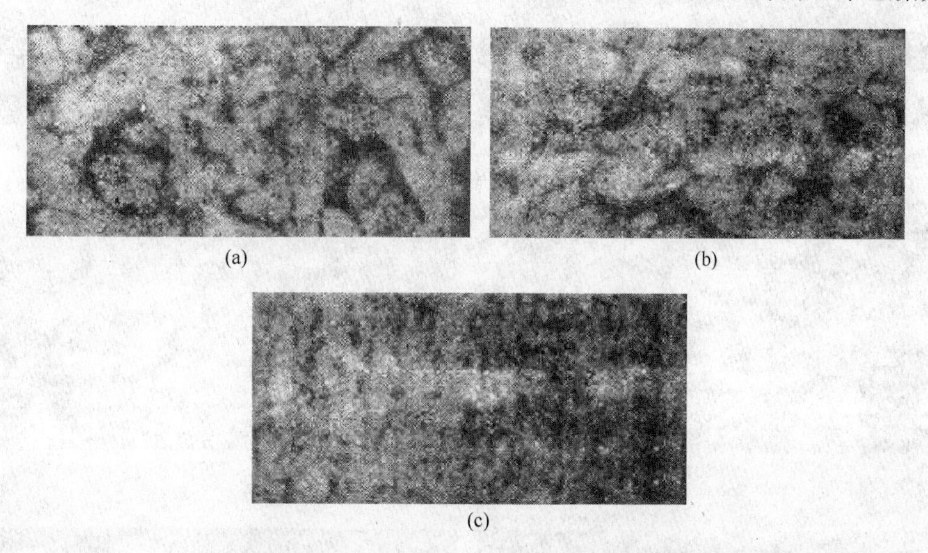

图2-74 QAl10-3-1.5铝青铜挤制棒材中心部分的高倍组织
(a) 头部；(b) 中部；(c) 尾部

挤压制品的组织不均匀性主要是由变形不均匀引起的。由前已知，挤压时变形程度是由制品中心向外层增加，由制品头部向尾部逐渐增加，造成制品前端晶粒粗大，尾端晶粒细小，制品中心晶粒粗大，外层的晶粒细小。挤压时外层金属在挤压筒内受到摩擦阻力，产生附加剪切变形，使外层晶粒承受较大应力或遭到较大破碎而晶粒细化。挤压过程中随着锭坯长度减小，受较大剪切变形的表层不断深入到锭坯中心而挤出，使晶粒尺寸由制品的前端向后端逐渐减小。

挤压时温度和速度的变化也会造成制品组织的不均匀性。一些重有色金属的挤压速度较低，特别像挤压锡磷青铜这样的合金，挤压速度极慢，锭坯在挤压筒内停留时间很长。锭坯前端在较高温度下塑性变形，变形金属再结晶进行较为充分，晶粒较大；锭坯后端由于坯料的冷却，变形温度较低，金属再结晶不完全。特别是在挤压末期金属流动速度加快，更不利于再结晶，因此晶粒细小，甚至呈纤维状组织。但在挤压铝及软铝合金时，变形热不易逸散，变形区内的温度逐渐升高，导致制品的前端晶粒细小，而尾部晶粒粗大。

在挤压具有两相的合金时，由于温度的变化使合金在相变的情况下进行塑性变形，也会造成组织的不均匀。例如，在720℃以上挤压HPb59-1铅黄铜时，由于高于相变温度而不析出α相。待挤压完毕，温度降低至相变温度时，由β相中析出呈均匀的多面体α相晶粒。但在挤压时，如果温度降低至相变温度720℃时，α相是在塑性变形过程中析出的，因而被拉长成条状组织（亦称带状组织）（见图2-75）。此种条状组织在以后的正常热处理温度下（低于相变温度）是不能消除的。由于β相的常温塑性低，α相的常温塑性高，且呈连续的条状分布，使相间变形不均匀而产生附加应力。其后果表现在冷轧和冷拉时制品易出现裂纹。

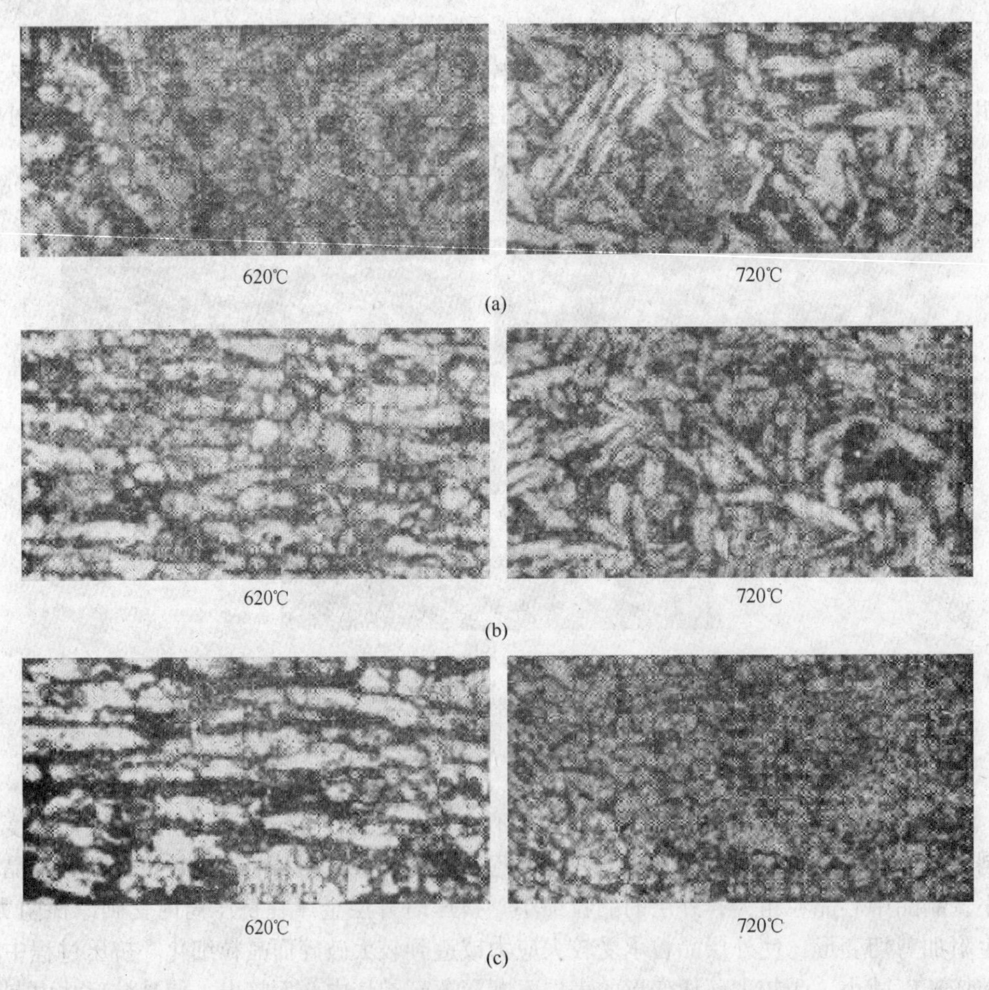

图2-75　在620℃和720℃下挤压的HPb59-1棒的常温高倍组织

（a）头部；（b）中部；（c）尾部

2.5.6.2　挤压制品的粗大晶粒组织

有些金属在挤压时或在随后的热处理过程中，在其外层出现粗大晶粒组织，通常称之为“粗晶环”。例如，纯铝或MB15镁合金，挤压后会在制品的表面上出现深度不同的粗晶环，而且挤压温度越高粗晶环越宽。又如，含铜58%、铅2%的黄铜在725℃下挤压后，其棒材在锻造前加热时，在制品外层出现粗大晶粒组织。

某些铝合金，如LD2、LD5、LD10、LY2、LY11、LY12和LC4等，其无润滑正挤压的制品上，外层晶粒比内部晶粒细碎得多。但在淬火前加热时，外层细晶粒急剧长大，形成明显的粗晶环。此粗晶环的厚度由制品的前端向后端逐渐增加，严重情况下在制品尾部粗晶区扩展到整个横断面。淬火加热前后硬铝挤压制品的晶粒情况如图2-76所示，淬火后出现了严重的粗晶环，粗晶粒不是等轴晶，而是沿主变形方向被拉长。

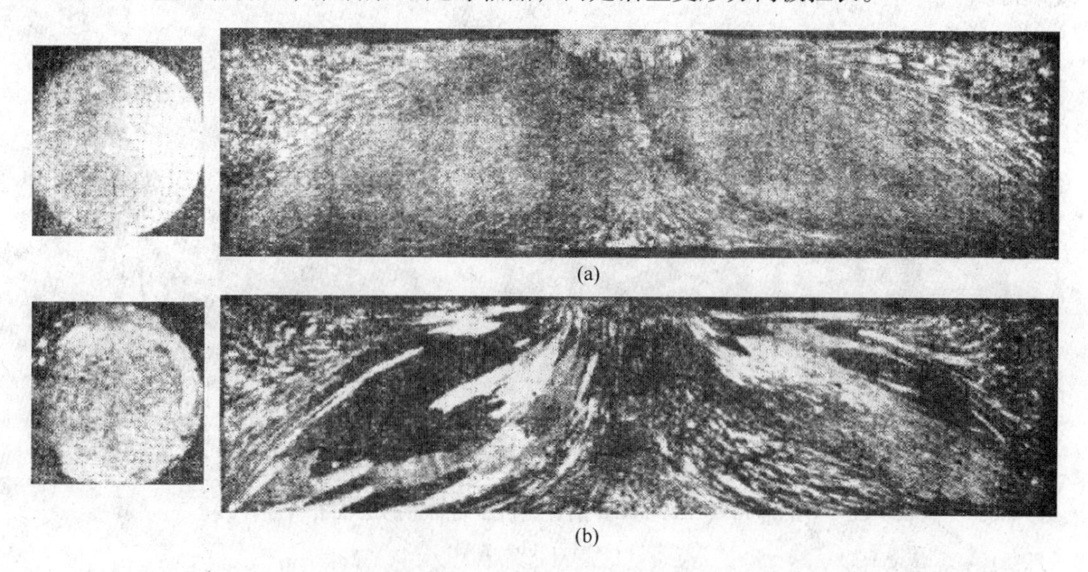

图2-76　硬铝挤压棒材和压余热处理前后的低倍组织
(a) 淬火前；(b) 淬火后

制品中出现粗晶环将造成组织不均匀，并导致制品强度降低。例如，LY12合金细晶区纵向力学性能σ_b为540MPa，$\sigma_{0.2}$为410MPa，δ为14%；粗晶区的力学性能相应地分别为440MPa，330MPa和26%。粗晶区的抗疲劳性能也较中心区的低，影响结构的安全性。此外，制品粗晶区在淬火或锻造时，常产生裂纹；粗晶区在切削加工时，使工件表面粗糙，切削性能变坏。因此在生产中规定，铝合金棒材直径ϕ>20mm时一律做低倍检查，并要求对粗晶环的深度不得超过3~5mm。用于锻造的挤压棒材，为了消除粗晶环，有时不得不采用反挤压法生产。

研究表明，铝合金制品中的粗晶环与过渡族元素及其不均匀分布有关。如铝合金挤压制品不含或含少量过渡族元素，不形成粗晶环。当硬铝含锰量在0.2%~0.6%时，出现的粗晶环最严重；锰含量继续增加时，粗晶环减少以致完全消失。当铝合金中的过渡族元素含量不多时，常形成异相的、非均质的组织：在枝晶外围区域有大量的金属间化合物弥散微粒析出；而在枝晶中心区只有少量的或者根本没有析出物。铸锭的均匀化处理不能使锰或铬在整个枝晶上达到均衡。当热处理加热时在析出物少的部位形成少量的再结晶核心，并以很高的速度长大，吞并周围的变形基体，吞并不形成再结晶核心的金属间化合物弥散区域，导致出现异常粗大的晶粒组织。

挤压制品外层的再结晶温度比中心的低些，当热处理加热时更易于进行一次再结晶，形成粗晶环。

影响粗晶环的因素有挤压温度、锭坯均匀化、合金元素和变形应力等。在生产中可根据不同的合金采取相应的措施，以求减少或消除粗晶环。

2.5.6.3 挤压制品的层状组织

层状组织也称片状组织，层状组织的断口示意图如图 2-77 所示。制品在折断后呈现出与木质相似的断口，分层的断面凹凸不平并带有裂纹，分层的方向基本与挤压制品的轴线平行。

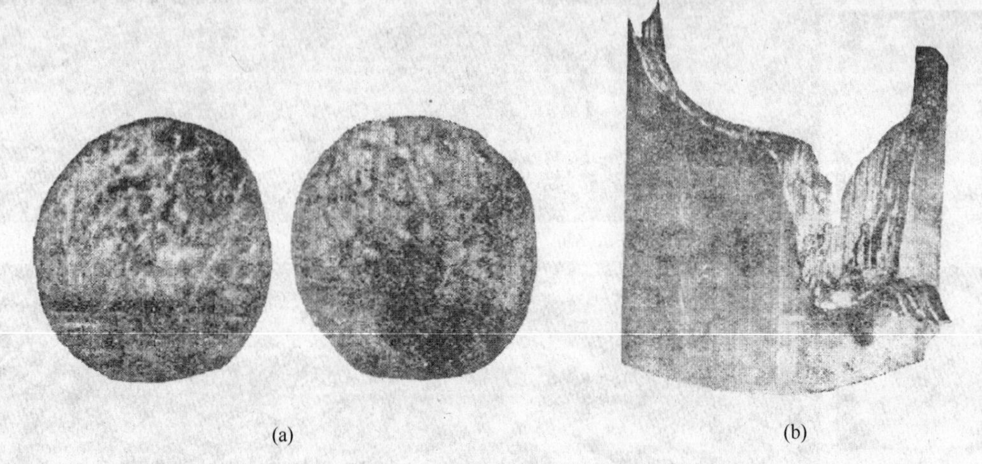

图 2-77 QAl10-3-1.5 铝青铜挤压制品中的层状组织
（a）棒材；（b）管材

层状组织对制品的纵向力学性能影响不大，但却会使制品横向力学性能显著降低，即使伸长率和冲击韧性降低特别明显。例如，带有层状组织的铝青铜衬套所承受的内压，要比正常的材料低 30%，退火与压力加工都不能消除此种组织。

一般认为，层状组织产生的主要原因是铸锭的组织不均匀。当坯料存在有大量的微小气孔，或在晶界上分散着各种杂质等，在挤压时在剧烈的两向压缩和一向延伸的主变形状态下，这些气孔和杂质沿挤压方向被拉长，从而呈现出层状组织。

在铜合金中含铝的青铜 QAl10-3-1.5 和含铅的黄铜 HPb59-1 最易出现层状组织。据我国现场经验，铝青铜在铸造时采用高度不超过 200mm 的短结晶器可以消除层状组织。铝合金中有氧化膜或者金属化合物的晶内偏析时，也会产生层状组织。对 LD2 合金，层状组织与锰含量有关，当锰含量为 0.12%~0.14%时，出现层状组织，当锰含量超过 0.18%时，不出现层状组织。

2.5.6.4 挤压制品的力学性能

挤压制品在变形和组织上的不均匀性，导致制品在力学性能上的不均匀性。一般地制品内部和前端的 σ_b低，δ 高，制品外层和后端的 σ_b高，δ 低。挤压变形使金属晶粒都朝着挤压方向取向，从而使制品的力学性能各向异性较大。挤压比（延伸系数）为 7.8 的锰青铜棒在各个方向上的力学性能如表 2-11 所示。

某些工业用的铝合金在经过同一热处理（淬火与时效）后，挤压制品与其他压力加工制品（轧制、拉伸或锻造）比较，在其纵向上具有较高的机械强度和较低的塑性，通常把这种现象称之为挤压效应。具有明显挤压效应的铝合金有 LY11、LY12、LD2、LD5、LD10、LC4 以及 LC6 等。镁合金的挤压效应不明显。对 LY11、LY12 及 LC4 合金，挤压制品与锻造、热轧制品相比，抗拉强度最大可差 150MPa。如表 2-12 所示系几种铝合金以不同加工方法经淬火时效后的抗拉强度数值。

表 2-11　挤压比 7.8 的锰青铜棒的力学性能

取样方向	抗拉强度/MPa	伸长率/%	冲击韧性/J · cm^{-2}
纵向	472.5	41	38.4
45°	454.5	29	35
横向	427.5	20	30

表 2-12　不同加工方法对铝合金热处理后 σ_b（MPa）的影响

牌　号	LY11	LY12	LD2	LD10	LC4
轧制板材	433	463	312	540	497
锻件	509	—	367	6.2	470
挤压棒材	533	574	452	564	519

铝合金热处理后仍旧保留着变形织构而未再结晶，是产生挤压效应的原因。大量研究表明，铝合金中含有过渡族元素 Mn、Cr、Zr、Fe 或 Ni 等所形成的过饱和固溶体，它在结晶过程中分解出相应的金属间化合物弥散微粒，能提高其再结晶温度，抑制热处理时的再结晶过程。

不同的过渡族元素对提高铝合金强度的程度也不一样。例如，对挤制的 LY12 棒材，加入 0.8%锰可使强度极限提高 120MPa，加入 1.6%镍则只提高 50~60MPa。过渡族元素提高铝合金挤压制品的强度，还与保留着［111］方向变形织构有关。

影响挤压效应的因素有铸锭均匀化、挤压温度以及变形程度等。增加变形程度会减少挤压效应，例如，采用二次挤压或在淬火前对制品施以适当的冷变形，促使化合物破碎和减少组织的条状分布，皆会增加再结晶程度，从而导致挤压效应的减弱。

复习思考题

2-1 什么是挤压，什么是正向挤压，什么是反向挤压？

2-2 描述挤压三个阶段金属的变形流动特点、挤压力的变化规律。

2-3 挤压缩尾的概念、形式及产生原因，减少挤压缩尾的措施。

2-4 影响挤压时金属流动的主要因素是什么？

2-5 挤压机分为哪些类型，各自的主要用途是什么？

2-6 挤压机的主要工具有哪些，各自的主要作用是什么？

2-7 挤压模的结构主要有哪几类，各自的用途是什么？

2-8 模孔尺寸设计时应考虑哪些因素的影响？

2-9 在什么情况下要采用多孔模挤压？多孔模设计时，模孔数目如何确定，如何布置模孔？

2-10 挤压筒为什么要采用多层套过盈热装配合的结构形式？

2-11 如何确定挤压筒的内径尺寸？

2-12 为下列产品选择合适的挤压生产方法和挤压设备（可多选）。要求粗晶环深度很浅的棒材、粉末材料挤压棒材、普通管材、很长的毛细管材、钢芯铝绞线、铝合金空心型材、钢管、无缩尾铜合金棒材、钨棒、宽度大于挤压筒直径的壁板型材、变断面型材、壁厚不均度很小的小规格管材。

2-13 影响挤压比大小的主要因素有哪些，它们与挤压比大小有何关系？

2-14 挤压温度如何确定，要考虑哪些因素的影响？如何实现等温挤压，实际中可采取哪些措施？

2-15 挤压速度与挤压温度有何关系，在实际生产中应如何控制挤压速度？

2-16 挤压制品组织不均匀的特点是什么，产生的主要原因是什么？

2-17 什么是粗晶环，粗晶环的分布规律是什么？

2-18 影响粗晶环的因素有哪些，各自都是如何影响的？

2-19 什么是挤压效应，挤压效应产生的主要原因是什么？

2-20 简述挤压制品的主要缺陷及产生原因。

2-21 联系实际，谈谈你对挤压效应在实际应用中的看法。

2-22 在50MN挤压机的420mm挤压筒上，挤压边长为70mm的方棒，采用的锭坯直径为405mm，长度为900mm，留压余长度80mm。试计算挤压筒的比压，计算填充系数、挤压比和压出制品的长度。如果采用3孔模挤压直径为30mm的棒材，试计算压出制品的长度。

3 拉　　拔

拉拔是一种常见的金属塑性成型加工方法，在机械工业生产中有着举足轻重的地位。它是用外力作用于被拉金属的前端，将金属坯料从小于坯料断面的模孔中拉出，使其断面减小而长度增加的方法。由于拉拔多在冷态下进行，因此也称冷拔或冷拉。

3.1 概　　述

3.1.1 拉拔的基本概念

对金属施加拉力，使之通过模孔以获得与模孔截面尺寸、形状相同的制品的塑性加工方法称为拉拔。拉拔是管材、棒材、型材以及线材的主要生产方法之一。按照制品截面形状，拉拔可分为实心材料拉拔和空心材料拉拔。

空心材料拉拔主要有如下几种基本方法：

（1）空拉。拉拔时，管坯内部不放芯头，即无芯头拉拔，主要是以减少管径的外径为目的。

（2）长芯杆拉拔。将管坯自由地套在表面抛光的芯杆上，使芯杆与管坯一起拉过模孔，以实现减径和减壁，此方法称为长芯杆拉拔。

（3）固定短芯头拉拔。拉拔时将带有芯头的芯杆固定，管坯通过模孔实现减径或减壁。

（4）游动芯头拉拔。拉拔过程中，芯头不固定在芯杆上，而是靠本身的外形建立起来的力平衡被稳定在模孔中。

（5）顶管法。顶管法又称艾尔哈特法。将芯杆套入带底的管坯中，操作时管坯连同芯杆一同由模孔中顶出，从而进行加工。

（6）扩径拉拔。管坯通过扩径后，直径增大，壁厚和长度减小，这种方法主要是由于受设备能力限制，不能在生产大直径管材时使用。

由以上方法不难看出，空心材料拉拔时管坯的变形工艺过程与管材轧制时，存在一定的相似性，但是差异也比较明显，在此就不赘述。读者可以查阅管材轧制工艺相关书籍进行对比分析。

3.1.2 拉拔的特点

众所周知，管材、棒材等材料还可以在轧钢厂经轧机轧制而成，但是虽然同为塑性加工，拉拔生产却有其独到的特征。拉拔与其他压力加工方法相比具有以下特点：

（1）拉拔制品的尺寸精确、表面光洁。

（2）最适合于连续高速生产断面非常小的长的制品。铜线、铝线的直径最小可达

$\phi 10\mu m$，而用特殊方法拉拔的不锈钢丝最细可达 $\phi 5\mu m$。拉拔的管材壁厚最薄可达 $0.5\mu m$。显然这是轧制过程难以完成的。

（3）拉拔生产的工具与设备简单，维护方便。在一台设备上可以生产多种规格和品种的制品。

（4）坯料拉拔道次变形量和两次退火间的总变形量受到拉应力的限制。一般道次断面加工率在20%~60%以下。过大的道次加工率将导致拉拔制品的尺寸、形状不合格，甚至频繁地被拉断。这就使得拉拔道次、制作夹头、退火及酸洗等工序繁多，成品率低。

3.1.3 拉拔的发展趋势

拉拔具有悠久的历史，早在公元前20~30世纪，就出现了通过小孔手工拉制细金丝的生产工艺。此后随着拉拔工艺的发展和计算机的出现，拉拔的工艺越来越趋于成熟，生产效率也逐渐提高。

近几十年来，在研究许多新的拉拔方法的同时，开展了高速拉拔的研究，成功地制造了多模高速连续拉拔机、多线链式拉拔机和圆盘拉拔机。高速拉线机的拉拔速度达到80m/s；圆盘拉拔机可以达25m/s，最大管长为6000m以上；多线链式拉拔机一般可以自动供料、自动穿模、自动套芯杆、自动咬料和挂钩、管材自动下落以及自动调整中心。另外，还有管棒材成品连续拉拔矫直机列，在该机列上实现了拉拔、矫直、抛光、切断、退火以及探伤等。

拉拔制品的产量在逐年增加，产品的品种和规格也在不断增多，例如，用拉拔技术可以生产直径大于 $\phi 500mm$ 的管材，也可以拉制出 $\phi 0.002mm$ 的细丝，而且性能合乎要求，表面质量好，拉拔制品被广泛地应用在国民经济各个领域。

虽然拉拔技术已经日趋成熟，但是仍然有一些问题有待解决和研究，今后拉拔的发展方向主要有以下几个方面：

（1）拉拔设备的自动化、连续化与高速化。

（2）扩大产品的品种、规格，提高产品的精度，减少产品缺陷。

（3）提高拉拔工具的寿命。

（4）新的润滑剂及润滑技术的研究。

（5）发展新的拉拔技术与新的拉拔理论的研究，达到节能、节材、提高产品质量和生产率的目的。

（6）拉拔工艺过程的优化。

3.2 拉拔原理

3.2.1 实心材拉拔过程中的应力与应变

3.2.1.1 应力与变形状态

拉拔时，变性区中的金属所受的外力有拉拔力 P、模壁给予的正压力 N 和摩擦力 T，如图3-1所示。拉拔力 P 作用在被拉棒材的前端，它在变形区引起主拉应力 σ_1。

正压力与摩擦力作用在棒材表面上，它们是由于棒材在拉拔力作用下，通过模孔、模壁时，模壁阻碍金属运动形成的。正压力的方向垂直于模壁，摩擦力的方向平行于模壁且与金属的运动方向相反。摩擦力的数值可由库仑摩擦定理求出。

金属在拉拔力、正压力和摩擦力的作用下，变形区的金属基本上处于两向压（σ_r，σ_θ）和一向拉（σ_l）的应力状态下。由于被拉金属是实心圆形棒材，应力呈轴对称应力状态，即 $\sigma_r = \sigma_\theta$。变形区中金属所处的变形状态为两向压缩（ε_r，ε_θ）和一向拉伸（ε_l）。

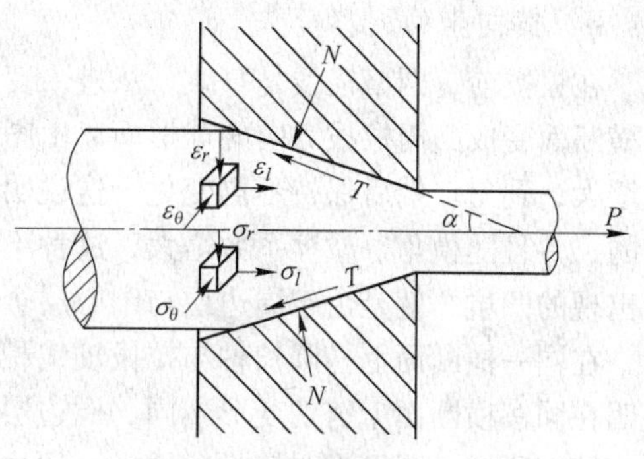

图 3-1　拉拔时受力与变形状态

3.2.1.2　金属在变形区内的流动特点

为了研究金属在锥形模孔内的变形与流动规律，通常采用网格法。如图 3-2 所示为采用网格法获得的在锥形模孔内的圆断面实心棒材子午面上的坐标网格变化情况示意图。通过对坐标网格在拉拔前后的变化情况分析，得出如下规律。

A　纵向上的网格变化

拉拔前在轴线上的正方形格子 A 拉拔后变形成矩形，内切圆变成椭圆，其长轴和拉拔方向一致。由此可见，金属轴线上的变形是沿轴向延伸，在径向和周向上被压缩。拉拔前在周边层的正方形格子 B 拉拔后变成平行四边形，在纵向上被拉长，径向上被压缩，方格的直角变成锐角和钝角。其内切圆变成斜椭圆，它的长轴线与拉拔轴线相交成 β 角，这个角度由出口端向入口端逐渐减小。由此可见，在周边上的格子除受到轴向拉长、径向和周向压缩外，还发生了剪切变形 γ。产生剪切变形的原因是由于金属在变形区中受到正压力 N 和摩擦力 T 的作用，而在其合力 R 的方向上产生剪切变形，沿轴向被拉长，椭圆形的长轴（5-5、6-6、7-7 等）不与 1−2 线重合，而是与模孔中心线（X-X）构成不同的角度，这些角度由入口到出口端逐渐减小。

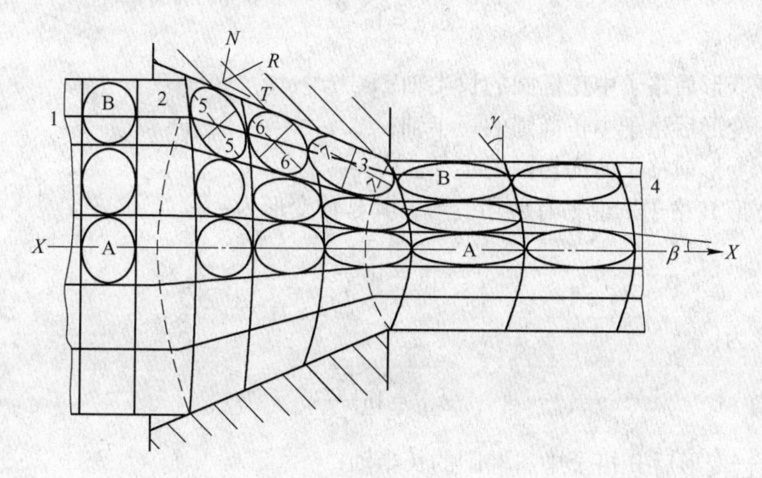

图 3-2　拉拔实心材时断面坐标网格的变化

B　横向上的网格变化

在拉拔前，网格横线是直线，从进入变形区开始变成凸向拉拔方向的弧形线，表明平的横断面变成凸向拉拔方向的球形面。由图 3-2 可见，这些弧形的曲率由入口到出口端逐渐增大，到出口端后保持不再变化。这说明在拉拔过程中周边层的金属流动速度小于中心层的，并且随模角、摩擦系数增大，这种不均匀流动更加明显。拉拔后往往在棒材后端面所出现的凹坑，就是由于周边层与中心层金属流动速度差造成的后果。由网格线还可以看出，在同一横断面上椭圆长轴与拉拔轴线相交成β角，并由中心层向周边层逐渐增大，这说明在同一横断面上剪切变形不同，周边层的变形大于中心层。

综上所述，圆形实心棒材拉拔时，周边层的实际变形要大于中心层。这是因为在周边层除了延伸变形之外，还包括弯曲变形和剪切变形。

观察网格的变形可以证明上述结论，如图 3-3 所示。对正方形 A 格子来说，由于它位于轴线上，不发生剪切变形，所以延伸变形是它的最大主变形，即延伸变形为：

$$\varepsilon_{1A} = \ln\frac{a}{r_0} \tag{3-1}$$

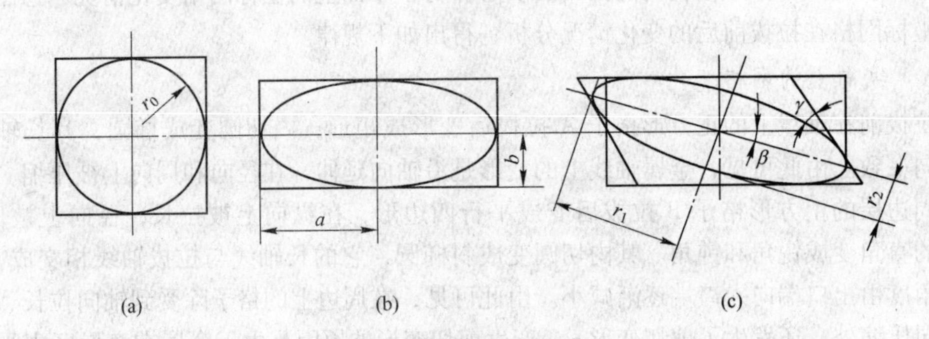

图 3-3　拉拔时方网格的变化

（a）未变形区的方网格；（b）弹性变形区的方网格；（c）塑性变形区的方网格

压缩变形为：

$$\varepsilon_{2A} = \ln\frac{b}{r_0} \tag{3-2}$$

式中　a——变形后格子中正椭圆的长半轴；

b——变形后格子中正椭圆的短半轴；

r_0——变形前格子的内切圆的半径。

对于正方形 B 格子来说，有剪切变形，其延伸变形为：

$$\varepsilon_{1B} = \ln\frac{r_{1B}}{r_0} \tag{3-3}$$

压缩变形为：

$$\varepsilon_{2B} = \ln\frac{r_{2B}}{r_0} \tag{3-4}$$

式中　r_{1B}——变形后 B 格子中斜椭圆的长半轴；

r_{2B}——变形后 B 格子中斜椭圆的短半轴。

同样，对于相应断面上的 n 格子（介于 A、B 格子中间）来说，延伸变形为：

$$\varepsilon_{1n} = \ln \frac{r_{1n}}{r_0} \tag{3-5}$$

压缩变形为：

$$\varepsilon_{2n} = \ln \frac{r_{2n}}{r_0} \tag{3-6}$$

式中 r_{1n} ——变形后 n 格子中斜椭圆的长半轴；

r_{2n} ——变形后 n 格子中斜椭圆的短半轴。

由实测得出，各层中椭圆的长、短轴变化情况是 $r_{1B} > r_{1n} > a$，$r_{2B} < r_{2n} < b$。

对上述关系都取主变形，则有：

$$\ln \frac{r_{1B}}{r_0} > \ln \frac{r_{1n}}{r_0} > \ln \frac{a}{r_0} \tag{3-7}$$

这说明，拉拔后边部格子延伸变形最大，中心线上的格子延伸变形最小，其他各层相应格子的延伸变形介于二者之间，而且由周边向中心依次递减。

同样由压缩变形也可得出，拉拔后在周边上格子的压缩变形最大，而中轴线上的格子压缩变形最小，其他各层相应格子的压缩变形介于二者之间，而且由周边向中心依次递增。

3.2.1.3 变形区的形状

根据棒材拉拔时的滑移线理论可知，假定模子是刚性体，通常按速度场把棒材变形区分为三个区，如图 3-4 所示。

Ⅰ区和Ⅲ区为非塑性变形区或称弹性变形区；Ⅱ区为塑性变形区，如图 3-4 所示。Ⅰ区与Ⅱ区的分界面为球面 F_1，而Ⅱ区与Ⅲ区分界面为球面 F_2。一般情况下，F_1 与 F_2 为两个同心球面，其半径分别为 r_1 和 r_2，原点为模子锥角顶点 O。因此，塑性变形区的形状为：模子锥面（锥角为 2α）和两个球面 F_1、F_2 所围成的部分。

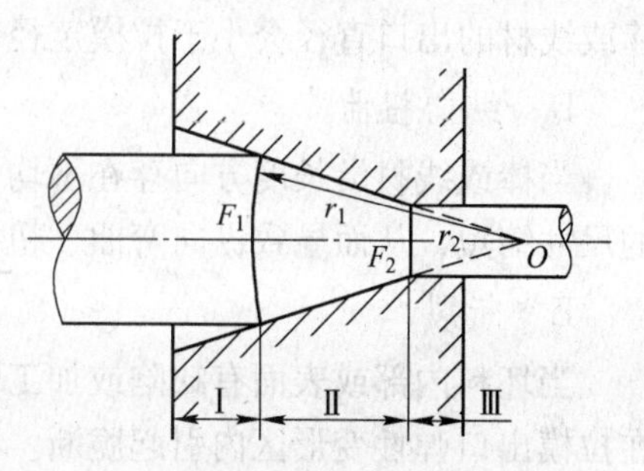

图 3-4 棒材拉拔时变形区的形状

另外，根据网格法试验也可以证明，试样网格纵向在进、出模孔发生两次弯曲，把它们各折点连起来就会形成两个同心球面；或者把网格开始变形和终了变形部分分别连接起来，也会形成两个球面。多数研究者认为两个球面与模锥面围成的部分为塑性变形区。

根据固体变形理论，所有塑性变形都在弹性变形之后，并且伴有弹性变形，而在塑性变形之后必然有弹性恢复，即弹性变形。因此，当金属进入塑性变形之前必然有弹性变形，在Ⅰ区内存在部分弹性变形区，若拉拔时存在后张力，那么Ⅰ区变为弹性变形区。当金属从塑性变形区出来后，在定径区会观察到弹性后效作用，表现为断面尺寸有少许的增大和网格的横线曲率有少许减少。因此，在正常情况下定径区也是弹性变形区。在弹性变形区中，由于受拉拔条件的作用，可能出现以下几种异常情况。

A 非接触直径增大

当无反拉力或反拉力较小时，在拉模入口处可以看到环形沟槽，这说明在该区域出现了非接触直径增大的弹性变形区（见图 3-5）。在非接触直径增大区内，金属表面层受轴向和径向压应力，而周向为拉应力。同时，仅发生轴向压缩变形，而径向和周向为拉伸变形。

坯料非接触直径增大的结果，使本道次实际的压缩率增加，入口端的模壁压力和摩擦阻力增大。由此易引起拉模入口端过早磨损和出现环形沟槽。同时，随着摩擦力和模角增大及道次压缩率减小，金属的倒流量增多，从而拉模入口端环形沟槽的深度加深，导致使用寿命明显降低。同时，由沟槽中剥落下来的屑片还能使棒或线材表面出现划痕。

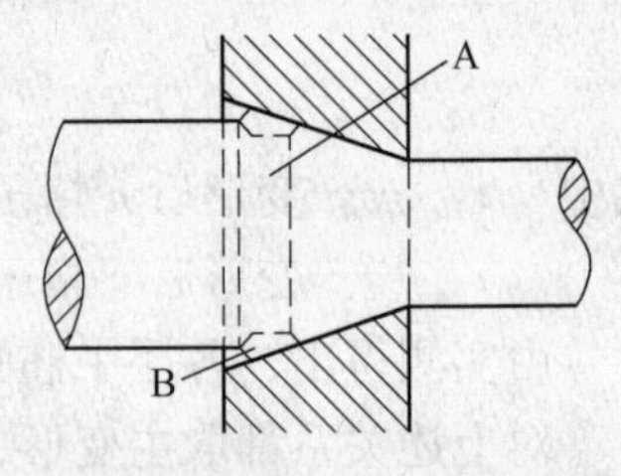

图 3-5 坯料非接触直径增大

B 非接触直径减小

在带反拉力拉拔的过程中，会使拉模的入口端坯料直径在进入变形区前发生直径变细，而且随着反拉力的增大，非接触直径减小的程度增加。因此，可以减小或者消除非接触直径增大的弹性变形区。这样，该道次实际的道次压缩率将减小。

C 出口直径增大或缩小

在拉拔的过程中，坯料和拉模在力的作用下都将产生一定的弹性变形。因此，当拉拔力去除后，棒或线材的直径将大于拉模定径带的直径。一般随着线材断面尺寸和模角增大、拉拔速度和变形程度提高，以及坯料弹性模数和拉模定径带长度的减小，则棒或线材直径增大的程度增加。

但是，当摩擦力和道次压缩率比较大，拉拔速度又较高时，则变形热效应增加，从而棒或线材的出口直径会小于拉模定径带的直径，简称缩径。

D 纵向扭曲

当棒或线材沿长度方向存在不均匀变形时，则在拉拔后沿其长度方向上会引起不均匀的尺寸缩短，从而导致纵向弯曲、扭拧或打结，会危害操作者的安全。

E 断裂

当坯料内部或表面有缺陷或加工硬化程度较高或拉拔力过大等使安全系数过低时，会在拉模出口弹性变形区内引起脆断。

塑性变形区的形状与拉拔过程的条件和被拉金属的性质有关，如果被拉拔的金属材料或者拉拔过程的条件发生变化，那么变形区的形状也随之变化。

（1）中心层。金属主要产生压缩和延伸变形，而且流动速度最快。这是因为中心层的金属受变形条件的影响比表面层小。

（2）表面层。表面层的金属除了发生压缩和延伸变形外，还产生剪切和附加弯曲变形。它们主要由压缩应力、附加剪切应力和弯曲应力的综合作用引起的。

附加剪切变形程度随着与中心层距离的减小而减弱。另外，随着与中心层距离增加，金属的流动速度逐渐减慢，在坯料表面达最小值。这是由于表面层金属所受的摩擦阻力最大的原因。而且在摩擦力很大时，表面层可能变为黏着区。这样，就使原来平齐的坯料尾端变成了凹形。

在拉拔过程结束后，棒或线材经过长久存放或在使用过程中，随着残余应力的消失会逐渐改变自身的形状和尺寸，称为自然变形。

自然变形量的大小随不均匀变形程度的增加，即残余应力的增大而相应加大。这种自然变形是不利的，因而要求拉拔过程中要减小不均匀变形的程度。

3.2.1.4 变形区内的应力分布规律

根据赛璐珞板拉拔时做的光弹性实验，变形区的应力分布如图3-6所示。

A 应力沿轴向的分布规律

轴向应力 σ_l 由变形区入口端向出口端逐渐增大，即 $\sigma_{lr} < \sigma_{lch}$，周向应力 σ_θ 及径向应力 σ_r 则从变形区入口端到出口端逐渐减小，即 $|\sigma_\theta| > |\sigma_{\theta ch}|$，$|\sigma_{rr}| > |\sigma_{rch}|$。

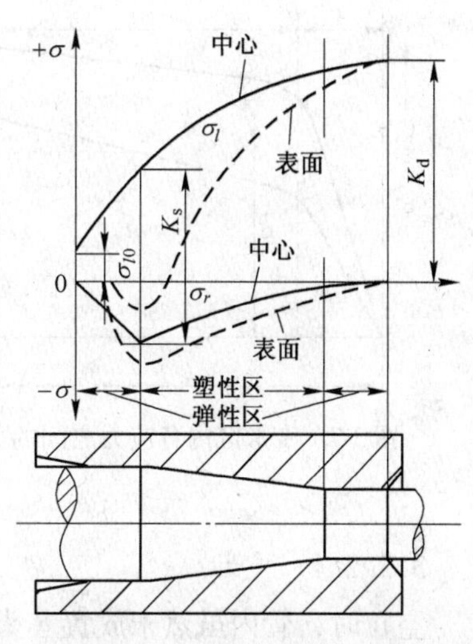

图3-6 变形区内的应力分布

轴向应力 σ_l 的此种分布规律可以作如下解释：在稳定拉拔过程中，变形区内的任一横截面在向模孔出口端移动时面积逐渐减小，而此断面与变形区入口端球面间的变形体积不断增大。为了实现塑性变形，通过此断面作用于变形体的 σ_l 亦必须逐渐增大。径向应力 σ_r 和周向应力 σ_θ 在变形区内的分布情况可以由以下两方面得到证明。

(1) 根据塑性方程式，可得：

$$\sigma_l + \sigma_r = K_{zh} \tag{3-8}$$

由于变形区内的任一断面的金属变形抗力可以认为是常数，而且在整个变形区内由于变形程度一般不大，金属硬化并不剧烈。这样，由式（3-7）可以看出，随着 σ_l 向出口端增大，σ_r 与 σ_θ 必然逐渐减小。

(2) 在拉拔生产中观察模子的磨损情况发现，当道次加工率大时，模子出口处的磨损比道次加工率小时要轻。这是因为道次加工率大，在模子出口处的拉应力 σ_l 也大，而径向应力 σ_r 则小，从而产生的摩擦力和磨损也就小。另外，还发现模子入口处一般磨损比较快，过早地出现环形槽沟，这也可以证明此处的 σ_r 值较大。

综上所述，可以将 σ_l 和 σ_r 在变形区内的分布以及二者间的关系示于图3-7中。

B 应力沿径向分布规律

径向应力 σ_r 与周向应力 σ_θ 由表面向中心逐渐减小，即 $|\sigma_{rw}| > |\sigma_{rn}|$ 和 $|\sigma_{\theta w}| > |\sigma_{\theta n}|$，而轴向应力 σ_l 大，表面的 σ_l 小，即 $\sigma_{ln} > \sigma_{lw}$。$\sigma_r$ 及 σ_θ 由表面向中心层逐渐减小可作如下解释：在变形区，金属的每个环形的外面层上作用着径向应力 σ_{rw}，在内表面上作用着径向应力 σ_{rn}，而径向应力总是力图减小其外表面，距中心层越远表面积越大，因而所需要的力越大，如图3-8所示。轴向应力 σ_l 在横断面上的分布规律同样亦可以由前述的塑性方程式得到解释。

另外，拉拔的棒材内部有时出现周期性中心裂纹也证明 σ_l 在断面上的分布规律。

3.2.2 空心材拉拔时的应力与应变

拉拔管材与拉拔棒材最主要的区别是前者已经失去轴对称变形条件，这就决定了它的应力与变形状态同拉拔实心圆棒时的不同，其变形不均匀性、附加剪切变形和应力也皆有所增加。

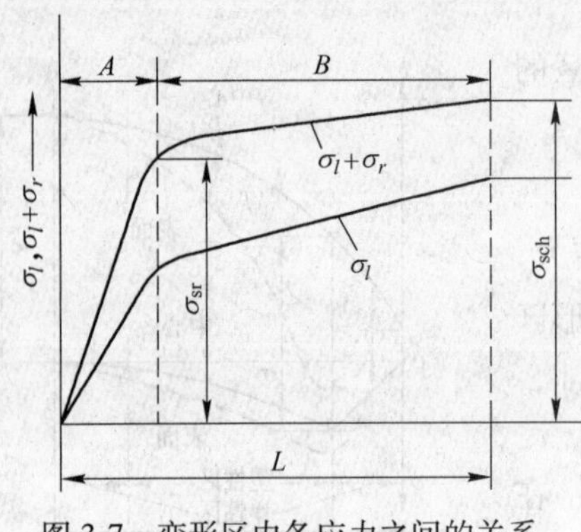

图 3-7 变形区内各应力之间的关系

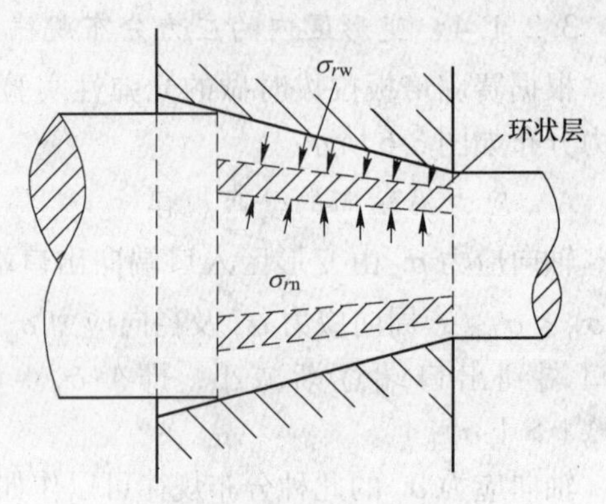

图 3-8 作用于塑性变形区环内、外表面上的径向应力

3.2.2.1 空拉

空拉时，管内虽然未放置芯头，但其壁厚在变形区内实际上常常是变化的，由于不同因素的影响，管子的壁厚最终可以变薄、变厚或保持不变。掌握空拉时的管子壁厚变化规律和计算，是正确制订拉拔工艺规程以及选择管坯尺寸所必需的。

A 空拉时的应力分布

空拉时的变形力学图如图 3-9 所示，主应力图仍为两向压、一向拉的应力状态，主变形图则根据壁厚增加或减小，可以是两向压缩、一向延伸或一向压缩、两向延伸的变形状态。

空拉时，主应力 σ_l 、σ_r 与 σ_θ 在变形区轴向上的分布规律与圆棒拉拔时的相似，但在径向上的分布规律则有较大差别，其不同点是径向应力 σ_r 的分布规律是由外表面向中心逐渐减小，达管子内表面时为零。这是因为管子内壁无任何支撑物以建立起反作用力之故，管子内壁上为两向应力状态。周向应力 σ_θ 的分布规律则是由管子外表面向内表面逐渐增大，即 $|\sigma_{\theta w}|<|\sigma_{\theta n}|$。因此，空拉管材时，最大主应力是 σ_l，最小主应力是 σ_θ，σ_r 居中（应力的代数值）。

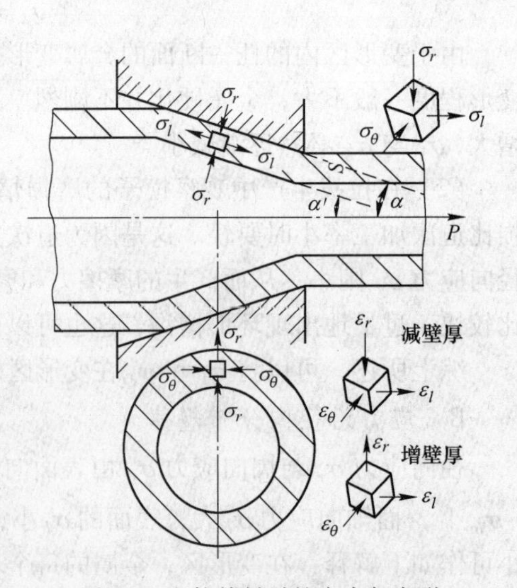

图 3-9 空拉管材时的应力与变形

B 空拉时变形区内的变形特点

空拉时变形区的变形状态是三维变形，即轴向延伸，周向压缩，径向延伸或压缩。由此可见，空拉时变形特点就在于分析径向变形规律，亦即在拉拔过程中壁厚的变化规律。

在塑性变形区内引起管壁厚变化的应力是 σ_l 和 σ_θ，它们的作用正好相反，在轴向拉应力 σ_l 的作用下，可以使壁厚变薄，而在周向压应力 σ_θ 的作用下，可使壁厚增厚。那么在拉拔时，σ_l 与 σ_θ 同时作用的情况下，对于壁厚的变化，就要看 σ_l 与 σ_θ 哪一个应力起主导作用来决定壁厚的减薄与增厚。

根据金属塑性加工力学理论，应力状态可以分解为球应力分量和偏差应力分量，将空拉管材时的应力状态分解，有如下三种关闭变化情况，如图 3-10 所示。

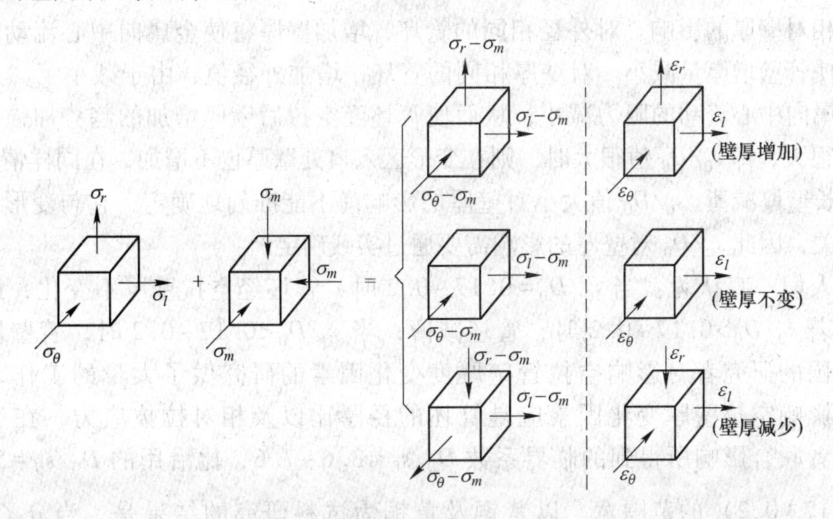

图 3-10 空拉管材时的应力状态分解

由上述分解可以看出，某一点的径向主变形是延伸还是压缩或为零，主要取决于 $\sigma_r - \sigma_m \left(\sigma_m = \dfrac{\sigma_l + \sigma_r + \sigma_\theta}{3}\right)$ 的代数值如何。当 $\sigma_r - \sigma_m > 0$，亦即 $\sigma_r > \dfrac{1}{2}(\sigma_l + \sigma_\theta)$ 时，则 ε_r 为正，管壁增厚。当 $\sigma_r - \sigma_m = 0$，亦即 $\sigma_r = \dfrac{1}{2}(\sigma_l + \sigma_\theta)$ 时，则 ε_r 为零，管壁厚度不变。当 $\sigma_r - \sigma_m < 0$，亦即 $\sigma_r < \dfrac{1}{2}(\sigma_l + \sigma_\theta)$ 时，则 ε_r 为负，管壁变薄。

空拉时，管壁厚沿变形区长度上也有不同的变化，由于轴向应力 σ_l 由模子入口向出口逐渐增大，而周边应力 σ_θ 逐渐减小，则 σ_θ/σ_l 比值也是由入口向出口不断减小。管壁厚度在变形区内的变化是由模子入口向出口不断减小，因此管壁厚度在变形区内的变化是由模子入口处开始增加，达最大值后开始减薄，到模子出口处减薄最大，如图 3-11 所示。管子最终壁厚，取决于增壁与减壁幅度的大小。

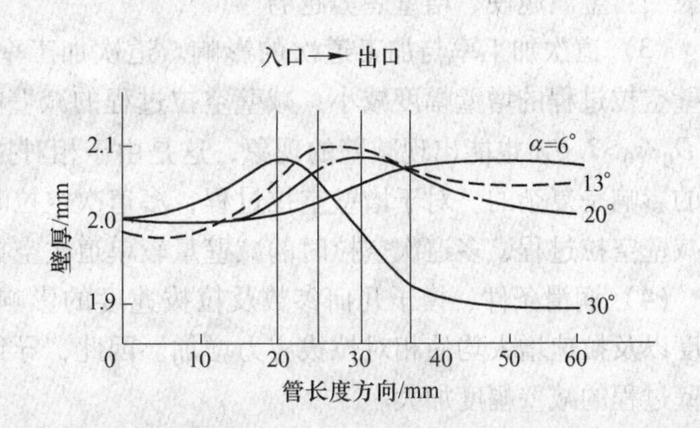

图 3-11 空拉 LD2 管材时变形区的壁厚变化情况

(试验条件：管坯外径 ϕ20.0mm，壁厚 2.0mm，拉拔后外径 ϕ15.0mm)

C 影响空拉时壁厚变化的因素

影响空拉时的壁厚变化因素很多，其中首要的因素是管坯的相对壁厚 s_0/D_0（s_0 为壁厚；D_0为外径）及相对拉拔应力 $\sigma_l/(\beta\overline{\sigma}_s)$（$\sigma_l$ 为拉拔应力；$\overline{\sigma}_s$ 为平均变形抗力；β = 1.155），前者为几何参数，后者为物理参数，凡是影响拉拔应力 σ_l 变化的因素，包括道次变形量、材质、拉拔道次、拉拔速度、润滑以及模子参数等工艺条件都是通过后者而起作用的。

（1）相对壁厚的影响。对外径相同的管坯，增加壁厚将使金属向中心流动的阻力增大，从而使管壁增厚量减小。对壁厚相同的管坯，增加外径值，由于减小了"曲拱"效应而使金属向中心流动的阻力减小，从而使管坯经空拉后壁厚增加的趋势加强。当"曲拱"效应很大，即 s_0/D_0 值很大时，则在变形区入口处壁厚也不增加，在同样情况下，沿变形区全长壁厚减薄。s_0/D_0 值大小对壁厚的影响尚不能准确地确定，它与变形条件和金属性质有关，因此 s_0/D_0 对壁厚的影响需要通过实践确定。

过去人们一直认为：当 s_0/D_0=0.17~0.2 时，管坯经空拉壁厚不变化，此值称为临界值；若 s_0/D_0>0.17~0.2 时，管坯减薄；当 s_0/D_0<0.17~0.2 时，管壁增厚。近年来，我国的研究者对影响空拉管壁厚度变化因素的研究做了大量的工作，研究结果表明：影响空拉壁厚变化因素应是管坯的径厚比以及相对拉拔应力，在生产条件下考虑两者联合影响所得到的临界系数 D_0/s_0=3.6~7.6，比沿用的 D_0/s_0=5~6（即 s_0/D_0>0.17~0.2）的范围宽。以紫铜及黄铜为试料研究的结果是，当 $\sigma_l/(\beta\overline{\sigma}_s)$ = 0.3~0.8 时，临界值范围则应是 D_0/s_0=3.6~7.6。随试验条件的不同，可出现增壁、减壁或不变的情况；而大于 7.6 时，只出现增壁；小于 3.6 时，只有减壁。过去一直沿用的临界系数 D_0/s_0=5~6，忽视了其他工艺因素的影响，因此与目前的研究结果有所不同。

（2）材质与状态的影响。这一因素影响变形抗力 σ_s、摩擦系数以及金属变形时的硬化速率等。例如，采用 T2M、H62M 和 B30M 等不同牌号及不同状态（退火与不退火）的 T2 合金管子进行试验，三种合金的 D_0/s_0 分别为 11.86、11.54、11.54，空拉后管壁厚度的相对增量分别是 7.90、6.80、3.80。退火和不退火 T2 合金管空拉时壁厚变化试验结果也表明：金属越硬，增壁趋势越弱。

（3）道次加工率与加工道次的影响。道次加工率增大时，相对拉应力值增加，这使增壁空拉过程的增壁幅度减小，减壁空拉过程的减壁幅度增加。此外，当 ε >40%时，尽管 D_0/s_0>7.6，也能出现减壁的现象，这是由于相对拉拔应力增大的缘故。因此，这一因素的影响是复杂的。对于增壁空拉过程，多道次空拉时的增壁量大于单道次的增壁量。对于减壁空拉过程，多道次空拉时的减壁量较单道次空拉时的减壁量要小。

（4）润滑条件、模子几何参数及拉拔速度的影响。润滑条件的恶化、模角、定径带长度以及拉速增大均使相对拉拔应力增加。因此，导致增壁空拉过程的增壁量减小，而使减壁过程的减壁幅度加大。

D　空拉对纠正管子偏心的作用

在实际生产中，由挤压或斜轧穿孔法生产的管坯壁厚总会是不均匀的，严重的偏心将导致最终成品管壁厚度很差而报废。在对不均匀壁厚管坯拉拔时，空拉能起到纠正作用，且空拉道次越多，效果就越显著。由表 3-1 可以看出衬拉与空拉时纠正管子偏心的效果。

表 3-1 H96 管衬拉与空拉时的管壁厚变化

道次	外径/mm	衬拉			空拉		
		壁厚/mm	偏心		壁厚/mm	偏心	
			偏心值/mm	与标准壁厚偏差/%		偏心值/mm	与标准壁厚偏差/%
坯料	13.69	0.24~0.37	0.13	42.7	0.24~0.37	0.13	42.7
1	12.76	0.19~0.24	0.05	23.2	0.31~0.37	0.06	17.6
2	11.84	0.18~0.23	0.05	24.4	0.33~0.38	0.05	14.1
3	10.06	0.17~0.22	0.05	25.6	0.35~0.37	0.02	5.6
4	9.02	0.15~0.19	0.04	23.5	0.37~0.38	0.01	2.7
5	8	0.14~0.175	0.035	22.3	0.395~0.4	0.005	1.2

空拉能纠正管子偏心的原因可以作如下解释：偏心管坯空拉时，假定在同一圆周上径向压应力 σ_θ 将会不同，厚壁处的 σ_θ 将小于薄壁处的 σ_θ。因此，薄壁处要先发生塑性变形，即轴向压缩，径向延伸，使壁增厚，周向延伸；而厚壁处还处于弹性变形状态，在薄壁处，将有周向附加压应力的作用，厚壁处受附加拉应力作用，促使厚壁处进入塑性变形状态，增大轴向延伸。显然在薄壁处减少了轴向延伸，增加了径向延伸，即增加了壁厚。因此，σ_θ 值越大，壁厚增加得越大，薄壁处在 σ_θ 作用下逐渐增厚，使整个断面上的管壁趋于均匀一致。

应指出的是，拉拔偏心严重的管坯时，不但不能纠正偏心，而且由于在壁薄处轴向压应力 σ_θ 作用过大，会使管壁失稳而向内凹陷或出现皱折，特别是当管坯 $s_0/D_0 \leqslant 0.04$ 时，更要特别注意凹陷的发生。由图 3-12 可知，出现皱折不仅与 s_0/D_0 比值有关，而且与变形程度也有密切关系，该图中 Ⅰ 区就是出现皱折的危险区，称为不稳定区。

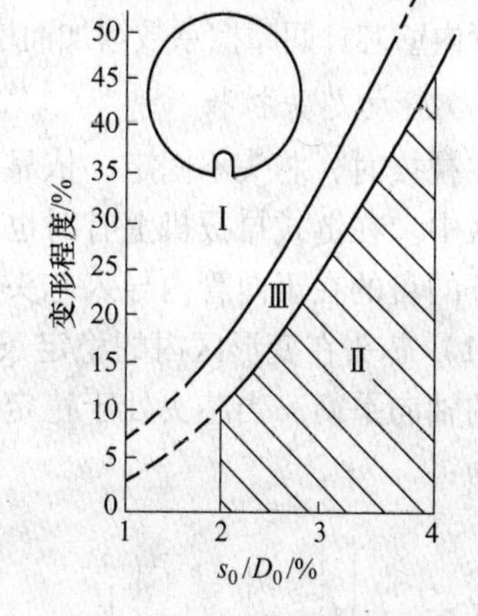

图 3-12 管坯 s_0/D_0 与临界变形量间的关系

Ⅰ—不稳定区；Ⅱ—稳定区；Ⅲ—过渡区

另外，衬拉纠正偏心的效果没有想象的那样好，没有空拉时效果显著。因为在衬拉时径向压力 N 使 σ_r 值变大，妨碍了壁厚的调整，而衬拉之所以也能在一定程度上纠正偏心，主要是依靠衬拉时的空拉作用。

3.2.2.2 衬拉

A 固定短芯头拉拔

固定短芯头拉拔方法由于管子内部的芯头固定不动，接触摩擦面积比空拉管材和拉棒材时都大，故道次加工率较小。此外，此法难以拉制较长的管子。这主要是由于长的芯杆在自重作用下易产生弯曲，芯杆在模孔中难以固定在正确的位置上。同时，长的芯杆在拉拔时弹性伸长量较大，易引起“跳车”而在管子上出现“竹节”的缺陷。

固定短芯头拉拔时，管子的应力与变形如图 3-13 所示，图中 Ⅰ 区为空拉段，Ⅱ 区为减壁段。在Ⅰ区内管子应力与变形特点与管子空拉时一致。而在Ⅱ区内，管子内径不变，壁厚与外径减小，管子的应力与变形状态同实心棒材拉拔时的应力与变形状态一致。在定径段，管子一般只发生弹性变形。固定短芯头拉拔管子所具有的特点如下：

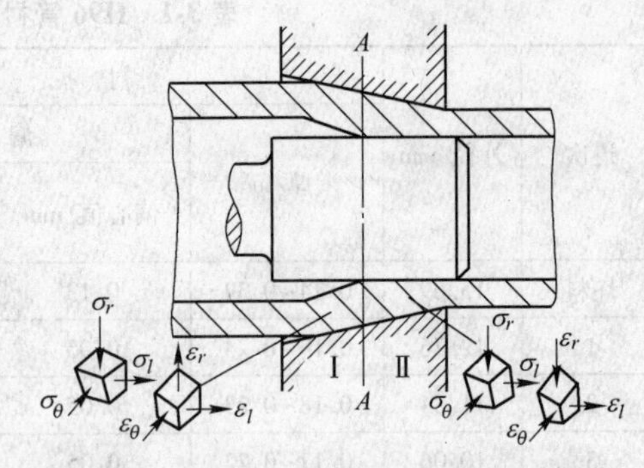

图 3-13 固定短芯头拉拔时的应力与变形

(1) 芯头表面与管子内表面产生摩擦，其摩擦力的方向与拉拔方向相反，因而使轴向应力 σ_l 增加，拉拔力增大。

(2) 管子内部有芯头支撑，因而其内壁上的径向应力 σ_l 不等于零。由于管子内层与外层的径向应力差值小，所以变形比较均匀。

B 长芯杆拉拔

长芯杆拉拔管子时的应力和变形状态与固定短芯头拉拔时的基本相同，如图 3-14 所示，变形区分为三个部分，即空拉段Ⅰ、减壁段Ⅱ及定径段Ⅲ，但是长芯杆拉拔也有其本身的特点。

管子变形时沿芯杆表面向后延伸滑动，故芯杆作用于管内表面上的摩擦力方向与拉拔方向一致。在此情况下，摩擦力不但不阻碍拉拔过程，反而有助于减小拉拔应力，继而在其他条件相同的情况下，拉拔力下降。与固定短芯头拉拔相比，变形区内的拉应力减小 30%~50%，拉拔力相应的减少 15%~20%。所以，长芯杆拉拔时允许采用较大的延伸系数，并且随着管内壁芯杆间摩擦系数增加而增大。通常道次延伸系数为 2.2，最大可为 2.95。

C 游动芯头拉拔

在拉拔时，芯头不固定，依靠其自身的形状和芯头与管子接触面间力平衡使之保持在变形区中。在链式拉拔机上有时也用芯杆与游动芯头连接，但芯头不与芯杆刚性连接，使用芯杆的目的在于向管内导入芯头、润滑与便于操作。

(1) 芯头在变形区内的稳定条件。游动芯头在变形区内的稳定位置取决于芯头上作用力的轴向平衡。当芯头处于稳定位置时，作用在芯头上的力如图 3-15 所示。其力平衡方程为：

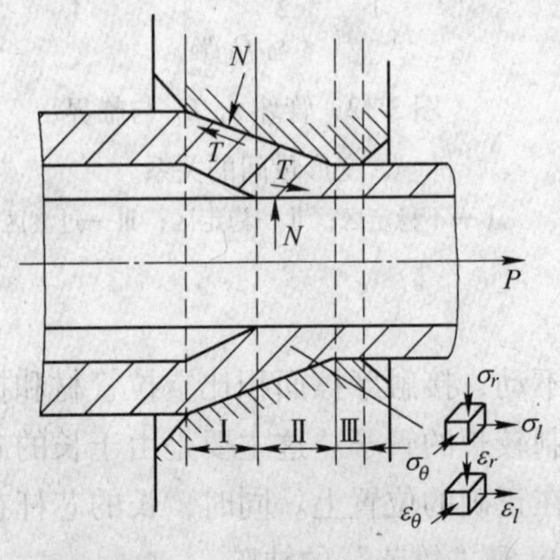

图 3-14 长芯杆拉拔时的应力与变形

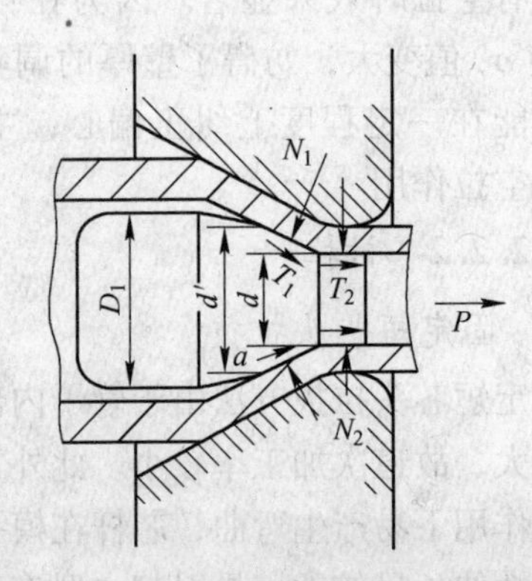

图 3-15 游动芯头拉拔时在变形区内的受力情况

$$\sum N_1(\sin\alpha_1 - f\cos\alpha_1) = \sum T_2 \tag{3-9}$$

由于$\sum N_1>0$和$\sum T_2>0$，故$\sin\alpha_1 - f\cos\alpha_1 > 0$，$\tan\alpha_1 > \tan\beta$

$$\alpha_1 > \beta \tag{3-10}$$

式中　α_1——芯头轴线与锥面间的夹角，称为芯头锥角；

f——芯头与管坯间的摩擦系数；

β——芯头与管坯间的摩擦角。

上述的$\alpha_1 > \beta$，即游动芯头锥面与轴线之间的夹角，必须大于芯头与管坯间的摩擦角，它是芯头稳定在变形区内的条件之一。若不符合此条件，芯头将被深深地拉入模孔，造成断管或被拉出模孔。

为了实现游动芯头拉拔，还应满足$\alpha_1 \leqslant \alpha$，即游动芯头的锥角$\alpha_1$小于或等于拉模的模角$\alpha$，它是芯头稳定在变形区内的又一条件。若不符合此条件，在拉拔开始时，芯头上尚未建立起与$\sum T_2$方向相反的推力之前，使芯头向模子出口方向移动挤压管子造成拉断。另外，游动芯头轴向移动的几何范围有一定的限度。芯头向前移动超出前极限位置，其圆锥段可能切断管子；芯头后退超出后极限位置，则将使其游动芯头拉拔过程失去稳定性。轴向上的力的变化将使芯头在变形区内往复移动，使管子内表面出现明暗交替的环纹。

（2）游动芯头拉拔时管子变形过程。游动芯头拉拔时，管子在变形区的变形过程与一般衬拉不同，变形区可分为5部分，如图3-16所示。

1）空拉区（Ⅰ）。在此区管子内表面不与芯头接触。在管子与芯头的间隙C以及其他条件相同情况下，游动芯头拉拔时的空拉区长度比固定芯头的要长，故管坯增厚量也较大。空拉区的长度可以近似地用下式确定：

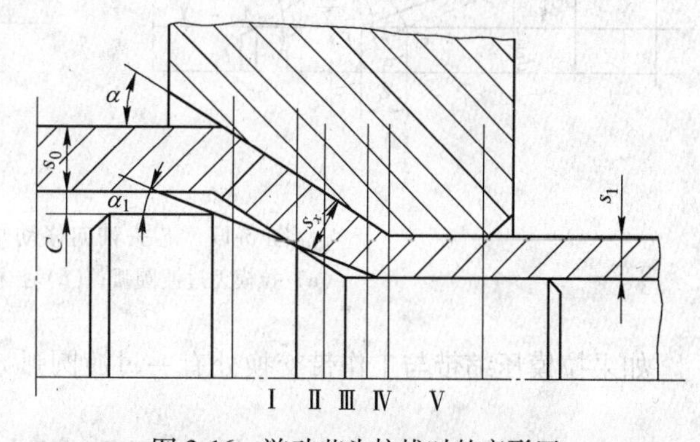

图3-16　游动芯头拉拔时的变形区

$$L_1 = \frac{C}{\tan\alpha - \tan\alpha_1} \tag{3-11}$$

此区的受力情况及变形特点与空拉管的相同。

2）减径区（Ⅱ）。管坯在该区进行较大的减径，同时也有减壁，减壁量大致等于空拉区的壁厚增量。因此，可以近似认为该区终了断面处管子壁厚与拉拔前的管子壁厚相同。

3）第二次空拉区（Ⅲ）。管子由于拉应力方向的改变而稍微离开芯头表面。

4）减壁区（Ⅳ）。主要实现壁厚减薄变形。

5）定径区（Ⅴ）。管子只产生弹性变形。

在拉拔过程中，由于外界条件的变化，芯头的位置以及变形区各部分的长度和位置也将改变，甚至有的区域可能消失。例如，芯头在后极限位置时Ⅴ区增长，Ⅲ、Ⅳ区消失。芯头在前极限位置时，Ⅲ区增长，Ⅴ区消失。芯头向前移动超出前极限位置，其圆锥段可能切断管材；芯头后退超出后极限位置不能实现游动芯头拉拔。

（3）芯头轴向移动几何范围的确定。芯头在前、后极限位置之间的移动量，称为芯头轴向移动几何范围，以 I_j 表示，如图 3-17 所示。芯头在前极限位置时，$OD=OE=s$；芯头在后极限位置时，$BC=s_0$，如图 3-17（a）虚线所示。

$$I_j = \frac{s_0}{\sin\alpha} - \left(\frac{s}{\tan\alpha} + s\tan\frac{\alpha_1}{2}\right) \tag{3-12}$$

或

$$I_j = \frac{s_0\cos\frac{\alpha_1}{2} - s\cos\left(\alpha - \frac{\alpha_1}{2}\right)}{\sin\alpha\cos\frac{\alpha_1}{2}} \tag{3-13}$$

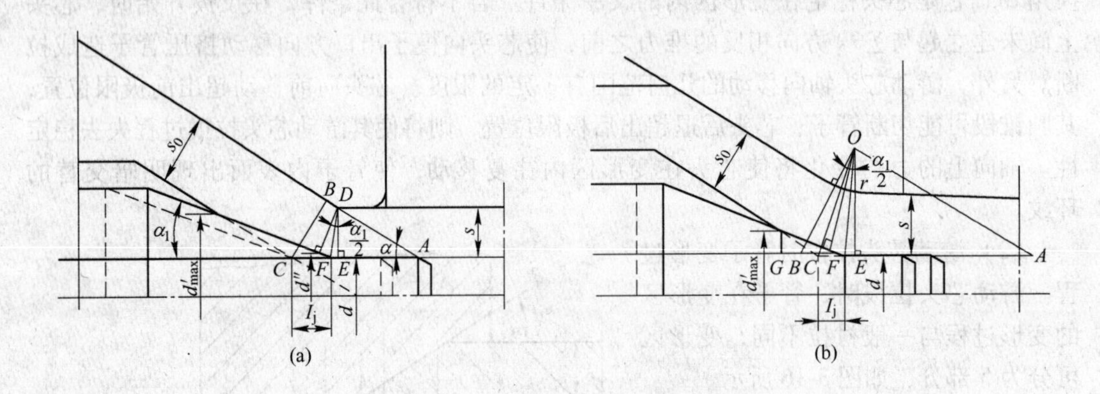

图 3-17 芯头轴向移动几何范围

（a）拉模无过渡圆弧；（b）拉模有过渡圆弧

如果拉模压缩带与工作带交换处有一过渡圆弧 r，如图 3-17（b）所示，则：

$$I_j = \frac{(s_0 + r)\cos\frac{\alpha_1}{2} - (s + r)\cos\left(\alpha - \frac{\alpha_1}{2}\right)}{\sin\alpha\cos\frac{\alpha_1}{2}} \tag{3-14}$$

芯头在前极限位置时，管材与芯头圆锥段开始接触处的芯头直径为：

$$d'_{max} = 2\left[(s + r)\tan\frac{\alpha_1}{2} + \frac{s - s_0}{\tan(\alpha - \alpha_1)}\right]\sin\alpha_1 + d \tag{3-15}$$

管材与芯头圆锥面最终接触处的芯头直径为：

$$d'' = 2(s + r)\tan\frac{\alpha_1}{2}\sin\alpha_1 + d \tag{3-16}$$

芯头轴向移动几何范围，是表示游动芯头拉管过程稳定性的基本指数。该范围愈大，则愈容易实现稳定的拉管过程，是指芯头在前、后极限位置之间轴向移动的正常拉管过程。

（4）芯头在变形区内实际位置的确定。在稳定的拉拔过程中芯头将在前、后极限位置之间往返移动，当芯头在变形区内处于稳定位置时，它与前极限位置之间的距离可以根据管材与芯头锥面实际接触长度确定，如图 3-18 所示。

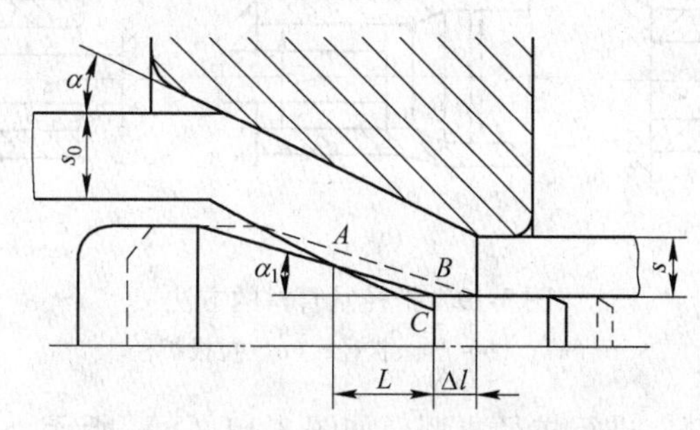

图 3-18　芯头在变形区内实际位置的确定

$$\Delta l = \frac{(s_0 - s\cos\alpha)\cos\alpha_1 - l\sin(\alpha - \alpha_1)}{\sin\alpha\cos\alpha_1} \tag{3-17}$$

式中　Δl——芯头与前极限位置之间的距离；

l——管材与芯头圆锥面实际接触长度的水平投影长度。

（5）影响芯头在变形区位置的主要因素；芯头在变形区内的实际位置，取决于芯头上作用力的平衡条件，则：

$$N_2 f\pi dl = N_1\pi\left(\frac{d' + d}{2}\right)\left(\frac{d' - d}{2\sin\alpha_1}\right)\cos\alpha\sin\alpha_1 - N_1 f\pi\left(\frac{d' + d}{2}\right)\left(\frac{d' - d}{2\sin\alpha_1}\right)\cos\alpha_1$$

整理后

$$d' = \sqrt{d\left(d + \frac{N_2}{N_1}l\frac{4f\tan\alpha_1}{\tan\alpha_1 - f}\right)} \tag{3-18}$$

式中　l——芯头前端定径圆柱段长度；

$\frac{N_2}{N_1}$——芯头在变形区内的正压力之比，近似取 23；

d'——管内表面开始与芯头接触处的芯头直径。

根据式（3-14）分析影响芯头在变形区位置的因素。

1）拉拔时，随着摩擦系数减小及芯头锥角增大，芯头越接近后极限位置，拉拔力越小。

2）极限情况下，$f = 0$，$d' = d$，但是实际上 $f \neq 0$，因此 $d' > d$。若 $\tan\alpha_1 = f$，拉拔无法进行。

D　扩径

扩径是一种用小直径的管坯生产大直径管材的方法，扩径有压入扩径与拉拔扩径两种方法，如图 3-19 所示。

（1）压入扩径法。压入扩径法适合大而短的厚壁管坯，若管坯过长，在扩径时容易产生失稳。通常管坯长度与直径之比不大于 10。为了在扩径后较容易地由管坯中取出芯杆，它应有不大的锥度，在 3000mm 长度上斜度为 1.5～2mm。对于直径 200～300mm、壁厚 10mm 的紫铜管坯，每一次扩径可使管坯直径增加 10～15mm。

压入扩径有两种方法：一种是从固定芯头的芯杆后部施加压力，进行扩径成型，如图 3-19（a）所示；另一种方法是采用带有芯头的芯杆固定到拉拔机小车的钳口中，把它拉

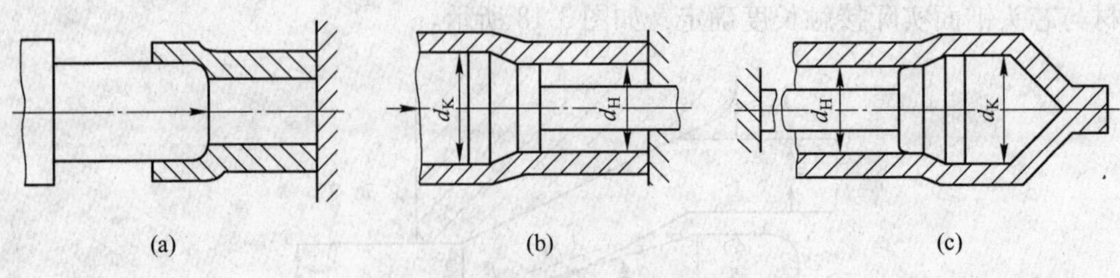

图 3-19　扩径制管材的方法
（a），（b）压入扩径；（c）拉拔扩径

过装在托架上的管子内部，进行扩径成型，如图 3-19（b）所示。一般情况下，压入扩径是在液压拉拔机上进行。

压入扩径时，变形区金属的应力状态是纵向、径向两个压应力和一个周向拉应力，如图 3-20 所示。这时，径向应力在管材内表面上具有最大值，在管材外表面上减小到零。

用压入法扩径时，管材直径增大，同时管壁减薄，管长减短。因此，在这一过程中发生一个伸长变形和两个收缩变形。

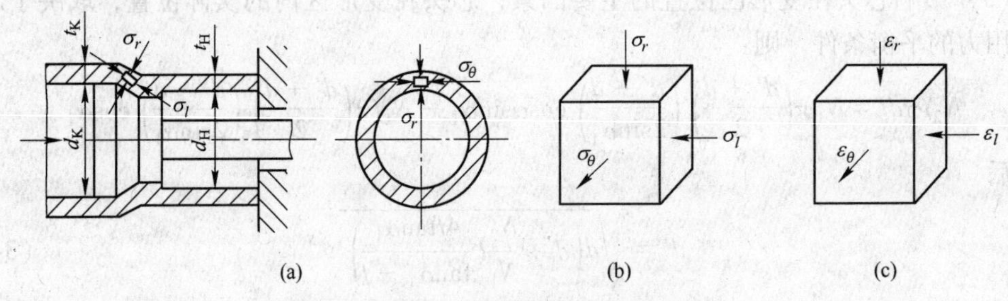

图 3-20　压入扩径法制管时应力与变形
（a）变形区；（b）应力图；（c）变形图

（2）拉拔扩径法。拉拔扩径法适合小断面的薄壁长管扩径生产。可在普通链式拉床上进行。扩径时首先将管端制成数个楔形切口，把得到的楔形端向四周掰开形成漏斗，以便把芯头插入。然后把掰开的管端压成束，形成夹头，将此夹头夹入拉拔小车的夹钳中进行拉拔。此法不受管子的直径和长度的限制。

拉拔扩径时金属应力状态为两个拉应力和一个压应力，如图 3-21 所示，后者由管材内表面上的最大值减小到外表面上的零。这一过程中的管壁厚度和管材长度，与压入扩径法一样也减小。因此，应力状态虽然变了，变形状态却不变，其特征仍是一个伸长变形和

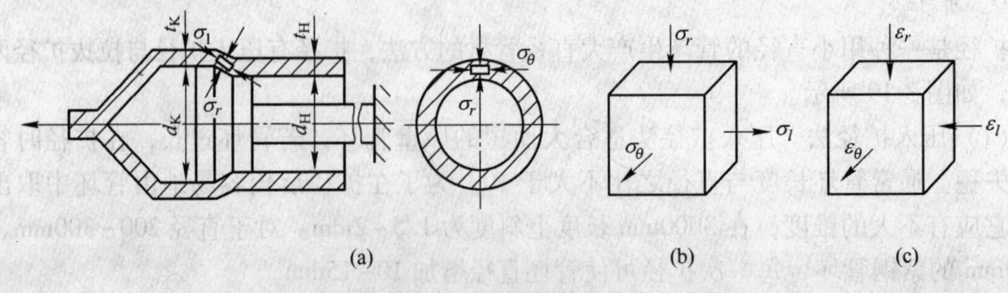

图 3-21　拉拔扩径法制管时的应力与变形
（a）变形区；（b）应力图；（c）变形图

两个缩短变形。不过拉拔扩径时管壁减薄比压入扩径时多，而长度减短却没有压入扩径时显著。如果拉拔扩径时管材直径增大量不超过10%，芯头圆锥部分母线倾角为6°~9°，管材长度减小量很小。

扩径后的管壁厚度可按照下式计算：

$$t_K = \sqrt{\frac{d_K^2 + 4(d_H + t_H)t_H}{2}} - d_K \tag{3-19}$$

式中 d_H，d_K——分别为扩径前后的管材内径；

t_H，t_K——分别为扩径前后的管材壁厚。

两种扩径方法的轴向变形的大小与管子直径的增量、变形区长度、摩擦系数以及芯头锥部母线对管子轴线的倾角等有关。

扩径制管时，不管是压入法还是拉拔法，工具都是固定在芯杆上的圆柱—圆锥形钢芯头硬质合金芯头或复合芯头（见图3-22）。

大多数情况下，有色金属及合金进行冷拉即可。如果拉拔的金属塑性不足或变形抗力大，则坯料在拉拔前要预热，可采用电阻炉或感应加热。

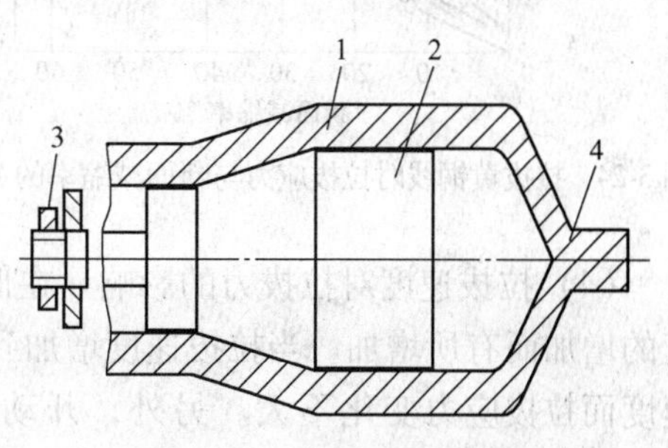

图3-22 扩径制管用芯头

1—管材；2—芯头；3—螺栓固定件；4—管子前段

3.2.3 拉拔力

为实现拉拔过程，作用在模出口加工材料上的外力 P_1 称为拉拔力。拉拔力与拉拔后材料的断面积之比称为拉拔应力，即作用在模出口加工材料上的单位外力。

$$\sigma_1 = \frac{P_1}{F_1} \tag{3-20}$$

3.2.3.1 影响拉拔力的因素

（1）被加工金属与被拉拔金属的抗拉强度的影响。抗拉强度越高拉拔力越大，拉拔力与被拉金属的抗拉强度呈线性关系，如图3-23所示。

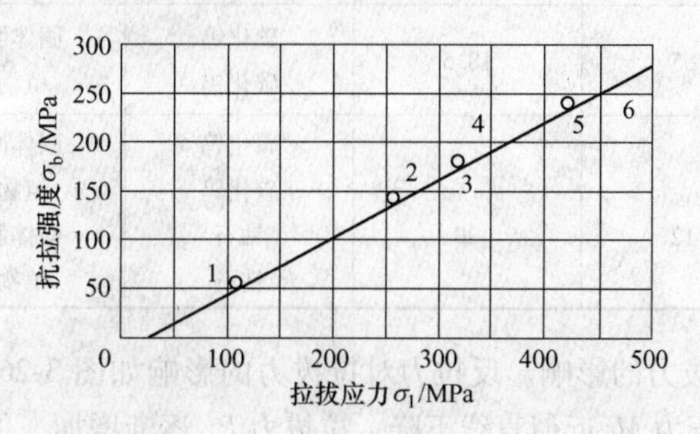

图3-23 金属抗拉强度与拉拔应力之间的关系

1—铝；2—铜；3—青铜；4—H70；5—含97%铜3%镍的合金；6—B20

（2）变形程度对拉拔力的影响。拉拔应力与变形程度有正比关系，如图3-24所示。

（3）模角对拉拔力的影响。如图 3-25 所示，随着模角 α 增大，拉拔应力发生变化，并且存在一个最小值，其相应的模角称为最佳模角。

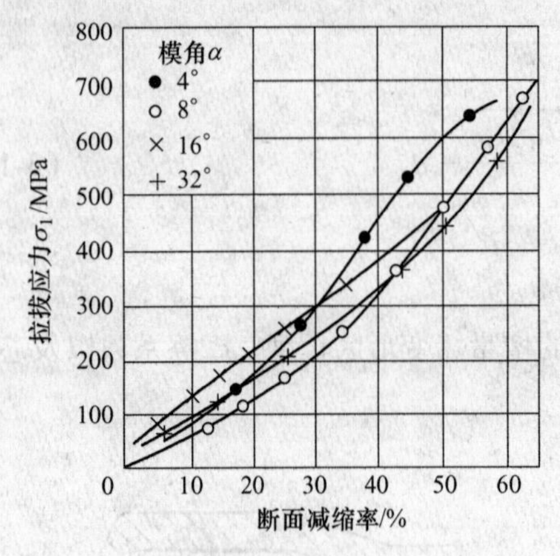

图 3-24 拉拔黄铜线时拉拔应力与断面减缩率的关系

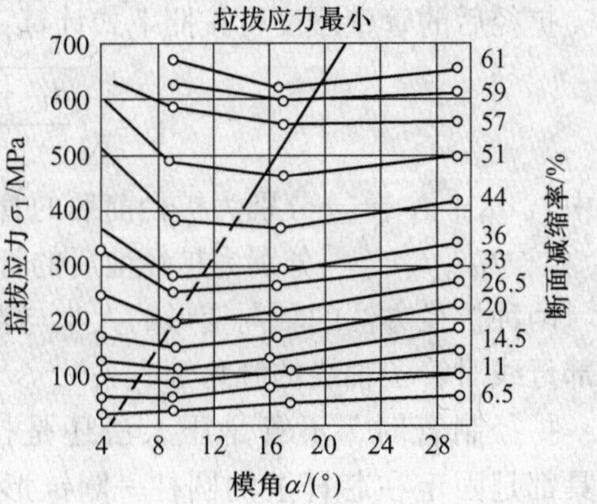

图 3-25 拉拔应力与模角 α 之间的关系

（4）拉拔速度对拉拔力的影响。在低速（5m/min 以下）拉拔时，拉拔应力随拉拔速度的增加而有所增加。当拉拔速度增加到 6~50m/min 时，拉拔应力下降，继续增加拉拔速度而拉拔应力变化不大。另外，开动拉拔设备的瞬间，由于产生冲击，拉拔力显著增大。

（5）摩擦与润滑对拉拔力的影响。拉拔过程中，金属与工具间的摩擦系数大小对拉拔力有很大的影响。润滑性质、润滑方式、模具材料、模具和被拉材料的表面状态对摩擦力的大小皆有影响。表 3-2 为不同润滑剂和模子材料对拉拔力的影响。

表 3-2 润滑剂与模子材料对拉拔力影响的实验结果

金属与合金	坯料直径/mm	加工率/%	模子材料	润滑剂	拉拔力/N
铝	2.0	23.4	碳化钨	固体肥皂	127.5
			钢	固体肥皂	235.4
黄铜	2.0	20.1	碳化钨	固体肥皂	196.1
			钢	固体肥皂	313.8
磷青铜	0.65	18.5	碳化钨	固体肥皂	147.0
			碳化钨	植物油	255.0
B20	1.12	20	碳化钨	固体肥皂	156.9
			碳化钨	植物油	196.1
			钻石	固体肥皂	147.0
			钻石	植物油	156.9

（6）反拉力对拉拔力的影响。反拉力对拉拔力的影响如图 3-26 所示。随着反拉力 Q 的增加，模子所受的压力 M_q 近似直线下降，拉拔力 P_1 逐渐增加。但是，在反拉力达到临界反拉力 Q_c 值之前，对拉拔力并无影响。临界反拉力（反拉应力）的大小主要取决于被拉拔材料的弹性极限。

临界反拉力和拉拔前的预先变形程度也有关，而与该道次的加工率无关。弹性极限和预先变形程度越大，则临界反拉应力也越大。

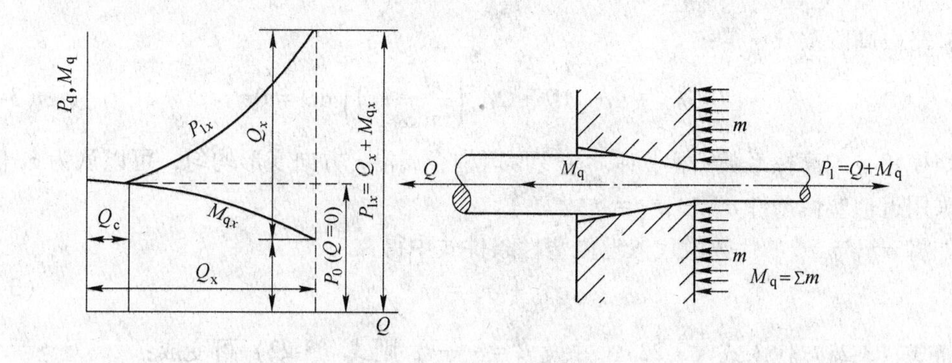

图 3-26 反拉力对拉拔力与模子压力的影响

随着反拉应力的增加，模子入口处的接触弹性变形区逐渐减小。同时，金属作用于模孔壁上的压力减小，继而使摩擦力也相应减小。摩擦力的减小值与此时反拉应力值相当。当反拉应力 Q 比较小时，反拉力消耗于实现被拉拔材料的弹性变形。

当反拉应力达到临界反拉应力后，弹性变形可以完全实现，而塑性变形过程开始。若继续增大反拉应力将改变塑性变形区的应力的分布，使拉拔应力增大。此时拉拔力不仅消耗于实现塑性变形，而且还用于克服过剩的反拉力。

(7) 振动对拉拔力的影响。振动频率对拉拔力的影响较大。

3.2.3.2 拉拔力的理论计算

拉拔力的理论计算方法较多，如平均主应力法、滑移线法、上界法以及有限元法等。目前应用较广泛的为平均主应力法，下面主要介绍平均主应力法。

A 棒线材拉拔力的计算

图 3-27 为棒线材拉拔中应力分析示意图。在变形区内 x 方向上取一厚度为 dx 的单元体，并根据单元体上作用的 x 轴向应力分量，建立微分平衡方程式。

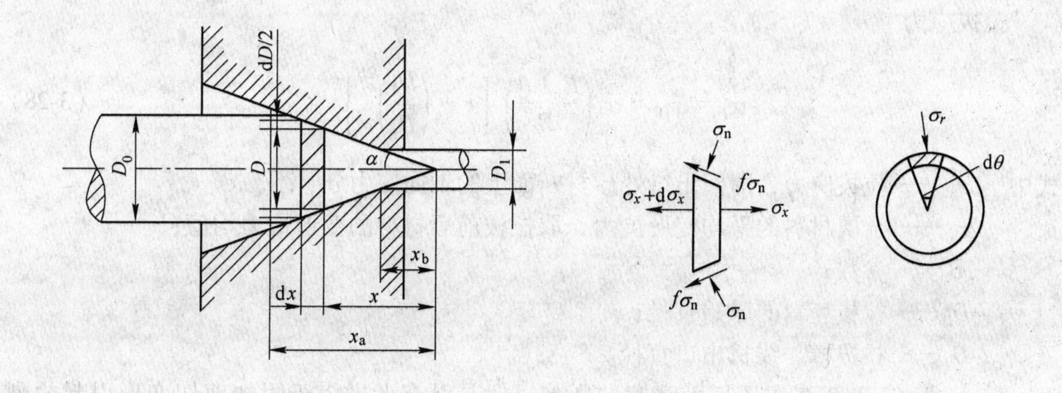

图 3-27 棒线材拉拔中的应力分析

$$\frac{1}{4}\pi(\sigma_{lx}+\mathrm{d}_{\sigma_{lx}})(D+\mathrm{d}D)^2=\frac{1}{4}\pi\sigma_{lx}D^2-\pi D\sigma_{\mathrm{n}}(f+\tan\alpha)\mathrm{d}x \tag{3-21}$$

整理，略去高阶微分量得：

$$D\mathrm{d}\sigma_{lx}+2\sigma_{lx}\mathrm{d}D+2\sigma_{\mathrm{n}}\left(\frac{f}{\tan\alpha}+1\right)\mathrm{d}D=0 \tag{3-22}$$

当模角 α 与摩擦系数 f 很小时，在变形区内金属沿 x 方向变形均匀，可以认为 τ_{k} 值不大，采用近似塑性条件 $\sigma_{lx}-\sigma_{\mathrm{n}}=\sigma_{\mathrm{s}}$。

如将 σ_{lx} 与 σ_{n} 的代数值代入近似塑性条件式中得：

$$\sigma_{lx}+\sigma_{\mathrm{n}}=\sigma_{\mathrm{s}} \tag{3-23}$$

将式（3-23）代入式（3-22），并设 $B=\dfrac{f}{\tan\alpha}$，则式（3-22）可变成：

$$\frac{\mathrm{d}\sigma_{lx}}{B\sigma_{lx}-(1+B)\sigma_{\mathrm{s}}}=2\frac{\mathrm{d}D}{D} \tag{3-24}$$

将式（3-24）积分：

$$\int\frac{\mathrm{d}\sigma_{lx}}{B\sigma_{lx}-(1+B)\sigma_{\mathrm{s}}}=\int 2\frac{\mathrm{d}D}{D} \quad 即 \quad \frac{1}{B}\ln[B\sigma_{lx}-(1+B)\sigma_{\mathrm{s}}]=2\ln D+C \tag{3-25a}$$

利用边界条件，当无反拉力时，在模子入口处 $D=D_0$，$\sigma_{lx}=0$。因此，$\sigma_{\mathrm{n}}=\sigma_{\mathrm{s}}$，将此条件代入式（3-25a）得：

$$\frac{1}{B}\ln[-(1+B)\sigma_{\mathrm{s}}]=2\ln D+C \tag{3-25b}$$

式（3-25a）与式（3-25b）相减，整理后得：

$$\frac{\sigma_{lx}-(1+B)\sigma_{\mathrm{s}}}{-(1+B)\sigma_{\mathrm{s}}}=\left(\frac{D}{D_0}\right)^{2B} \quad 即 \quad \frac{\sigma_{lx}}{\sigma_{\mathrm{s}}}=\left[1-\left(\frac{D}{D_0}\right)^{2B}\right]\frac{1+B}{B} \tag{3-26}$$

在模子出口处，$D=D_1$ 代入式（3-26）得：

$$\frac{\sigma_{l1}}{\sigma_{\mathrm{s}}}=\left[1-\left(\frac{D_1}{D_0}\right)^{2B}\right]\frac{1+B}{B} \tag{3-27}$$

拉拔应力　$\sigma_l=(\sigma_{lx})_{D=D_1}=\sigma_{l1}$

$$\sigma_l=\sigma_{l1}=\sigma_{\mathrm{s}}\left(\frac{B+1}{B}\right)\left[1-\left(\frac{D_1}{D_0}\right)^{2B}\right] \tag{3-28}$$

式中　σ_l——拉拔应力，即模出口处棒材断面上的轴向应力 σ_{l1}；

σ_{s}——金属材料的平均变形抗力，取拉拔前后材料的变形抗力均值；

B——参数；

D_0——拉拔坯料的原始直径；

D_1——拉拔棒、线材出口直径。

（1）式（3-28）考虑了模面摩擦的影响，但是没有考虑由于附加剪切变形引起的剩余变形。在“平均主应力法”中是无法考虑剩余变形的，而根据能量近似理论，Korber-Eichringer 提出把式（3-28）补充一项附加拉应力 σ_l'，假定在模孔内金属的变形区是以模

锥顶点 O 为中心的两个球面 F_1 和 F_2，如图 3-28 所示。金属材料进入 F_1 球面时发生剪切变形，金属材料出 F_2 球面时也受到剪切变形，并向平行于轴线的方向移动。考虑到金属在两个球面受到剪切变形，因此，在拉拔力计算公式（3-28）中追加一项附加拉拔应力 σ_l'。在距中心轴为 y 的点上，以 θ 角作为在模入口处材料纵向纤维的方向变化，那么纯剪切变形 $\theta = \frac{\alpha y}{y_1}$，也可以近似地认为 $\tan\theta = y\tan\alpha / y_1$，剪切屈服强度为 τ_s，微元体 $\pi y_1^2 \mathrm{d}l$ 所受到的剪切功 W 为

$$W = \int_0^{y_1} 2\pi y \mathrm{d}y \tau_s \tan\theta \mathrm{d}l = \frac{2}{3}\tau_s \tan\alpha \pi y_1^2 \mathrm{d}l \tag{3-29}$$

由于这个功等于轴向拉拔应力 σ_l 所做的功

$$W = \sigma_l \pi y_1^2 \mathrm{d}l \tag{3-30}$$

因此，由式（3-29）、式（3-30）可得：

$$\sigma_l = \frac{2}{3}\tau_s \tan\alpha \tag{3-31}$$

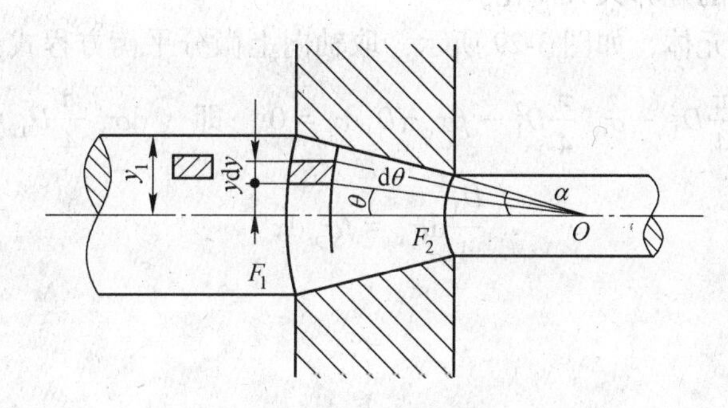

图 3-28 进出变形区的剪切变形示意图

金属在模的出口 F_2 处又转变为原来的方向，同时考虑到 $\tau_s = \frac{\sigma_s}{\sqrt{3}}$，结果拉拔应力适当加上剪切变形而产生的附加修正值

$$\sigma_l' = \frac{4\sigma_s}{3\sqrt{3}}\tan\alpha \tag{3-32}$$

所以，

$$\sigma_l = \sigma_s \left\{ (1 + B)\left[1 - \left(\frac{D_1}{D_0}\right)^{2B}\right] + \frac{4}{3\sqrt{3}}\tan\alpha \right\} \tag{3-33}$$

（2）若考虑反拉力的影响，则拉拔力的公式（3-28）也要变化，假设加的反拉应力为 σ_q，利用边界条件，当 $D = D_0$，$\sigma_{lx} = \sigma_q$ 时，因此 $\sigma_n = \sigma_s - \sigma_q$，则将此条件代入式（3-25a）可得：

$$\frac{1}{B}\ln[B\sigma_q - (1 + B)\sigma_s] = 2\ln D_0 + C \tag{3-34}$$

式（3-25b）与式（3-34）相减，整理后为

$$\frac{B\sigma_{lx} - (1 + B)\sigma_s}{B\sigma_q - (1 + B)\sigma_s} = \left(\frac{D}{D_0}\right)^{2B} \quad 即 \quad \frac{\sigma_{lx}}{\sigma_s} = \frac{1 + B}{B}\left[1 - \left(\frac{D}{D_0}\right)^{2B}\right] + \frac{\sigma_q}{\sigma_s}\left(\frac{D}{D_0}\right)^{2B} \tag{3-35}$$

当 $D = D_1$ 时代入式（3-31）

$$\frac{\sigma_{l1}}{\sigma_s} = \frac{1+B}{B}\left[1-\left(\frac{D_1}{D_0}\right)^{2B}\right] + \frac{\sigma_q}{\sigma_s}\left(\frac{D_1}{D_0}\right)^{2B} \tag{3-36}$$

拉拔应力，$\sigma_l = (\sigma_{lx})_{D=D_1} = \sigma_{l1}$， 所以

$$\sigma_l = \sigma_s\left(\frac{1+B}{B}\right)\left[1-\left(\frac{D_1}{D_0}\right)^{2B}\right] + \sigma_q\left(\frac{D_1}{D_0}\right)^{2B} \tag{3-37}$$

（3）考虑定径区的摩擦力作用，在拉拔力计算公式（3-28）中，σ_{l1} 只是塑性变形区出口断面的应力，而实际拉拔模有定径区，为克服定径区外摩擦，所需要的拉拔应力要比 σ_{l1} 大。计算定径区这部分摩擦力较为复杂，但在实际工程计算中，由于工作带长度很短，摩擦系数也较小，故常忽略或者采用近似处理方法。有以下两种情况：

1）把定径区这部分金属按发生塑性变形近似处理。在前面的应力分布规律分析中，认为定径区金属处在弹性状态。若在计算中按弹性变形状态处理较为复杂，而由于模子定径区工作带有微小的锥度（1°~2°），同时金属刚出塑性变形区，因此把这部分仍按塑性变形处理，使拉拔力的计算大大简化。

从定径区取出单元体，如图 3-29 所示，取轴向上微分平衡方程式：

$$(\sigma_x + d\sigma_x)\frac{\pi}{4}D_1^2 - \sigma_x\frac{\pi}{4}D_1^2 - f\sigma_n\pi D_1 dx = 0 \quad 即 \quad d\sigma_x\frac{\pi}{4}D_1^2 = f\sigma_n\pi D_1 dx$$

$$\frac{D_1}{4}d\sigma_x = f\sigma_n dx \tag{3-38}$$

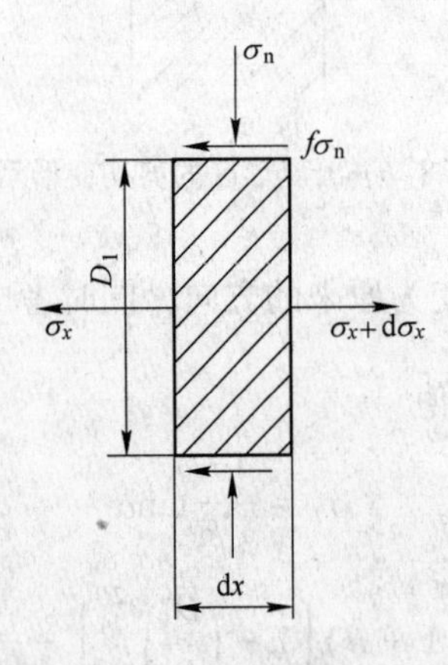

图 3-29　定径区微小单元体的应力状态

采用近似塑性条件 $\sigma_x + \sigma_n = \sigma_s$ 并代入式（3-38）得

$$\frac{D_1}{4}d\sigma_x = f(\sigma_s - \sigma_x)dx \quad 即 \quad \frac{d\sigma_x}{\sigma_s - \sigma_x} = \frac{4f}{D_1}dx \tag{3-39}$$

将式（3-39）在定径区积分

$$\int_{\sigma_{l1}}^{\sigma_l}\frac{d\sigma_x}{\sigma_s - \sigma_x} = \int_0^{l_d}\frac{4f}{D_1}dx \tag{3-40}$$

$$\ln\frac{\sigma_l-\sigma_s}{\sigma_{l1}-\sigma_s}=-\frac{4f}{D_1}l_d \quad 即 \quad \frac{\sigma_l-\sigma_s}{\sigma_{l1}-\sigma_s}=e^{-\frac{4f}{D_1}l_d} \tag{3-41}$$

所以，
$$\sigma_l=(\sigma_{l1}-\sigma_s)e^{-\frac{4f}{D_1}l_d}+\sigma_s \tag{3-42}$$

式中 f——摩擦系数；

l_d——定径区工作带长度。

2）若按 C.N. 古布金考虑定径区摩擦力对拉拔力的影响，可将拉拔应力计算式（3-42）增加一项 σ_a，σ_a 值由经验公式求得：

$$\sigma_a=(0.1\sim0.2)f\frac{l_d}{D_1}\sigma_s \tag{3-43}$$

B 管材拉拔力的计算

管材拉拔力计算公式的推导方法与棒、线材拉拔力公式推导基本相同，为了使计算公式简化，有三个假定条件：拉拔管材壁厚不变；在一定范围内应力分布是均匀的；管材衬拉时的减壁段，其管坯内表面所受的法向压应力 σ_n 相等，摩擦系数 f 相同。推导过程仍然是首先对塑性变形区微小单元体建立微分平衡方程式，然后采用近似塑性条件，利用边界条件推导出拉拔力计算公式，下面仅对不同类型的拉拔力计算公式做简要介绍。

（1）空拉管材。管材空拉时，其外作用力情况与棒、线材拉拔类似，如图 3-30 所示。在塑性变形区取微小单元体，其受力状态如图 3-31 所示。

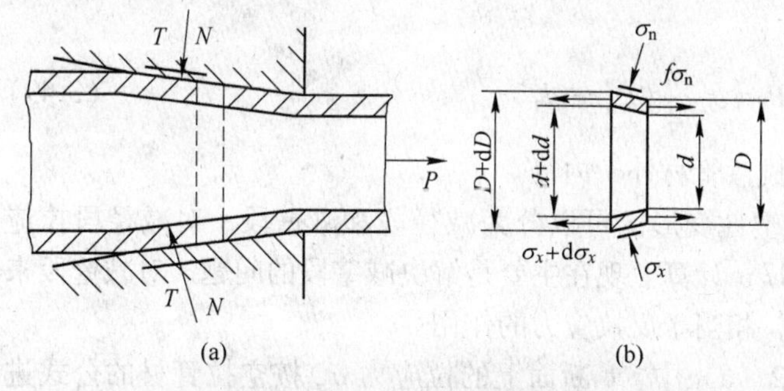

图 3-30 管材空拉时的受力情况

（a）空拉时的受力图；（b）空拉时局部受力及变形分析

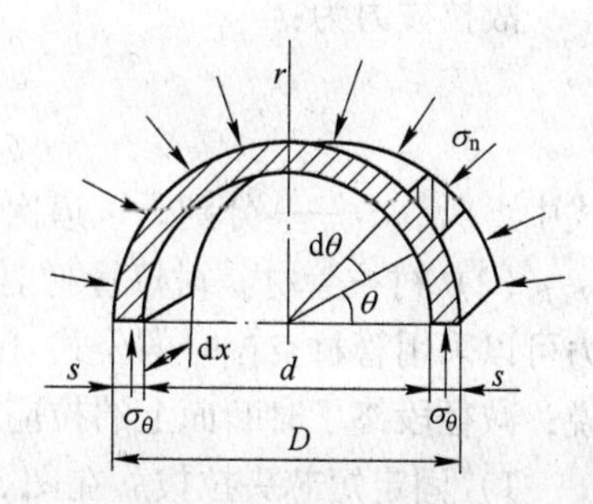

图 3-31 σ_θ与σ_n的关系

对微小单元体在周向上建立微分平衡方程：

$$(\sigma_x+d\sigma_x)\frac{\pi}{4}[(D+dD)^2-(d+dd)^2]-\sigma_x(D^2-d^2)+\frac{1}{2}\sigma_n\pi DdD+\frac{f\sigma_n\pi D}{2\tan\alpha}dD=0$$

即
$$\frac{1}{2}\sigma_n\pi DdD+\frac{f\sigma_n\pi D}{2\tan\alpha}dD=0$$

展开简化并略去高阶微量，得：

$$(D^2-d^2)d\sigma_x+2(D-d)\sigma_x dD+2\sigma_n DdD+2\sigma_n D-\frac{f}{\tan\alpha}dD=0 \tag{3-44}$$

引入塑性条件

$$\sigma_x+\sigma_\theta=\sigma_s \tag{3-45}$$

由图 3-31 可见，沿 r 方向建立平衡方程 $2\sigma_\theta dx=\int_0^\pi\frac{D}{2}\sigma_n d\theta dx\sin\theta$ 简化为：

$$\sigma_\theta = \frac{D}{D-d}\sigma_n \tag{3-46}$$

将式（3-44）~式（3-46）引入 $B = f/\tan\alpha$，利用边界条件求解：

$$\frac{\sigma_{x_1}}{\sigma_s} = \frac{1+B}{B}\left(1 - \frac{1}{\lambda^B}\right) \tag{3-47}$$

式中 λ——管材的延伸系数。

定径区的摩擦力作用，将使出模口处管材断面上的拉拔应力比 σ_{x_1} 大一些，棒、线材求解，可以导出：

$$\frac{\sigma_l}{\sigma_s} = 1 - \frac{1 - \dfrac{\sigma_{x_1}}{\sigma_s}}{e^{c_1}} \tag{3-48}$$

$$c_1 = \frac{2fl_d}{D_1 - s}$$

式中 f——模定径区摩擦系数；

l_d——模定径区工作带长度；

D_1——模定径区工作带直径；

s——管材壁厚。

故拉拔力为：

$$P = \sigma_l \frac{\pi}{4}(D_1^2 - d_1^2) \tag{3-49}$$

式中 D_1，d_1——分别为该道次拉拔后管材外、内径。

（2）衬拉管材。衬拉管材时，塑性变形区可以分为减径段和减壁段，对减径段拉应力可以采用管材空拉时的公式（3-47）计算。现在主要是解决减壁段的问题，对减壁段来说，减径段终了时断面上的拉应力，相当于反拉应力的作用。

1）固定短芯头拉拔。在图 3-32（a）中，b 断面上的拉应力 σ_{x_2} 按空拉管材的公式进行计算，而公式中的延伸系数 λ，在此是指空拉段的延伸系数：

$$\lambda_{ab} = \frac{F_0}{F_2} = \frac{D_0 - S_0}{D_2 - S_2} \tag{3-50}$$

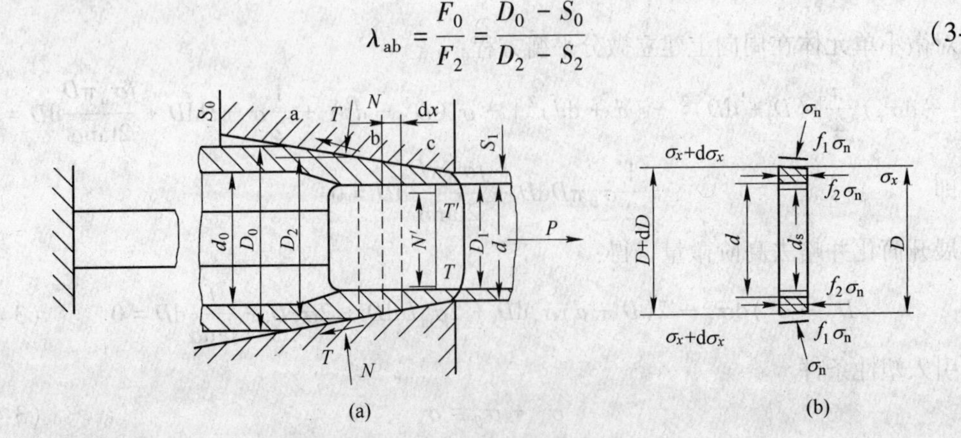

图 3-32 固定短芯头拉拔

在减壁段，即图 3-32（a）中 b–c 段，坯料变形的特点是内径保持不变，外径逐渐减小，因此管壁厚也减小。为了简化，设管坯内外表面所受的法向压应力相等，摩擦系数也相同，即 $f_1=f_2=f$，按图 3-32（b）中所示的微小单元体建立微分平衡方程：

$$(\sigma_x + \mathrm{d}\sigma_x)\frac{\pi}{4}[(D+\mathrm{d}D)^2 - d_1^2] - \sigma_x\frac{\pi}{4}(D^2 - d_1^2) + \frac{\pi}{2}D\sigma_n\mathrm{d}D + \frac{f}{2\tan\alpha}\pi d_1\sigma_n\mathrm{d}D = 0$$

$$2\sigma_x D\mathrm{d}D + (D^2 - d_1^2)\mathrm{d}\sigma_x + 2\sigma_n D\mathrm{d}D + \frac{2f}{\tan\alpha}\sigma_n(D+d_1)\mathrm{d}D = 0 \tag{3-51}$$

整理后代入塑性条件 $\sigma_x + \sigma_n = \sigma_s$，得到：

$$(D^2 - d_1^2)\mathrm{d}\sigma_x + 2D\left\{\sigma_s\left[1 + \left(1 + \frac{d_1}{D}\right)\frac{f}{\tan\alpha}\right] - \sigma_x\left(1 + \frac{d_1}{D}\right)\frac{f}{\tan\alpha}\right\}\mathrm{d}D = 0 \tag{3-52}$$

以 $\frac{d_1}{\overline{D}}$ 代替 $\frac{d_1}{D}$，$\overline{D} = \frac{1}{2}(D_1 + D_2)$ 并引入符号 $B = \frac{f}{\tan\alpha}$，将式（3-51）积分并代入边界条件得：

$$\frac{\sigma_{x_1}}{\sigma_s} = \frac{1 + \left(1 + \frac{d_1}{\overline{D}}\right)B}{\left(1 + \frac{d_1}{\overline{D}}\right)B}\left[1 - \left(\frac{D_1^2 - d_1^2}{D_2^2 - d_2^2}\right)^{1+\frac{d_1}{\overline{D}}B}\right] + \frac{\sigma_{x_2}}{\sigma_2}\times\left(\frac{D_1^2 - d_1^2}{D_2^2 - d_2^2}\right)^{1+\frac{d_1}{\overline{D}}B} \tag{3-53}$$

式中，$\frac{D_1^2 - d_1^2}{D_2^2 - d_2^2}$ 为减壁段的延伸系数的倒数，以 $\frac{1}{\lambda_{bc}}$ 表示，并设 $A = \left(1 + \frac{d_1}{\overline{D}}B\right)$ 代入式（3-53）得：

$$\frac{\sigma_{x_1}}{\sigma_s} = \frac{1 + A}{A}\left[1 - \left(\frac{1}{\lambda_{bc}}\right)^A\right] + \frac{\sigma_{x_2}}{\sigma_2}\times\left(\frac{1}{\lambda_{bc}}\right)^A \tag{3-54}$$

固定短芯头拉拔时定径区摩擦力对 σ_l 的影响与空拉不同，还有内表面的摩擦力。用棒材拉拔时的同样方法，可以得到：

$$\frac{\sigma_l}{\sigma_s} = 1 - \frac{1 - \sigma_{x_1}/\sigma_s}{e^{c_2}} \tag{3-55}$$

$$c_2 = \frac{4fl_d}{D_1 - d_1} = \frac{4fl_d}{s_1}$$

式中 D_1——该道次拉拔模定径区直径；

d_1——该道次拉拔芯头直径；

s_1——该道次拉拔后制品厚度。

2）游动芯头拉拔。游动芯头拉拔时，其受力情况如图 3-33 所示，它与固定芯头拉拔的主要区别在于减壁段（b–c）的外表面的法向压力 N_1 与内表面的法向压力 N_2 的水平分力的方向相反，在拉拔过程中，芯头将在一定范围移动，现在按前极限位置来推导拉拔力计算公式。

将变形区分空拉区、减径区、减壁区及定径区进行拉拔应力计算，空拉区按空拉管材式（3-47）计算拉拔应力 σ_{l_3}（σ_{x_3}），即：

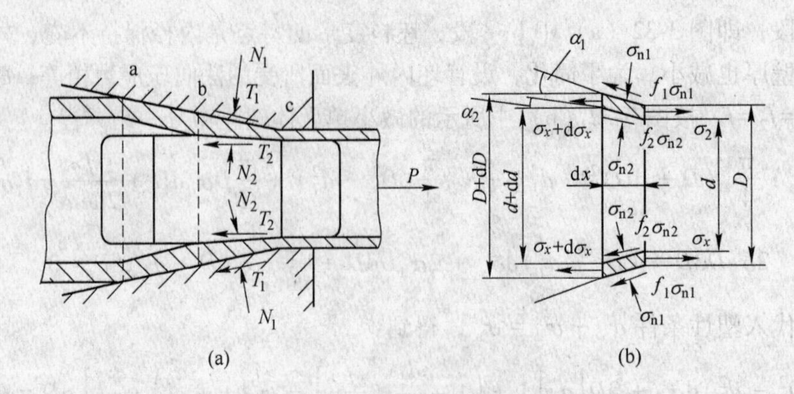

图 3-33　游动芯头拉拔管材

$$\frac{\sigma_{x_3}}{\sigma_{s_3}} = \frac{1+B}{B}\left(1 - \frac{1}{\lambda_{ab}^{B}}\right) \tag{3-56}$$

$$B = \frac{f}{\tan\alpha}$$

式中　σ_{s_3}——空拉区 ab 的平均屈服应力；

λ_{ab}——空拉区 ab 的延伸系数。

按式（3-53）计算减径区 bc 的最终断面上的拉拔应力 σ_{l_2}（σ_{x_2}），即：

$$\frac{\sigma_{x_2}}{\sigma_{s_2}} = \frac{1+A}{A}\left[1 - \left(\frac{1}{\lambda_{ab}}\right)^{A}\right] + \frac{\sigma_{x_3}}{\sigma_{s_3}}\left(\frac{1}{\lambda_{bc}}\right)^{A} \tag{3-57}$$

$$A = \left(1 + \frac{d_c}{\overline{D}_{bc}}\right)B$$

式中　$\overline{D}_{bc}$——bc 区的平均直径，$\overline{D}_{bc} = \dfrac{D_b + D_c}{2}$；

σ_{s_2}——bc 区管的屈服应力，$\sigma_{s_2} = \dfrac{\sigma_{sb} + \sigma_{sc}}{2}$。

减壁区 cd 的最终断面上的拉拔应力 σ_{x_1}，取一微小单元体，列出微分平衡方程式

$$\sigma_{n_1}\frac{\pi}{4}[(D+dD)^2 - D^2] - \sigma_{n_2}\frac{\pi}{4}[(d+dd)^2 - d^2] +$$

$$f_1\sigma_{n_1}\pi D dx + f_2\sigma_{n_2}\pi dx - \sigma_x\frac{\pi}{4}(D^2 - d^2) +$$

$$(\sigma_x + d\sigma_x)\frac{\pi}{4}[(D+dD)^2 - (d+dd)^2] = 0 \tag{3-58}$$

假设 $\sigma_{n_1}=\sigma_{n_2}=\sigma_n$，$f_1=f_2=f$，并且将 $\sigma_n=\sigma_s-\sigma_x$，$dx=\dfrac{dD}{2\tan\alpha}$，$dd=\dfrac{\tan\alpha_2}{\tan\alpha_1}dD$，$B=\dfrac{f}{\tan\alpha_2}$ 代入式（3-58），略去高阶微量后得：

$$(D^2 - d^2)d\sigma_x + 2\sigma_s\left[D + (D-d)B - d\frac{\tan\alpha_2}{\tan\alpha_1}\right]dD - 2\sigma_x(d+D)BdD = 0 \tag{3-59}$$

将式（3-59）与式（3-52）比较，两式相似，区别在于增加了 $d\dfrac{\tan\alpha_2}{\tan\alpha_1}$ 项，同时式（3-52）中的常量 d_1 在式（3-59）中是变量，如果以减壁段的内径平均值代替 d，用固定芯头相同的计算方法，可以得到减壁区终了断面上 d 的拉拔应力计算公式：

$$\frac{\sigma_{x_1}}{\sigma_s}=\frac{1+A-C}{A}\left[1-\left(\frac{1}{\lambda_{ab}}\right)^A\right]+\frac{\sigma_{x_2}}{\sigma_s}\left(\frac{1}{\lambda_{cd}}\right)^A \tag{3-60}$$

$$A=1+\left(1+\frac{\bar{d}}{\bar{D}}\right)B；B=\frac{f}{\tan\alpha}；C=\frac{\bar{d}}{\bar{D}}\times\frac{\tan\alpha_1}{\tan\alpha}$$

式中 σ_{x_2}——减径区 c 点的轴向应力；

$\bar{d}$，$\bar{D}$——分别为减径区 cd 管的平均内径与外径；

α_1——芯头锥角；

α——模角。

考虑定径区摩擦力的影响

$$\frac{\sigma_l}{\sigma_s}=1-\frac{1-\sigma_{x_1}/\sigma_s}{e^{c_2}} \tag{3-61}$$

C 拉拔机电机功率计算

（1）单模拉拔时电机功率 W 计算：

$$W=Pv/1000\eta \tag{3-62}$$

式中 P——拉拔力，N；

v——拉拔速度，m/s；

η——拉拔机效率，0.8~0.9。

（2）多模拉拔时电机功率 W 的计算：

$$W=(P_1v_1+P_2v_2+P_3v_3+\cdots+P_nv_n)/1000\eta_1\eta_2 \tag{3-63}$$

式中 η_1——拉拔机卷筒的机械效率，0.9~0.95；

η_2——拉拔机机械传动效率，0.85~0.92。

3.3 拉拔工具

拉拔工具主要包括拉拔模和芯头，它们直接和拉拔金属接触并使其发生变形。拉拔工具的材质、几何形状和表面状态对拉拔制品的质量、成品率、道次加工率、能耗、生产效率及成本都有很大的影响。因此正确地设计、制造拉拔工具，合理地选择拉拔工具的材料是十分重要的。

3.3.1 拉拔模

常见的拉拔模有普通拉拔模和辊式拉拔模以及旋转模，本书主要介绍普通拉拔模。

根据模孔纵断面形状，可以将普通拉拔模分为弧线形模和锥形模，如图 3-34 所示。弧线形模一般只用于细线的拉拔。拉拔管、棒、型及粗线时，普遍采用锥形模。锥形模的模孔可以分为润滑带、压缩带、工作带以及出口带四个带。

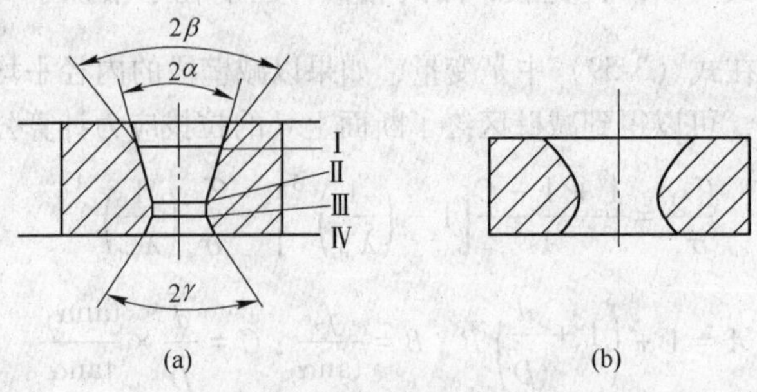

图 3-34　模孔的几何形状

（a）锥形模；（b）弧线形模

Ⅰ—润滑带；Ⅱ—压缩带；Ⅲ—工作带；Ⅳ—出口带

3.3.1.1　润滑带（入口锥、润滑锥）

润滑带的作用是在拉拔时使润滑剂容易进入模孔，减少拉拔过程中的摩擦，带走金属由于变形和摩擦产生的热量，还可以防止划伤坯料。

润滑锥角的角度大小应该适当。角度过大，润滑剂不容易储存，润滑效果不良；角度太小，拉拔过程产生的金属屑、粉末不易随润滑剂流掉而堆积在模孔中，会导致制品表面划伤、夹灰、拉断等缺陷。线材拉模的润滑角 β 一般等于 40°~60°，并且多呈圆弧形，其长度 L_r 可取制品直径的 1.1~1.5 倍；管、棒制品拉模的润滑锥常用半径为 4~8mm 的圆弧代替，也可取 $\beta=(2\sim3)\alpha$。

3.3.1.2　压缩带（压缩锥）

金属在此段进行塑性变形，并获得所需要的形状和尺寸。

压缩带的形状有锥形和弧线形两种。弧线形的压缩带对大变形率和小变形率都适合，在这两种情况下被拉拔金属与模子压缩锥面皆有足够的接触面积。锥形压缩带值适合于大变形率。当变形率小时，金属与模子的接触面不够大，从而导致模孔很快的磨损。在实际生产中，弧线形的压缩带多用于拉拔直径小于 1.0mm 的线材。拉拔较大直径的制品时，变形区较长，将压缩带做成弧线形有困难，故多为锥形。

为防止制品与模孔不同心产生压缩带意外的变形，压缩带长度应大于拉拔时变形区的长度，如图 3-35 所示。压缩带长度用式（3-64）确定。

$$L_y = aL'_y = a \times 0.5(D_{0\max} - D_1)\cot\alpha \tag{3-64}$$

式中　a——不同心系数，$a=1.05\sim1.3$；

$D_{0\max}$——坯料可能的最大直径；

D_1——制品直径。

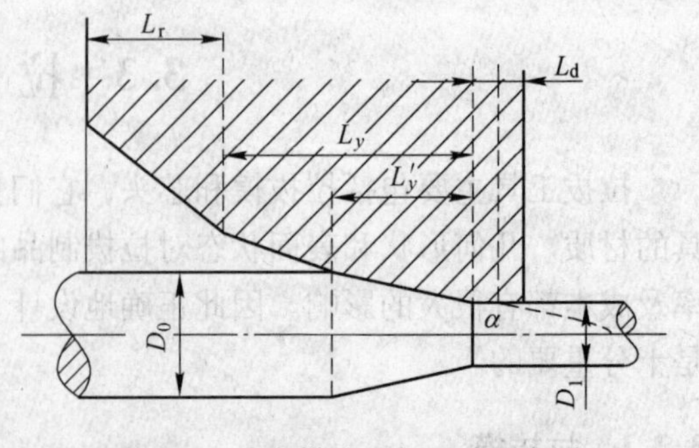

图 3-35　确定模孔几何尺寸示意图

压缩带的模角 α 是拉拔模的主要参数之一。α 角过小，坯料模壁的接触面积增大；α 角过大，金属在变形区中的流线急剧转弯，导致附加剪切变形增大，从而使拉拔力和非接触变形增大。因此，α 角存在着一最佳区间，在此区间拉拔力最小。

在不同条件下，拉拔模压缩带 α 角的最佳区间也不同。变形程度增加，最佳模角值增大。这是因为变形程度增加使接触面积增大，继而摩擦增大，为减少接触面积，必须相应增大 α 角。表 3-3 为拉拔不同材料时最佳模角与道次加工率的关系。

表 3-3　拉拔不同材料时最佳模角与道次加工率的关系

道次加工率/%	2α/(°)					
	纯铁	软钢	硬钢	铝	铜	黄铜
10	5	3	2	7	5	4
15	7	5	4	11	8	6
20	9	7	6	16	11	9
25	12	9	8	21	15	12
30	15	12	10	26	18	15
35	19	15	12	32	22	18
40	23	18	15	—	—	—

金属与拉拔工具间的摩擦系数增加，最佳模角增大。

对于与芯头配合使用的管材拉拔模，其最佳模角比实心材拉拔模大。这是因为芯头与管内壁接触面间润滑条件较差，摩擦力较大。为了减小摩擦力，必须减小作用于此接触面上的径向压力，而增加 α 角可以达到目的。管材拉模的角度 α 一般为 12°。

3.3.1.3　工作带

工作带的作用是使制品获得稳定精确的形状与尺寸。工作带的合理形状是圆柱形。在确定工作带直径 D_1 时应该考虑制品的公差、弹性变形和模子的使用寿命，在设计模孔工作带直径时要进行计算，实际工作带的直径应比制品的名义尺寸小。

工作带长度 l_d 的确定应保证模孔耐磨、拉断次数少和拉拔能耗低。金属由压缩带进入工作带后，由于发生弹性变形仍受到一定的压应力，故在金属与工作带表面间存在摩擦。因此，增加工作带长度使拉拔力增加。

对于不同的制品，其工作带的长度有不同的数值范围，表 3-4、表 3-5 所列数据可供参考。

表 3-4　棒材拉模工作带长度与模孔直径间的关系

模孔直径 D/mm	5~15	15.1~25	25.1~40	40.1~60
工作带长度 l_d/mm	3.3~5.0	4.5~6.5	6~8	10

表 3-5　管材拉模工作带长度与模孔直径间的关系

模孔直径 D/mm	3~20	20.1~40	40.1~60	60.1~100	101~400
工作带长度 l_d/mm	1.0~1.5	1.5~2.0	2~3	3~4	5~6

3.3.1.4　出口带

出口带的作用是防止金属出模孔时被划伤和模子定径带出口端因受力而引起的剥落。出口带的角度 2γ 一般为 60°~90°。对拉制细线用的模子，有时将出口部分做成凹球面。出口带的长度 $l_c h$ 一般取 $(0.2\sim0.3)D_1$。

为了提高拉拔速度，近年来国外一些企业对拉拔模的结构进行了一些改进。将润滑锥角β减少到20°~40°，使润滑剂在进入压缩带之前，在润滑带内即开始受到一定的压力，有助于产生有效的润滑作用。同时，加长压缩带，使压缩带的前半部分仍然提供有效润滑，提高润滑膜的致密度，而在压缩带的后半部分才进行压缩变形。这样，润滑带和压缩带前半部分建立起来的楔形区，在拉拔时能更好地获得“楔角效应”，造成足够大的压力，将润滑剂牢固地压附在金属表面，达到高速拉拔的目的。

在拉拔过程中，拉拔模受到较大的摩擦。所以要求拉拔模材料具有高的硬度、高的耐磨性和足够的强度。常用的拉拔模材料主要有金刚石、硬质合金、钢、铸铁及刚玉陶瓷模等。

3.3.2 芯头

3.3.2.1 固定短芯头

固定短芯头的形状一般是圆柱形的。在拉制薄管壁时，为减小摩擦力以防拉断管坯，芯头带有锥度。芯头与芯杆一般采用螺纹连接。直径大于30~60mm的芯头用中空的，小于5mm的用钢丝代替。固定短芯头的形状如图3-36所示。

固定短芯头工作段的长度包括以下几段：保证良好地带入润滑剂的l_2段、减壁段l_3、定径段l_4，防止管子由于非接触变形而使其内部尺寸变小的l_5+l_6段，以及调整芯头在变形区中位置的l_1段（见图3-37）。芯头总长度l_{xi}为：

$$l_{xi} = l_1 + l_2 + l_3 + l_4 + l_5 + l_6 \tag{3-65}$$

其中

$$l_1 = r_1 = (0.05 \sim 0.2)D_{xi}$$

$$l_2 = \frac{(D_0 - 2s_0) - (D_1 - 2s_1)}{2\tan\alpha} + 0.05D_0$$

$$l_3 = (s_0 - s_1)\cot\alpha$$

$$l_4 = l_6 = (0.1 \sim 0.2)D_1$$

$$l_5 = r_5 = (0.05 \sim 0.2)D_{xi}$$

式中 D_{xi}——芯头外圆直径，即拉拔后管子内径d_1。

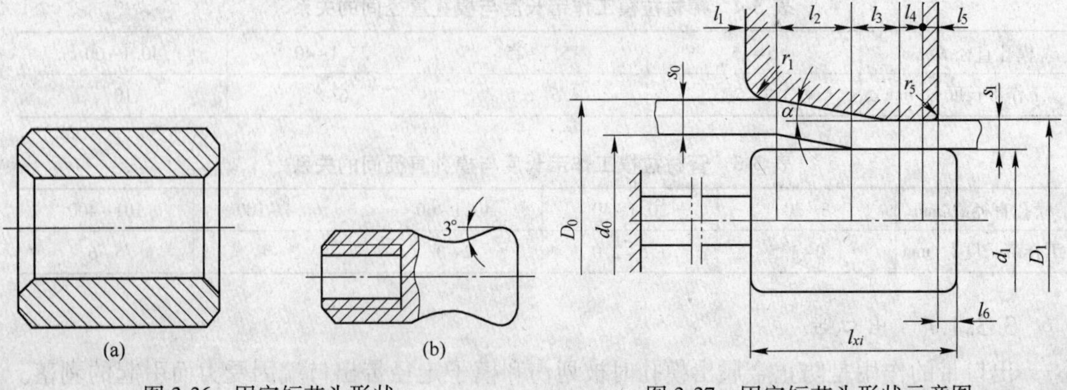

图3-36 固定短芯头形状
（a）圆柱形芯头；（b）锥形芯头

图3-37 固定短芯头形状示意图

3.3.2.2 游动芯头

游动芯头一般由两个圆柱部分和中间圆锥体组成，如图 3-38（a）所示。管壁的变化和管材内径的确定是借助前端的圆锥部分和圆柱部分实现的，后圆柱部分可以防止芯头被拉出模孔，并保持装入芯头时的稳定。芯头的尺寸包括芯头锥角、芯头各段长度与直径。

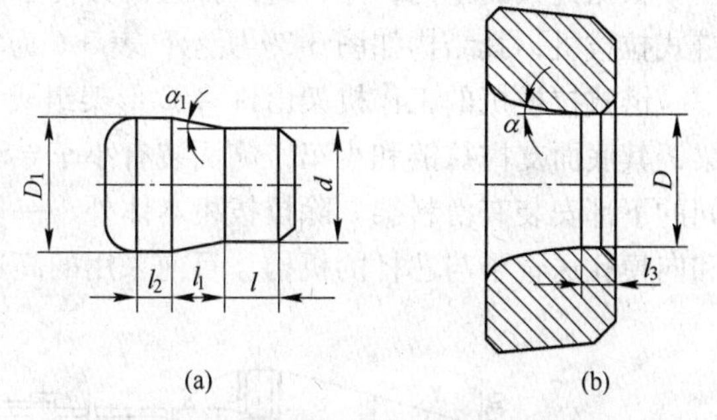

图 3-38 游动芯头与拉模的尺寸示意图
（a）游动芯头；（b）拉模

（1）芯头锥角 α_1。为了实现稳定的拉拔过程，根据游动芯头拉拔过程的受力分析得到芯头锥角 α_1 应大于摩擦角 β，小于拉模角 α。为了使拉拔过程稳定且得到良好的润滑，拉模与芯头之间的角度差一般取 1°~3°。在生产中，为了使拉拔工具具有通用性，一般取 α 为 12°，α_1 为 9°。

（2）芯头小圆柱段长度。芯头小圆柱段为管材内径的定径段，它的长度对拉拔力的影响不大。定径圆柱段过长将使芯头被深深地拉入变形区，影响拉拔过程的稳定性。小圆柱段的长度由下式确定：

$$l = l_j + l_3 + \Delta \tag{3-66}$$

式中 l_3——模孔工作带的长度；

l_j——芯头在前后极限位置移动的几何范围；

Δ——芯头在后极限位置时伸出模孔定径带的长度，一般为 2~5mm。

（3）芯头圆锥段长度 l_1。当芯头锥角已确定时，芯头圆锥段长度 l_1 与后圆柱段直径 D_1 有关，芯头圆锥段长度按下式计算：

$$l_1 = \frac{D_1 - d}{2\tan\alpha_1} \tag{3-67}$$

式中 D_1——芯头大圆柱段直径；

d——芯头小圆柱段直径；

α_1——芯头锥角。

（4）芯头大圆柱段直径 D_1 与长度 l_2。芯头大圆柱段直径应小于拉拔前管坯内径 d_0。为方便地装入芯头，对于盘管和中等规格的冷硬直管，$d_0-D_1 \geqslant 0.4$mm；退火后第一次拉拔，$d_0-D_1 \geqslant 0.8$mm；拉拔毛细管时可采用较小的间隙，$d_0-D_1 \geqslant 0.1$mm。芯头的大圆柱段长度 l_2 主要对管坯起导向作用，一般可取 l_2 等于 $(0.4 \sim 0.7)d_0$。

芯头材料通常有钢、硬质合金等，对一般的中、小芯头来说，材质一般选用 35 钢和 T8A 钢等。而硬质合金一般用于制造小规格的芯头，常用的有含 Co 的 YG15。

3.4 拉 拔 设 备

3.4.1 链式拉拔机

目前广泛使用的管棒型材拉拔机是链式拉拔机。它的特点是设备结构和操作简单，适应性强，管、棒、型制品皆可在同一台设备上拉制。

根据链数的不同，可将链式拉拔机分为单链式拉拔机和双链式拉拔机。最常见的是单链式拉拔机，其结构如图3-39所示，表3-6为常用的单链式拉拔机。

链式拉拔机的工作机架由许多C形架组成（见图3-40）。在C形架内装有两条水平横梁，其底面支撑拉链和小车，侧面装有小车导轨，两根链条从两侧连在小车上。C形架之间的下部安装有滑料架。除拉拔机本体外，一般还包括受料-分配机构、管子套芯杆机构和向模孔送管子与芯杆的机构。目前采用的高速双链式拉拔机性能如表3-7所示。

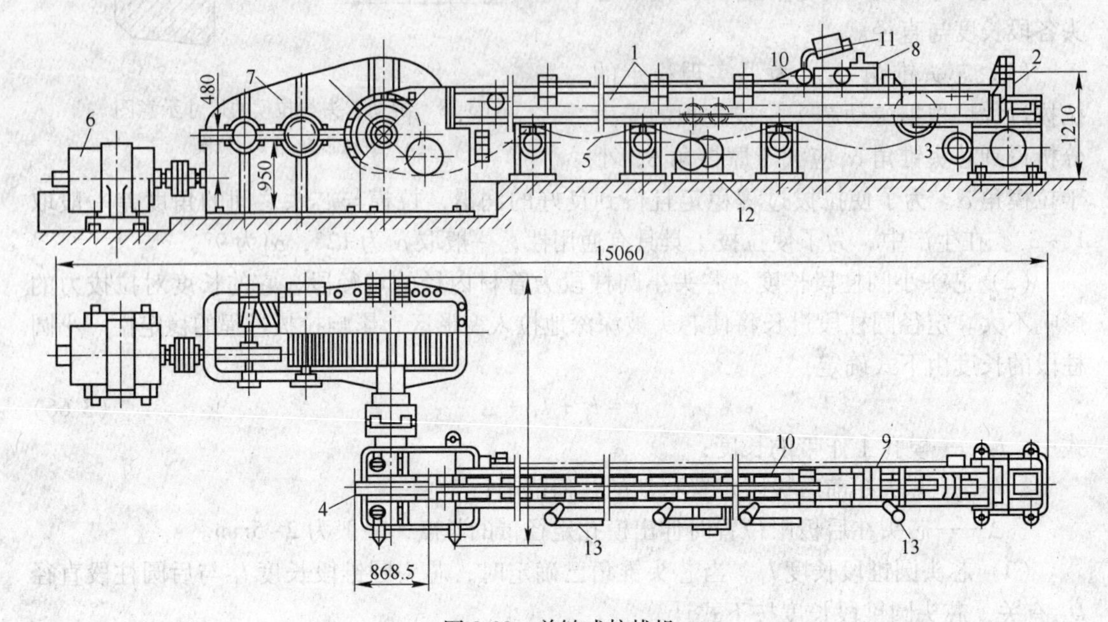

图3-39　单链式拉拔机

1—机架；2—模架；3—从动轮；4—主动链轮；5—链条；6—电动机；7—减速机；8—拉拔小车；9—钳口；10—挂钩；11—平衡绳；12—拉拔小车快速返回机构；13—拨料杆

表3-6　单链式拉拔机基本参数

拉拔机性能指标	具体数值								
拉拔机能力/MN	0.02	0.05	0.1	0.2	0.3	0.5	0.75	1	1.5
拉拔速度范围/$m \cdot min^{-1}$	6~48	6~48	6~48	6~48	6~25	6~15	6~12	6~12	6~9
额定拉拔速度/$m \cdot min^{-1}$	40	40	40	40	40	20	12	9	6
拉拔最大直径/mm	20	30	55	80	130	150	175	200	300
拉拔最大长度/m	9	9	9	9	9/12	9	9	9	9
小车返回速度/$m \cdot min^{-1}$	60	60	60	60	60	60	60	60	60
主电机功率/kW	21	55	100	160	250	200	200	200	200
拉拔速度范围/$m \cdot min^{-1}$	6~35								
额定拉拔速度/$m \cdot min^{-1}$	25								
拉拔最大直径/mm	—	—	35	65	80	80	110	—	—
拉拔最大长度/m	—	—	9	9	9	9	9	—	—
小车返回速度/$m \cdot min^{-1}$	—	—	60	60	60	60	60	—	—
主电机功率/kW	—	—	55	100	160	160	160	—	—

表 3-7 高速双链式拉拔机基本参数

项　目		额定拉拔机能力/MN					
		0.2	0.3	0.5	0.75	1	1.5
额定拉拔速度/m·min^{-1}		60	60	60	60	60	60
拉拔速度范围/m·min^{-1}		3~120	3~120	3~120	3~120	3~120	3~120
小车返回速度/m·min^{-1}		120	120	120	120	120	120
最大拉拔长度/m	黑色金属	30	40	50	60	80	90
	有色金属	40	50	60	75	85	100
最大拉拔长度/m		30	30	25	25	20	20
拉拔根数		3	3	3	3	3	3
主电机功率/kW		125×3	200×2	400×2	400×2	400×2	630×2

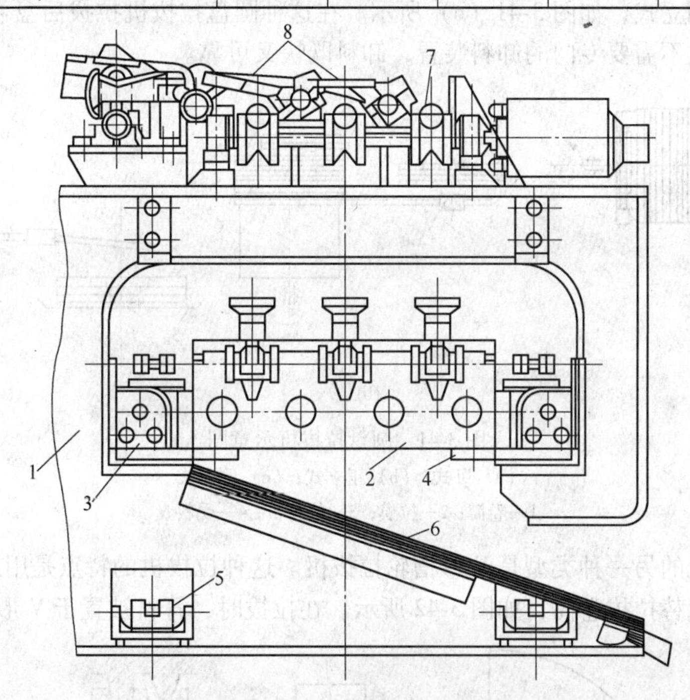

图 3-40 管材双链式拉拔机横断面

1—C 形架；2—拉拔小车；3—支承架；4—导轮；5—链条导轮；6—滑板；7—滚轮；8—分料器

目前，链式拉拔机正向高速、多线、自动化的方向发展。拉拔速度最高可达 190m/min，同时最多可拉拔 9 根料。有些拉拔机的全部工序采用自动化程序控制。

3.4.2 圆盘拉拔机

圆盘拉拔机最初用来拉制小断面的棒、型材和空拉毛细管。近年来由于游动芯头衬拉管材的技术得以成功的应用，圆盘拉拔得到迅速发展。圆盘拉拔机生产效率高，生产的制品质量好，成品率高。目前，在圆盘拉拔机上衬拉的管材长达数千米，拉拔速度高达 2400m/min。圆盘拉拔机最适合于拉拔紫铜、铝等塑性良好的管材。对需要经常退火、酸洗的高锌黄铜管不太实用，因其内表面的处理比较困难。另外，在圆盘拉拔机上进行拉拔时，管材除承受拉应力外，在管材接触卷筒的瞬间还受到附加的弯曲应力。当道次变形率和弯曲应力达到一定程度时，会引起管材断面发生椭圆。椭圆度的大小主要与金属的强度、卷筒直径、管材的径壁比及道次加工率有关。

早期制造的圆盘拉拔机一般为卧式，如图 3-41（a）所示，这种设备盘径较小，通常使用直条管坯，通过带游动芯头盘拉拔得到成品管材。随着圆盘拉拔机盘径的增加，盘管直径和卷重也增大，出现了卸卷困难的问题。另外，卧式圆盘拉拔机在拉拔时为了使管坯贴紧圆盘，即使采用机械助转装置，也必须予以人工辅助防止故障发生，这样延长了辅助时间，降低了工作效率。将卷筒主轴由卧式改为立式可以解决上述问题。

将主传动装置配置在卷筒下部的立式圆盘拉拔机称为正立式，如图 3-41（b）所示。这种形式的圆盘拉拔机结构简单，笨重的传动装置安装在下部基础上，适合于大吨位的拉拔。但它卸料不便，设备的生产率低。近年来制造的圆盘拉拔机多将主传动装置安装在卷筒上部，称为倒立式，如图 3-41（c）所示。在这种圆盘拉拔机拉拔后盘卷依靠重力从卷筒上自动落下，不需要专门的卸料装置，卸料既快又可靠。

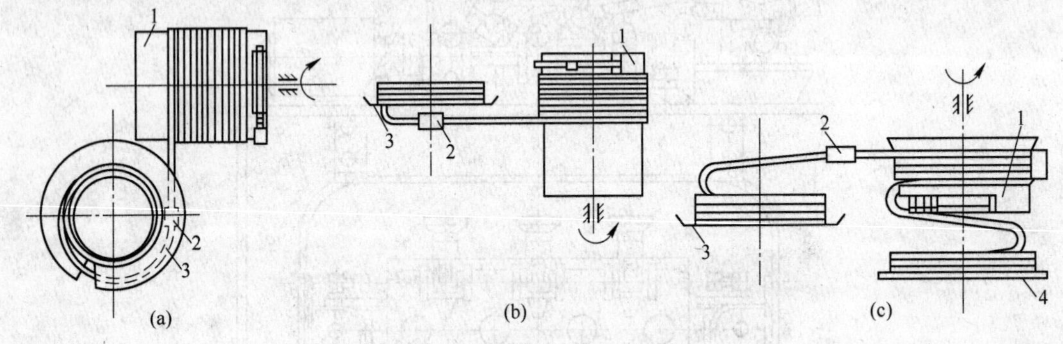

图 3-41 圆盘拉拔机示意图

（a）卧式；（b）正立式；（c）倒立式

1—卷筒；2—拉模；3—放料机；4—受料盘

圆盘拉拔机的另一种类型是 V 形槽轮拉拔机。这种拉拔机的特点是用外圆周上携有 V 形槽的轮子来代替拉拔卷筒，如图 3-42 所示。在拉拔时，管材被置于 V 形槽中。传统的

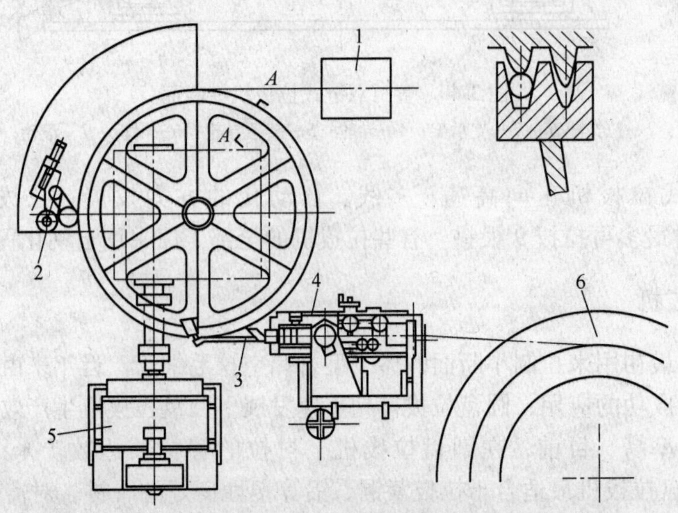

图 3-42 V 形槽轮拉拔机

1—矫直和定尺剪切机列；2—压辊；3—拉入夹钳；4—模座；5—驱动电机；6—上料卷筒

圆盘拉拔机必须在卷筒上储存 6~8 圈后才可借管子与卷筒的摩擦力实现继续牵引。但是 V 形槽轮拉拔机不能拉拔大直径的管坯，仅适用于薄壁小管生产。

3.4.3 联合拉拔机

将拉拔、矫直、切断、抛光和探伤组成在一起形成一个机列，可大大提高制品的质量和生产效率。用联合拉拔机列可生产棒材、管材和型材。本书仅就棒材联合拉拔机列加以叙述。棒材联合拉拔机列由轧头、预矫直、拉拔、矫直、剪切和抛光等部分组成。其结构如图 3-43 所示。

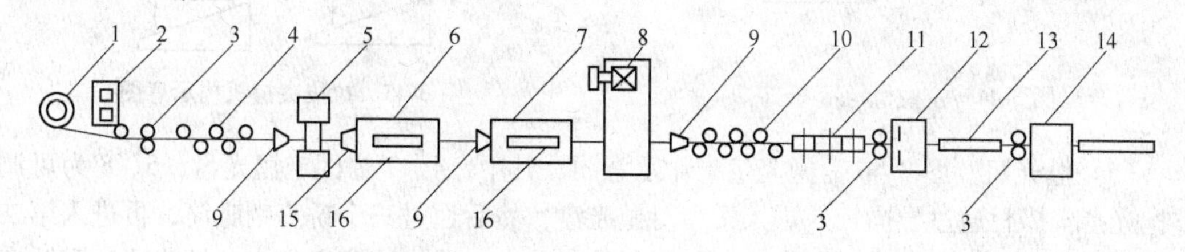

图 3-43 DC-SP-1 型联合拉拔机列示意图

1—放料架；2—轧头机；3—导轮；4—预矫直辊；5—模座；6，7—拉拔小车；8—主电动机和减速机；9—导路；10—水平矫直辊；11—垂直矫直辊；12—剪切装置；13—料槽；14—抛光机；15—小车钳口；16—小车中间夹板

（1）轧头机。轧头机由具有相同辊径并带有一系列变断面轧槽的两对辊子组成。两对辊子分别水平和垂直安装在同一个机架上。制作夹头时，将棒料夹头部依次在两对辊子中轧细以便于穿模。

（2）预矫直装置。机座上面装有三个固定辊和两个可移动的辊子，能适应各种规格棒料的矫直。预矫直的目的是使盘料进入机列前变直。

（3）拉拔机构。拉拔机构如图 3-44 所示。从减速机出来的主轴上，设有两个端面凸轮。当凸轮位于图 3-44（a）的位置时，小车Ⅰ的钳口靠近床头且对准拉模。当主轴开始曲线向后运动的同时，小车Ⅱ借助于弹簧沿凸轮Ⅱ的曲线向前返回。当主轴转到 180°时，凸轮小车位于图 3-44（b）的位置。再继续转动时，小车Ⅰ借助于弹簧沿凸轮Ⅰ的曲线向前返回，同时小车Ⅱ由凸轮Ⅱ带动沿其曲线向后运动。当主轴转到 360°时，小车和凸轮又恢复到图 3-44（a）的位置。凸轮转动一圈，小车往返一个行程，其距离等于 S。

拉拔小车中间各装有一对夹板，小车Ⅰ的前面还带有一个装有板牙的钳口，小车Ⅱ前面装有一个喇叭形的导路。棒材的夹头通过拉模进入小车Ⅰ的钳口中。当设备启动，小车Ⅰ的钳口夹住棒材向右运动，达到后面的极限位置后开始向前返回，这时钳口松开，被拉出的一段棒材进入小车Ⅰ的夹板中。当小车Ⅰ第二次往后运动时，钳口不起作用，因为夹板套是带斜度的，如图 3-45 所示。夹板靠摩擦力夹住棒材向后运动，小车Ⅰ开始返回时，夹板松开。小车Ⅰ可以从棒材上自由地通过。当小车Ⅰ拉出的棒材进入小车Ⅱ的夹板中以后，就形成了连续的拉拔过程。

（4）矫直剪切机构。矫直机由 7 个水平辊和 6 个垂直辊组成，对拉拔后的棒材进行矫直。在减速机的传动轴上设有多片摩擦电磁离合器和端面凸轮，架上装有切断用刀具，用于棒材定尺剪切。

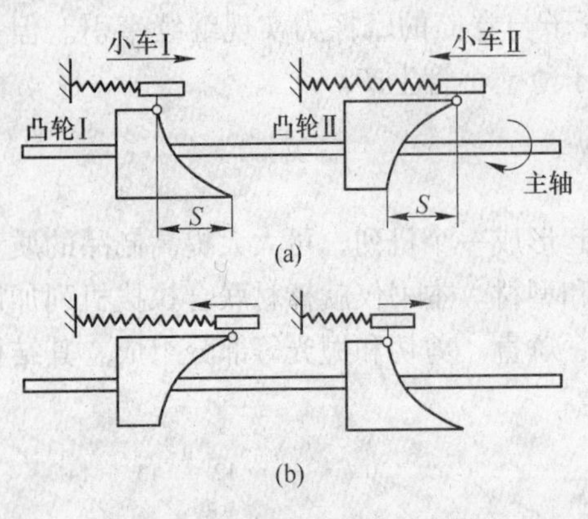

图 3-44 拉拔机构示意图

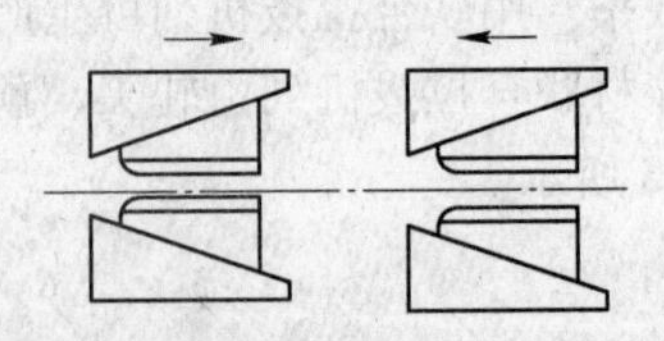

图 3-45 拉拔夹持机构示意图

(5) 抛光机。图 3-46 为抛光机工作示意图。其中，4、7 为固定抛光盘，5、8 为可调整抛光盘。棒材通过导向板 3 进入第一对抛光盘，然后通过三个矫直喇叭筒，再进入第二对抛光盘。抛光盘带有一定的角度，使棒材旋转前进，抛光速度必须大于拉拔速度和矫直速度，一般抛光速度为拉拔速度的 1.4 倍。

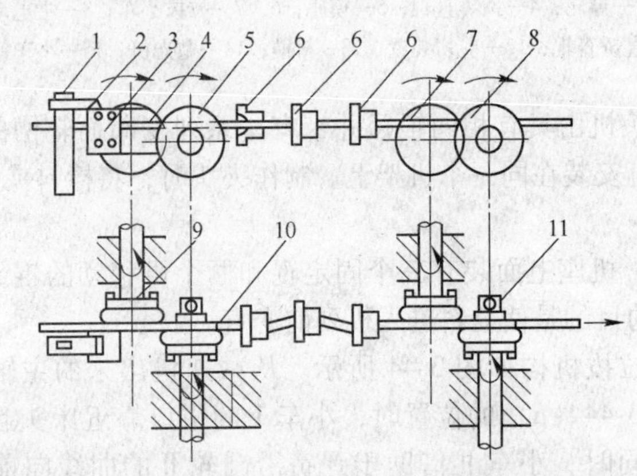

图 3-46 抛光机工作示意图

1—立柱；2—夹板；3，11—导向板；4，7—固定抛光盘；5，8—调整抛光盘；6—矫直喇叭筒；9—轴；10—棒材

联合拉拔机具有很多特点，主要有：1）机械化、自动化程度高，所需要生产人员少，生产周期短，生产效率高。2）产品质量好，表面粗糙度可达 0.8μm，弯曲度可以小于 0.02mm/m。3）设备质量轻，结构紧凑，占地面积小。但是其矫直部分和抛光部分不容易调整，凸轮浸在油槽中，运转时容易漏油。

3.4.4 拉线机

按拉拔工作制度可将拉线机分为单模拉线机和多模拉线机。

3.4.4.1 单模拉线机

线坯在拉拔时只通过一个模的拉线机称为单模拉线机，也称一次拉线机。根据其卷筒轴的配置又分为立式和卧式两类。一次拉线机的特点是结构简单，制造容易，但它的拉拔速度慢，一般在 0.1~3m/s 的范围内，生产率较低，且设备占地面积较大。一次拉线机多用于粗拉大直径的圆线、型线及短料的拉拔。

一次拉线机的技术性能见表3-8。

表3-8 一次拉线机的技术性能

项 目	拉线机类型							
	卧 式		立 式					
收线锥形绞盘直径/mm	750	650	550	450	350	300	250	200
成品线材直径范围/mm	12~8	10~6	6~3	4~2	2~1	1.5~0.8	1.0~0.6	0.6~0.4
成品线材断面积范围/mm^2	120~50	80~25	25~10	12~3	3~1	2~0.5	0.8~0.5	0.3~0.2
线毛料直径范围/mm	20~10	10~8	8~5	6~3	3~2	2.5~1.6	2~1.2	1.6~1.0
拉伸力/kg	4000	2000	1000	500	250	120	60	30
锥形绞盘所需功率/kW	25	16	12	6	3	1.5	0.8	0.4
拉线速度/$m \cdot s^{-1}$	0.6~1.8	0.6~1.8	0.7~2.0	0.6~2.4	0.6~2.4	0.7~2.8	0.8~3.2	0.8~3.2
锥形绞盘的收线量/kg	200	120	80	80	60	60	40	25

3.4.4.2 多模连续拉线机

多模连续拉线机又称为多次拉线机。在这种拉线机上，线材在拉拔时连续同时通过多个模子，每两个模子之间有绞盘，线以一定的圈数缠绕于其上，借以建立起拉拔力。根据拉拔时线与绞盘间的运动关系，可以将多模连续拉线机分为滑动式多模连续拉线机与无滑动式多模连续拉线机。

A 滑动式多模连续拉线机

滑动式多模连续拉线机的特点是除最后的收线盘外，线与绞盘圆周的线速度不相等，存在着滑动，典型的滑动式多模连续拉线机的技术性能如表3-9所示。用于粗拉的滑动式多模连续拉线机的模子数目一般是5、7、11、13和15个，用于中拉和细拉的模子数为9~21个。根据绞盘的结构和布置形式可以将滑动式多模连续拉线机分为下列几种：

表3-9 滑动式多模连续拉线机的技术性能

拉线机									可选用的收线装置				可选用的连续退火装置				
最大绞盘直径(mm)/道次	拉拔材料	最大进线直径/mm	出线直径范围/mm	最多拉拔道次	道次延伸系数	绞盘形式	最大绞盘直径/mm	收线盘直径/mm	双盘收线		筒式成圈收线		电阻式		感应式		
													接触轮直径/mm				
									500/400	315/250	800/1250	500/800	400	250	150	400	250
400/13	铜铝铝合金	8 10 12	4.0~1.2 (1.0) 4.0~1.6	13	1.42~1.22递减1.33	等直径	400	630/400	选用	—	选用	—	线径在1.2mm以上选用	—	—	—	—
280/17	铜铝铝合金	3.5 4	1.2~0.3 1.6~0.5	17	1.24	塔轮式	280	500/250	选用	—	—	线径在0.6mm以上选用	—	—	选用	—	—
200/19	铜铝铝合金	2 2.5	0.4~0.1 0.6~0.3	19	1.21	塔轮式	200	400/500	—	选用	—	—	—	—	—	选用	—

续表 3-9

拉线机									可选用的收线装置				可选用的连续退火装置				
最大绞盘直径（mm）/道次	拉拔材料	最大进线直径/mm	出线直径范围/mm	最多拉拔道次	道次延伸系数	绞盘形式	最大绞盘直径/mm	收线盘直径/mm	双盘收线		筒式成圈收线		电阻式		感应式		
													接触轮直径/mm				
									500/400	315/250	800/1250	500/800	400	250	150	400	250
120/17	铜	0.5	0.12~0.5 0.4	17	1.18, 1.16	塔轮式	120	250/160	—	—	—	—	—	—	—	—	—
80/16	铜	0.08	0.04~ 0.02 0.015	16	1.12, 1.06	塔轮式	80	80	—	—	—	—	—	—	—	—	—

（1）立式圆柱形绞盘连续多模拉线机。立式圆柱形绞盘连续多模拉线机的结构形式，如图 3-47 所示。在这种拉线机上，绞盘轴垂直安装，绞盘、线材与模子全部浸在润滑剂中，被拉线材、模子和绞盘可得到充分、连续的润滑及冷却，但由于运动着的线材和绞盘不断地搅动润滑剂，悬浮在润滑剂中的金属尘屑易堵塞和磨损拉拔模孔。另外，由于绞盘垂直放置，这种拉线机的速度受到限制，一般在 2.8~5.5m/s。

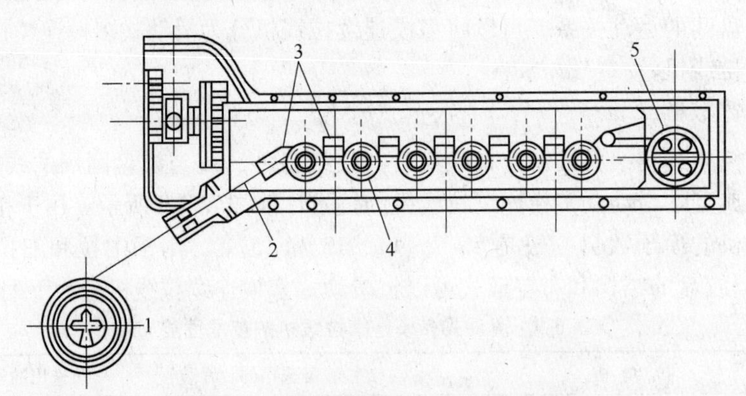

图 3-47　立式圆柱形绞盘连续多模拉线机

1—坯料卷；2—线；3—模盒；4—绞盘；5—卷筒

（2）卧式圆柱形绞盘连续多模拉线机。卧式圆柱形绞盘连续多模拉线机的结构形式，如图 3-48 所示。在这种拉线机上，绞盘轴线水平方向布置，绞盘的下部浸在润滑剂中，模子单独润滑。穿模方便，停车后可以测量各道次的线材尺寸以控制整个生产过程。

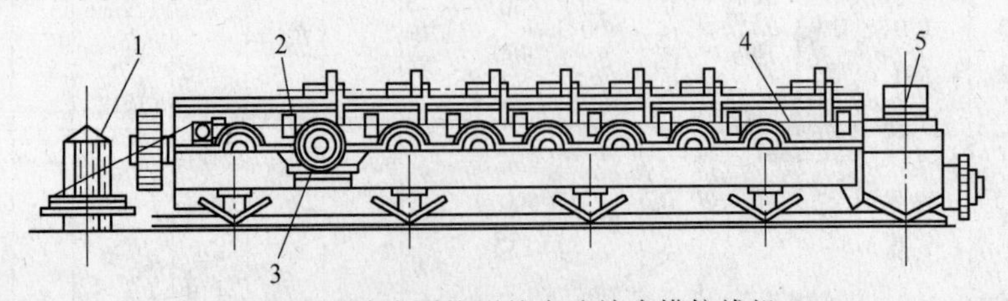

图 3-48　卧式圆柱形绞盘连续多模拉线机

1—坯料卷；2—模盒；3—绞盘；4—线；5—卷筒

圆柱形绞盘连续多模拉线机机身长，其拉拔模子数一般不宜多于 9 个。为克服此缺点，可以使用两个卧式绞盘，将数个模子装在两个绞盘之间的模座上。另外也可将绞盘排列成圆形布置，如图3-49所示。为了提高生产率，还可以在一个轴线上安装同一直径的数个绞盘，将几个轴水平排列，同时拉几根线。

(3) 卧式塔形绞盘连续多模拉线机。卧式塔形绞盘连续多模拉线机是滑动式拉线机中应用最广泛的一种，它主要用于拉细线。

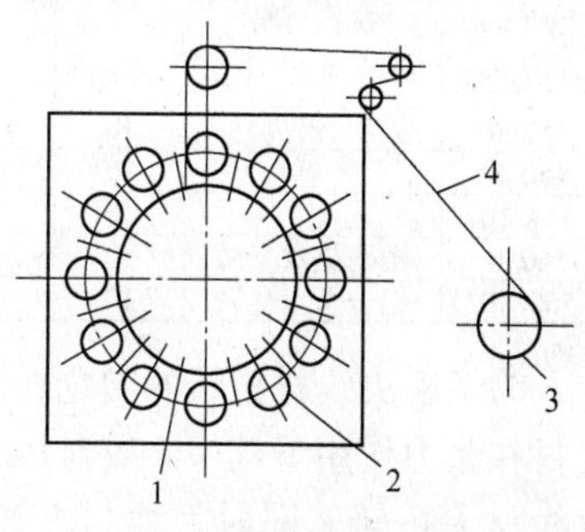

图3-49 圆环形绞盘连续多模拉线机
1—模；2—绞盘；3—卷筒；4—线

根据工作层数的多少，可以将塔形绞盘分为两级和多级。此外还可根据拉拔时的作用将绞盘分为拉拔绞盘和导向绞盘。拉拔绞盘是使线材拉过模子进行拉拔的绞盘，亦称牵引绞盘；导向绞盘是使线材正确进入下一模孔的绞盘。在不同的拉拔机中，有的成对的两个绞盘都是拉拔绞盘。有的一个是导向绞盘，一个是拉拔绞盘。也有的是两个绞盘既作拉拔绞盘，又作导向绞盘。

立式塔形绞盘连续多模拉线机占地面积较大，拉拔速度低，故很少使用。

(4) 多头连续多模拉线机。此种拉线机可同时拉几根线，且每根线通过多个模连续拉拔，其拉拔速度最高可达25~30m/s，使生产率大大提高。

B 无滑动式多模连续拉线机

无滑动多模连续拉线机在拉拔时线与绞盘之间没有相对滑动。

实现无滑动多次拉拔的方式有两种：一种是在每个中间绞盘上积蓄一定数量的线材以调节线的速度及绞盘速度；另一种通过绞盘自动调速来实现线材速度和绞盘的圆周速度完全一致。

(1) 储线式无滑动多模连续拉线机。在这种拉线机上，除了为保证线材与绞盘之间不产生滑动现象而需要在绞盘上至少绕上10圈以外，还需要在绞盘上积蓄更多一些的线圈，以防止由于延伸系数和绞盘转速可能发生变化而引起的各绞盘间秒流量不相适应的情况。在拉拔过程中，根据拉拔条件的变化，线圈数可以自动增加或减少。图3-50为储线式无滑动多模连续拉线机的示意图。除最后一个绞盘外，每一个绞盘都起着拉线和下一道次的放线架作用。此种拉拔机构可用于几个绞盘同时拉拔，亦可单独拉拔。储线式拉线机的技术特性如表3-10所示。

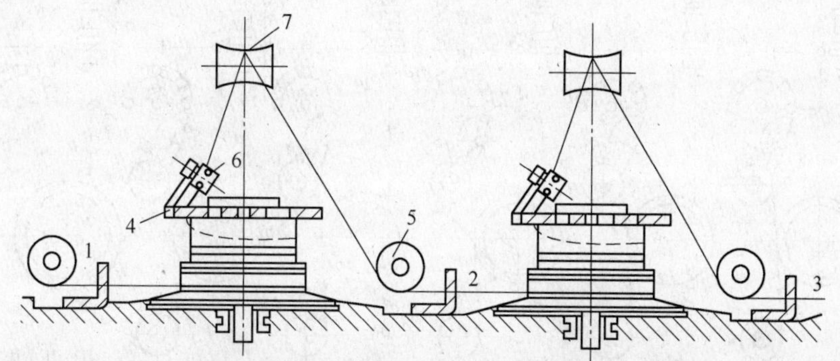

图3-50 储线式无滑动多模连续拉线机示意图
1~3—模子；4—圆环；5~7—导轮

储线式无滑动多模连续拉线机在拉拔过程中线材的行程复杂，不能采用高速拉拔，其拉拔速度一般不大于10m/s。在拉拔时常产生张力和活套，所以它不适于拉细线和极细线。同时，制品在拉拔时可能会受到扭转，因此也不适宜用来拉拔异形线和双金属线。

表 3-10 储线式拉线机技术特性

最大绞盘直径（mm）/拉拔道次	拉拔材料	最大进线直径/mm	出线直径范围/mm	最多拉拔道次	道次延伸系数	绞盘形式	最大绞盘直径/mm	收线盘范围/mm
450/6	铝	10	4.6~3.0	6	约 1.35	单绞盘	450	630/400
450/8	铝	10	3.5~2.0	8	约 1.35	单绞盘	450	630/400
450/10	铝	10	2.5~1.5	10	约 1.35	单绞盘	450	630/400
560/8	铝合金双金属	10	4.6~2.0	8	约 1.35	单绞盘	450	630/400
560/10	铝合金双金属	10	3.0~1.7	10	约 1.35	单绞盘	450	630/400

为了解决线材扭转的问题，发展了一种双绞盘储线式拉线机，其结构如图 3-51 所示。线材在张力作用下从一个绞盘以切线方向走至拉拔模，又从切线方向走向另一个绞盘，因此线材无扭转。同时，线材在绞盘上积蓄线材数量大，其热量几乎可全部被冷却绞盘的水带走。因此这种拉线机可采用很高的速度，双绞盘储线式拉线机结构简单，拉拔线路合理，电气系统也不复杂。

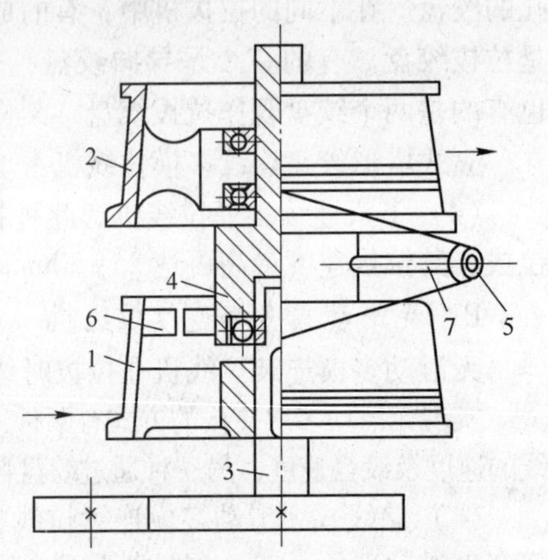

图 3-51 双绞盘储线式拉线机示意图
1—拉拔绞盘；2—储线绞盘；3—主轴；4—套筒；5—导向轮；6—磁性滑动扳手；7—杆

（2）非储线式无滑动多模连续拉线机。非储线式无滑动多模连续拉线机的拉拔绞盘与线材之间无滑动，且在拉拔过程中不允许任何一个中间绞盘上有线材积累或减少。非储线式无滑动多模连续拉线机有活套式和直线式两种形式。本书着重介绍活套式。活套式无滑动多模连续拉线机主要特点是在拉拔过程中绞盘可借张力自动调整，并且借一平衡杠杆的弹簧建立反拉力。图 3-52 为活套式无滑动多模连续拉线机的示意图。

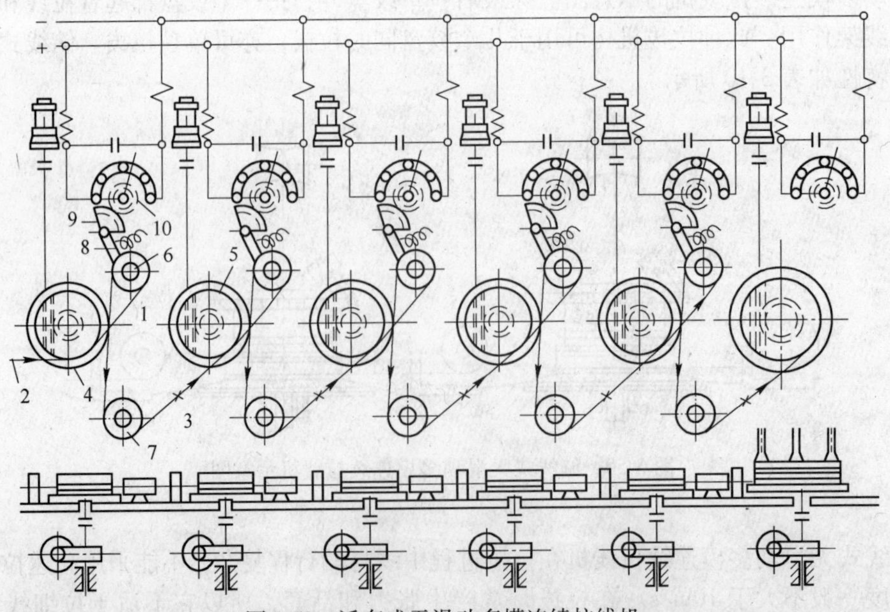

图 3-52 活套式无滑动多模连续拉线机
1—线材；2，3—拉拔模；4，5—绞盘；6—张力轮；7—导向轮；8—平衡杠杆；9—齿扇；10—弹簧

从前一绞盘4出来的线材经过张力轮6和导向轮7进入下一模子3，然后到达下一绞盘5上。在拉拔过程中，当两相邻的拉拔绞盘速度不相适应时，就会在张力轮上产生活套。当拉拔绞盘的速度完全与线材的实际延伸系数相适应时，齿扇9和弹簧10处于平衡位置。绞盘5的速度较快而使线受到张力时，平衡杠杆8将离开平衡位置，绕轴线顺时针转动。通过齿扇9和弹簧10，使控制绞盘4的电动机速度变阻器改变电阻值，于是绞盘4的速度提高，随之线材张力降低。当绞盘5的速度较慢而使线的张力减少时，则发生相反的自动调整。

3.5 拉拔工艺

3.5.1 概述

金属的拉拔工艺主要包括拉拔配模、拉拔润滑等方面的内容。拉拔配模即根据成品的要求，有时包括坯料的尺寸，确定拉拔道次及各道次所需模孔形状、尺寸的工作，也称拉拔道次设计分类。常见的拉拔配模分为单模拉拔配模和多模拉拔配模两类。

单模拉拔配模即坯料每次只通过一个模子的拉拔，而确定每道次拉拔所需拉模尺寸、形状的工作，主要用于管棒型材生产。多模拉拔配模是在一台拉拔机上，坯料每次同时连续通过分布在牵引绞盘之间数个或几十个模子的拉拔，而确定所需拉模尺寸、形状的工作，主要用于线材的拉拔。

拉拔润滑是拉拔生产过程中必不可少的环节。在润滑剂的选取上尤为重要，拉拔润滑剂包括在拉拔时使用的润滑剂和为了形成润滑膜在拉拔前对金属表面进行预处理时所用的预处理剂。

预处理剂用于将润滑剂带入摩擦面，包括碳酸钙肥皂、碳酸盐膜、硼砂膜、草酸盐膜、金属膜、树脂膜等。润滑剂按形态分为湿式润滑剂（包括矿物油、乳液、脂肪酸等）和干式润滑剂（二硫化钼、石墨、肥皂粉等）。

与其他材料塑性加工相同，拉拔制品也存在一定的缺陷，从拉拔线、棒材角度看，制品的主要缺陷有表面裂纹、起皮、麻坑、起刺、内外层力学性能不均匀、中心裂纹等。拉拔管材常见的缺陷有表面划伤、皱折、弯曲、偏心、裂纹、金属压入、断头等，以偏心、皱折最为常见。

除常见的基本拉拔方法外，还有一些特殊的拉拔方法，如无模拉拔、集束拉拔、玻璃膜金属液抽丝、静液挤压拉丝等。

3.5.2 拉拔配模

为了获得一定尺寸、形状、力学性能和表面质量的优良制品，一般要将坯料经过几次拉拔来完成。拉拔配模设计或称为拉拔道次计算，就是根据成品的要求来确定拉拔道次及各道次所需模孔形状、尺寸的工作。

正确的配模设计，除能满足上述要求外，还应尽量保证在减少断头、拉断次数和裂纹、裂口等缺陷的情况下，减少拉拔道次以提高生产率和设备利用率。

拉拔配模一般有以下几类，在拉拔机上，坯料每次只通过一个模子的拉拔称为单模拉拔配模；在一台拉拔机上，坯料每次同时连续通过分布在牵引绞盘之间数个或几十个模子的拉拔，而确定所需拉模尺寸、形状的工作称为多模连续拉拔配模。

拉拔配模的设计原则是：

(1) 最少的拉拔道次，在保证拉拔稳定的条件下，尽可能增大每道次的延伸系数；

(2) 要求拉拔变形尽量均匀，最佳的表面质量，精确的尺寸，保证产品的性能；

(3) 要与现有设备参数、设备能力等相适应。

3.5.2.1 拉拔配模工艺

A 坯料尺寸的确定

在拉拔圆形制品—实心棒、线材以及空心管材时，如果能确定出总加工率，那么根据成品所要求的尺寸就可以确定出坯料的尺寸。在确定总加工率时要考虑诸多方面：

(1) 保证产品的性能。拉拔时，加工率对制品的力学性能和物理性能有很大的影响，拉拔的总加工率直接决定拉拔制品的综合性能。

(2) 操作上的要求。这个问题主要是在管材拉拔时考虑。因为在管材拉拔时不仅有坯料直径的变化，而且还有壁厚的变化。在衬拉时，每道次必须既有减壁量又有减径量。单有减壁量无法装入芯头，拉拔不能进行。另一方面，总减壁量过大，以及总减径量过小的现象是不允许的。

一般在确定管坯尺寸时，总是先定成品管壁厚的尺寸，根据坯料及成品管壁厚计算出减壁所需的道次，然后由此推算与此相应的管坯最小外径。由管坯及成品管壁厚计算减壁所需要的道次数有两种方法。

$$n_s = \ln\frac{s_0}{s_k}\Big/\ln\overline{\lambda}_s \tag{3-68}$$

或者，

$$n_s = s_0 - s_k/\overline{\Delta}_s \tag{3-69}$$

式中 n_s——减壁所需道次数；

s_0，s_k——分别为管坯及成品管壁厚；

$\overline{\lambda}_s$——平均道次壁厚延伸系数；

$\overline{\Delta}_s$——平均道次减壁量。

由管坯及成品外径计算减径所需道次数 n_D 经常用以下方法：

$$n_D = \frac{D_0 - D_k}{\Delta\overline{D}} \tag{3-70}$$

式中 $\Delta\overline{D}$——平均道次减壁量；

D_0，D_k——分别为管坯及成品外径。

(3) 保证产品表面质量。由于坯料存在划伤、夹灰等各种缺陷。鉴于拉拔的特点，坯料中的一些缺陷会随着拉拔道次和变形量的增加而逐渐暴露于制品的表面，但可以及时去除。在生产金属管材时为保证表面质量，根据生产实践，各种金属管材所用管坯的壁厚皆有一定的最小加工余量，如表 3-11 所示。

(4) 根据坯料制造的条件及坯料具体情况选定。另外，若管坯的偏心比较严重，那么管坯直径的尺寸应选大些。综上所述，在保证质量的前提下，应努力提高生产率，坯料断面尺寸尽可能的取小为好。关于坯料的尺寸应该结合实际条件通过计算加以确定。

表 3-11 管坯壁厚余量

合 金	管坯壁厚余量 (s_0-s_k)/mm	合 金	管坯壁厚余量 (s_0-s_k)/mm
紫 铜 黄 铜	1~3.5 1~2	青 铜	1~2

在拉制异形管坯时，虽然坯料尺寸确定原则相差无几，但是其尺寸的确定却有自己的特点。根据坯料与异形管材的外形轮廓长度来确定，为了使圆形管坯在异形拉模内能充满，应使管坯的外形尺寸等于或稍大于异形管材的外形尺寸。

计算异形管材所用圆形坯料（见图 3-53）的直径，按下列算式近似计算：

六角形 $$D_0 = \frac{\pi}{6}a = 1.91a$$

椭圆形 $$D_0 = \frac{a+b}{2}$$

正方形 $$D_0 = \frac{\pi}{4}a = 1.27a$$

矩形 $$D_0 = \frac{2}{\pi}(a+b)$$

为了保证空拉成形时，棱角能充满，实际上所用坯料直径要大于计算值的 3%~5%。实心坯料尺寸计算与圆棒的一样，但是还应考虑如下几个方面：1）成品型材的断面轮廓要限于坯料轮廓之内；2）成型各部分的延伸系数尽可能相等；3）形状要逐渐过渡，并有一定量的过渡道次。

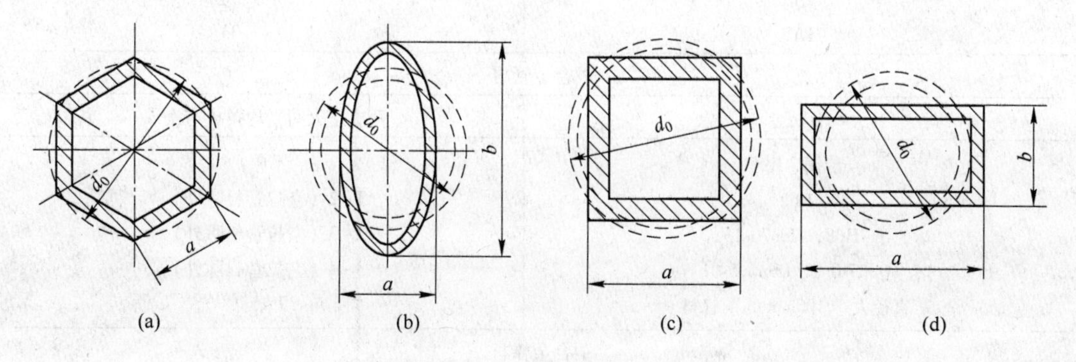

图 3-53 异形管材所用坯料
（a）六角形；（b）椭圆形；（c）正方形；（d）矩形

B 中间退火次数的确定

坯料在拉拔过程中会产生加工硬化，塑性降低，使道次加工率减小，甚至频繁出现断头、拉断现象。因此需要进行中间退火以恢复金属的塑性。中间退火次数用下式确定：

$$N = \frac{\ln\lambda_{\Sigma}}{\ln\lambda'} - 1 \tag{3-71}$$

式中 N——中间退火次数；

λ_{Σ}——由坯料至成品总延伸系数；

$\overline{\lambda'}$——两次退火之间的平均总延伸系数。

对固定短芯头拉管，中间退火次数还可以用下式计算：

$$N = \frac{s_0 - s_k}{\Delta \bar{s}'} - 1 \tag{3-72}$$

或者，

$$N = \frac{n}{\bar{n}} - 1 \tag{3-73}$$

式中 s_0，s_k——分别为坯料与成品管壁厚，mm；

$\Delta \bar{s}'$——两次退火间的总平均减壁量，mm；

n——总拉拔次数；

$\bar{n}$——两次退火间的平均拉拔道次数。

中间退火次数的关键是$\overline{\lambda'}$值，$\overline{\lambda'}$太大或太小都会影响生产效率和成品率。如果$\overline{\lambda'}$太小，则金属塑性不能充分利用，会增加中间退火次数。反之，则中间退火次数虽小，但容易造成裂纹、断头等缺陷。表 3-12 为$\overline{\lambda'}$和 $\bar{n}$ 的经验值。

表 3-12 $\overline{\lambda'}$和 $\bar{n}$ 的经验值

铝合金管材	
合 金	两次退火间平均总延伸系数$\overline{\lambda'}$
L1~L6，LF21，LD2	1.42~1.50
LY11	1.33~1.54
LY12	1.25~1.43
LY2	1.25~1.56
LY3	1.19~1.33
铜合金管材	
合 金	两次退火间平均拉拔道次 $\bar{n}$
紫铜，H96	不限
H62	1~2（空拉管材除外）
H68，HSn70-1	1~3（空拉管材除外）
QSn7-0.2，QSn6.5-01	3~4（空拉管材除外）
直径大于 100mm 的铜管材	1~5
铜合金棒材	
合 金	两次退火间平均总延伸系数$\overline{\lambda'}$
紫铜	不限
H62，HPb59-1	1.2~1.4
H68，HSn70-1	1.5~2.2
QSn7-0.2，QSn65-0.1	1.28~1.60

C 拉拔道次及道次延伸系数分配

（1）拉拔道次的确定。根据总延伸系数 λ_{Σ} 和道次的平均延伸系数$\bar{\lambda}$，确定拉拔道次 n'：

$$n' = \frac{\ln\lambda_{\Sigma}}{\ln\lambda} \tag{3-74}$$

或者由道次最大延伸系数 λ_{max} 计算拉拔道次 n'，即：

$$n' = \frac{\ln\lambda_{\Sigma}}{\ln\lambda_{max}} \tag{3-75}$$

然后选择实际拉拔道次 n。

(2) 道次延伸系数的分配。根据材料的延伸系数 λ 与抗拉强度 σ_b 的关系曲线，近似地确定各道次延伸系数。通常在允许延伸系数范围内，延伸系数 λ 与抗拉强度近似呈线性关系，则：

$$\lambda_2 = \lambda_1 \frac{\sigma_{b1}}{\sigma_{b2}};\ \lambda_3 = \lambda_1 \frac{\sigma_{b1}}{\sigma_{b3}};\ \cdots;\ \lambda_n = \lambda_1 \frac{\sigma_{b1}}{\sigma_{bn}}$$

$$\lambda_{\Sigma} = \lambda_1\lambda_2\lambda_3\cdots\lambda_n = \lambda_n \frac{\lambda_{b_1}^{n-1}}{\sigma_1\sigma_2\sigma_3\cdots\sigma_n} \tag{3-76}$$

又由于在 $\lambda_1 \sim \lambda\Sigma$ 范围内，σ_b 近似呈直线变化，即 $\sigma_b - \sigma_{b_1} \approx (n-1)\Delta\sigma_b$

$$\lambda_{\Sigma} = \frac{\lambda_1^n \sigma_1^{n-1}}{(\sigma_{b_1} + \Delta\sigma_b)(\sigma_{b_1} + 2\Delta\sigma_b)\cdots[\sigma_{b_1} + (n-1)\Delta\sigma_b]} \tag{3-77}$$

综上所述，根据以上式子足以确定各道次的延伸系数。

D　计算拉拔力校核各道次的安全系数

对每一道次的拉拔力都要进行计算，从而确定出每一道次的安全系数。安全系数要适当，必要时应重新设计计算。

3.5.2.2　拉拔配模设计

A　圆棒拉拔配模

一般来说，圆棒拉拔配模有三种情况：(1) 给定成品尺寸，计算各道次的尺寸；(2) 给定成品尺寸并要求获得一定力学性能；(3) 只要求成品尺寸。

对最后一种情况，在保证制品质量的前提下，使坯料的尺寸尽可能接近成品尺寸，以求通过最少道次拉拔出成品。

B　型材拉拔配模

用拉拔方法可以生产大量各种形状的型材，如三角形、正方形、矩形、六角形等断面形状复杂的型材。设计型材拉拔配模的关键是尽量减少变形不均匀性，正确地确定原始坯料的形状与尺寸。

设计型材拉拔模孔时应该考虑如下原则：

(1) 拉拔时，要求成品型材的外形必须包括在坯料外形之中。因为实现拉拔变形的首要条件是拉力，材料的横向尺寸难以增加。

(2) 为了使变形均匀，坯料各部分尽可能受到相等的延伸变形。

(3) 拉拔时要求坯料与模孔各部分同时接触，否则由于未被压缩部分的强迫延伸而影响制品形状的精确性。为了使坯料进模孔后能同时变形，各部分的模角亦应不同。

(4) 对带有锐角的型材，只能在拉拔过程中逐渐减小到所要求的角度。不允许中间带有锐角，更不得由锐角变为钝角。因为拉拔型材时，特别是复杂断面型材，一般道次较多而延伸系数则不大，这将导致金属塑性降低，在棱角处因应力集中而出现裂纹。

总之，型材模孔设计的关键是使坯料各部分同时得到尽可能均匀的压缩。

根据上述各原则，在实际生产中常常采用 B. B. 兹维列夫提出的“图解设计法”进行型材配模设计。

“图解设计法”的步骤如下（见图 3-54）：

1）选择与成品形状相近，但又简单的坯料，坯料的断面尺寸应满足制品的力学性能和表面质量的要求。

2）参考与成品同种金属、断面积又相等的圆断面制品的配模设计，初步确定拉拔道次延伸系数及各道次的断面积。

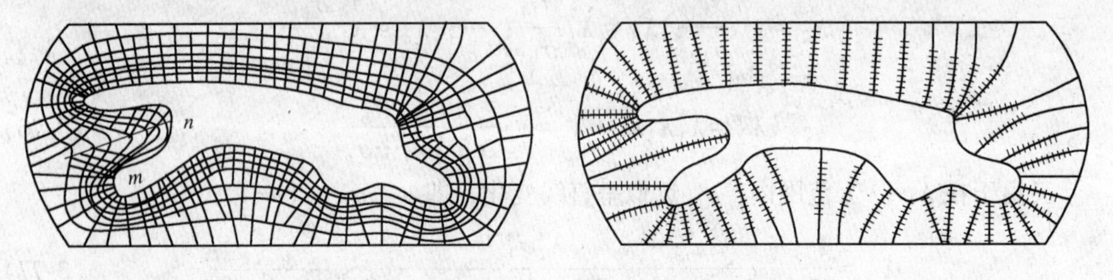

图 3-54 用图解法设计空心导线的型线配模

3）将坯料和成品断面的形状放大 10~20 倍，然后将成品的图形置于坯料的断面外形轮廓中，在使它们的重心尽可能重合的同时，力求坯料与型材轮廓之间的最短距离在各处相差不大，以便使变形均匀。

4）根据型材断面的复杂程度，在坯料外形轮廓上分 30~60 个等距离的点。通过这些点作垂直于坯料与型材外形轮廓且长度最短的曲线。这些曲线应该是金属变形时的流线。在画金属流线时应该注意到这些特点：金属质点在向型材外形轮廓凸起部分流动时彼此逐渐靠近；而向其凹陷的部分流动时彼此逐渐散开。

5）按照$\sqrt{F_0}-\sqrt{F_1}$，$\sqrt{F_1}-\sqrt{F_2}$，…，$\sqrt{F_{k-1}}-\sqrt{F_k}$值比例将各金属流线分段。然后将相同的段用曲线圆滑地连接起来，这样就画出了各模子定径区的断面形状。为了获得正确的正交网，在金属流线比较疏的部分可作辅助的金属流线。

6）设计模孔，计算拉拔应力和校核安全系数。

C 圆管拉拔配模

（1）空拉管材配模设计。对于直径小于 $\phi16\sim20$mm 的管子，由于放芯头困难，为了操作方便，提高生产率，常采用空拉。只有对于内表面质量要求高的毛细管、散热管，尽管在其直径小于 $\phi6\sim10$mm 时也仍采用衬拉。在确定空拉道次变形量时，除了要考虑金属出模口的强度以防拉断外，还应考虑管子在变形时的稳定性的问题。特别是对薄壁管来说，决定道次加工率的因素已不再是强度，而是它的稳定性。也就是说，当压缩量增加到一定程度时，管子将产生纵向凹陷。为了防止凹陷，一般认为在 $\alpha=10°\sim15°$时，空拉道次减径量的值不超过壁厚 6 倍是稳定的，即 $D_0-D_1<6s_0$。

最大道次变形量还和棱角以及 s_0/D_0 比值有关。由图 3-55 可知，当 $\alpha=8°$，$s_0/D_0=0.04\sim0.10$ 时，变形量可达 30%~40%；当 $s_0/D_0=0.10\sim0.18$ 时，变形量为 25%左右，

当 $s_0/D_0=0.20\sim0.25$ 时，变形量只有 18%左右；而当 $s_0/D_0=0.25$ 时，变形量仅为 13%左右。若超过以上变形量时，可能被拉断。

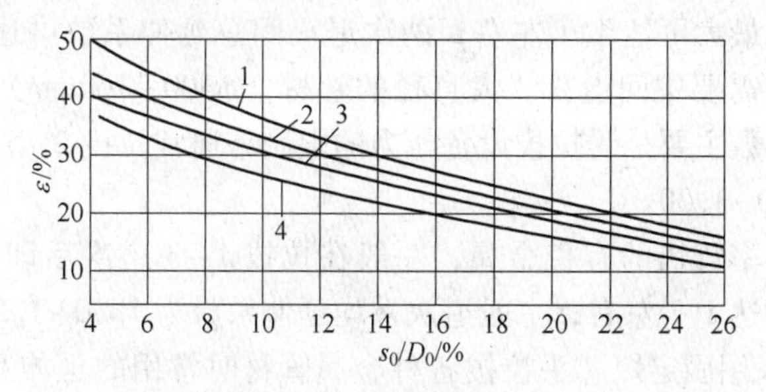

图 3-55　最大道次变形量与模角及 s_0/D_0 的关系

1—$\alpha=12°$；2—$\alpha=20°$；3—$\alpha=8°$；4—$\alpha=3°$

由图还可知，对于小直径管材拉拔，当棱角 $\alpha=12°$时最有利，也就是说在管坯 s_0/D_0 值一定的情况下，可以使用较大的变形量。

在生产中，空拉时的道次极限延伸系数可达 1.5~1.8，一般以 1.4~1.5 为宜。外径一次减缩量为 2~7mm，其中小管用下限，大管用上限。空拉时的减径量过大或过小对管子质量和拉拔生产都不利。对于空拉时管子壁厚的变化，近 20 年来出现了一些计算公式，现推荐以下公式。

前苏联学者 M.З. 耶尔曼诺克曾较系统地对各种空拉管壁厚变化计算公式进行理论分析与实验比较，指出 Г.А. 斯米尔诺夫·阿利亚耶夫提出的壁厚公式与实验数据比较吻合，公式如下：

$$\ln\frac{s_1}{s_0}=\frac{\ln\left(\frac{D_0}{D_1}\right)^{2\theta}-(1+\Delta)\ln\left[3\Delta^2+\left(\frac{D_0}{D_1}\right)^{2\theta}\Big/(3\Delta^2)\right]+1}{2\theta\Delta} \tag{3-78}$$

$$\Delta=\frac{d_0}{D_0}=\frac{D_0-2s_0}{D_0}$$

$$\theta=1+f\cot\alpha$$

式中　D_0，d_0，s_0——拉拔前管坯的外径、内径与壁厚；

D_1，s_1——拉拔后管子外径与壁厚。

另外，Ю.Ф. 舍瓦金公式计算比较简单，其公式为：

$$\frac{\Delta s}{s_0}=\frac{1}{6}\left[3-10\left(\frac{s_0}{D_0}\right)^2-13\left(\frac{s_0}{D_0}\right)\right]\frac{\Delta D}{D_0-s_0} \tag{3-79}$$

式中　Δs——空拉前、后管子壁厚差；

ΔD——空拉前、后管子外径差。

在实际生产中，空拉壁厚的变化往往采用经验数据。表 3-13 所列部分数据，是管子空拉时壁厚增厚的条件下，管坯外径每减少 1mm 的壁厚增量。

表 3-13　管子外径每减少 1mm 的壁厚增量

合　金	壁厚增量/mm	合　金	壁厚增量/mm
T1~T4	0.014~0.024	LF2	0.02
H62	0.016~0.030	LF21	0.02~0.03
LY12，LY11	0.020~0.035	LD2	0.014~0.020

（2）固定短芯头拉管配模设计。固定芯头拉拔所用的坯料可以由挤压、冷轧管等供给，在拉拔时，由于金属与芯头接触摩擦面较大，所以道次延伸系数较小。对塑性良好的金属，道次延伸系数最大可达 1.7 左右，两次退火间总延伸系数可达 10，一般来说，可以一直拉到成品而不需要中间退火。大直径的管材（ϕ300～160mm）的道次延伸系数和两次退火间的延伸系数主要是受拉拔设备能力的限制，通常拉拔 2～5 道次后要退火一次，道次延伸系数为 1.10～1.30。

对于钢及冷却速率较快的有色金属，一般在拉拔 1～3 道次后即需要进行中间退火，道次延伸系数最大可达 1.7 左右，一般道次平均延伸系数为 1.30～1.50。

表 3-14 是国内采用固定短芯头拉拔各种金属管材时常用的延伸系数。固定短芯头拉拔时，管子外径减缩量一般为 2～8mm，其中小管用下限，大管用上限。只有对 ϕ200mm 以上的退火紫铜管，其减径量达 10～12mm。道次减径量不宜过大，以免形成过长的“空拉头”，即管子前端未与芯头接触的厚壁部分。此外，还会使金属的塑性不能有效地用于减壁上，因为衬拉的目的主要使管坯的壁厚变薄。也就是说，在衬拉配模时应该遵循“少缩多薄”的原则。“少缩多薄”也有利于减小不均匀变形，减少空拉阶段时的壁厚增量及使芯头很好的对中，减少管子偏心。对铝合金管，剪径量过大还会降低其内表面质量。

表 3-14　各种金属及合金管材固定短芯头拉拔时的道次减壁量

管坯壁厚	紫铜、H96、铝、LF21	H68、H62、HSn70-1、LY11、LY12		HPb59-1、HSn62-1、LF5、LF11、LF12		镍及镍合金	白铜	QSn4-0.3
		退火后第一道	第二道	退火后第一道	第二道			
<1.0	0.2	0.2	0.1	0.15	—	0.15	0.20	0.15
1.0～1.5	0.4～0.6	0.3	0.15	0.2	—	0.20	0.30	0.30
1.5～2.0	0.5～0.7	0.4	0.20	0.2	—	0.30	0.40	0.40
2.0～3.0	0.6～0.8	0.5	0.25	0.25	—	0.40	0.50	0.50
3.0～5.0	0.8～1.0	0.6～0.8	0.1～0.3	0.30	—	0.50	0.55	0.50
5.0～7.0	1.0～1.4	0.8	0.3～0.4	—	—	0.65	0.70	0.70
≥7.0	1.2～1.5	—	—	—	—	—	—	—

在拟定拉拔配模时，为了便于向管子里放入芯头，任一道次拉拔前管子内径 d_n 必须大于芯头的直径 d'_n，一般为

$$d_n - d'_n \geqslant a \tag{3-80}$$

式中，a=2～3mm。

因此，管坯的内径 d_0 与成品管材内径 d_k 之差，必须满足下列条件：

$$d_0 - d_k \geqslant na \tag{3-81}$$

式中　n——拉拔道次。

管材每道次的平均延伸系数要遵守下列关系

$$\lambda_{\Sigma} = \frac{F_0}{F_k} = \frac{\pi(D_0-s_0)}{\pi(D_k-s_k)s_k} = \lambda_{\overline{D}_{\Sigma}}\lambda_{S_{\Sigma}} \tag{3-82}$$

$$\overline{\lambda} = \sqrt[n]{\lambda_{\Sigma}} = \sqrt[n]{\lambda_{\overline{D}_{\Sigma}}\lambda_{S_{\Sigma}}} = \overline{\lambda}_{\overline{D}}\overline{\lambda}_s \tag{3-83}$$

式中 $\lambda_{\overline{D}_{\Sigma}}$，$\lambda_{S_{\Sigma}}$——分别为与总延伸系数 λ_{Σ} 相对应的管子平均直径总延伸系数和壁厚总延伸系数；

$\overline{\lambda}_{\overline{D}}$，$\overline{\lambda}_{s}$——分别为管子道次的平均直径延伸系数与壁厚平均延伸系数。

上式说明，管子每道次的平均延伸系数 $\overline{\lambda}$，等于相应的平均直径延伸系数 $\overline{\lambda}_{\overline{D}}$ 与壁厚平均延伸系数 $\overline{\lambda}_{s}$ 的乘积。表 3-15 为管材固定短芯头拉拔时的直径与壁厚道次延伸系数。

表 3-15 管材固定短芯头拉拔时的直径与壁厚道次延伸系数

金属与合金	管子拉拔前内径/mm	采用的道次延伸系数	
		$\lambda_{\overline{D}}$	λ_{s}
紫铜	4~12	1.25~1.35	1.13~1.18
	13~30	1.35~1.30	1.15~1.13
	31~60	1.30~1.18	1.13~1.10
	61~100	1.18~1.03	1.10~1.03
	>100	1.03~1.02	1.03~1.02
黄铜	4~12	1.25~1.35	1.13~1.18
	13~30	1.30~1.25	1.16~1.15
	31~60	1.25~1.10	1.15~1.06
	60~100	1.10~1.08	1.06~1.02
铝及其合金	14~20	1.18~1.28	1.10~1.15
	21~30	1.18~1.13	1.14~1.08
	31~50	1.12~1.11	1.06~1.05
	51~80	1.10~1.09	1.02~1.01
	81~100	1.09~1.08	1.02~1.015
	>100	1.07~1.05	1.02~1.01

另外，在保证管子力学性能条件下，为了获得光洁的表面，管坯壁厚 s_0 必须大于成品管壁厚 s_k。当 $s_k \leqslant 4.00$mm 时，$s_0 \geqslant s_k+1\sim2$mm；当 $s_k>4.00$mm 时，$s_0 \geqslant 1.5s_k$。

（3）游动芯头拉管配模设计。游动芯头拉拔与固定短芯头拉拔相比较，具有许多的优点。如，它可以改善产品的质量，扩大产品品种；可以大大地提高拉拔速度；道次加工率大，对紫铜固定短芯头拉拔，延伸系数不超过 1.5，用游动芯头可达 1.9；工具的使用寿命高，在拉拔 H68 管材时比固定短芯头的长 1~3 倍，特别是对拉拔铝合金等易黏结金属材料效果更显著；有利于实现生产过程的机械化和自动化。

除了遵守前面的原则以外，还应该注意，减壁量必须有相应的减径量配合，不满足此条件将导致管内壁在拉拔时与大圆柱段接触，破坏了力学平衡条件，其结果使拉拔过程不能正常进行。

当模角 $\alpha=12°$，芯头锥角 $\alpha_1=9°$时，减径量与减壁量应该满足以下关系：

$$D_1 - d \geqslant 6\Delta s \tag{3-84}$$

即芯头小圆柱段直径差应大于该道次拉拔减壁量的 6 倍。实际上，由于在正常拉拔时芯头不处于前极限位置，所以在 $D_1-d<6\Delta s$ 时仍可以拉拔。D_1-d 与 Δs 之间的关系取决于工艺条件，根据现场经验，在 $\alpha=12°$、$\alpha_1=9°$，用乳液润滑拉拔铜合金管材时，式（3-84）可以改变为：

$$D_1 - d \geqslant (3 \sim 4)\Delta s \tag{3-85}$$

由于在配模时必须遵守上述条件，与用其他衬拉方法相比，使游动芯头拉拔的应用受到一定的限制。游动芯头拉拔铜、铝及合金的延伸系数列于表3-16、表3-17。

表3-16　铜及其合金游动芯头直线拉拔的延伸系数

合　金	道次最大延伸系数		平均道次延伸系数	两次退火间延伸系数
	第一道	第二道		
紫铜	1.72	1.90	1.65~1.75	不限
HAl77-2	1.92	1.58	1.70	3
H68，HSn70-1	1.80	1.50	1.65	2.5
H62	1.65	1.40	1.50	2.2

表3-17　ϕ20~30mm 铝管直线与盘管拉拔时最佳延伸系数

道　次	14.7kN 链式拉拔机		ϕ1525mm 圆盘拉拔机	
	道次延伸系数	总延伸系数	道次延伸系数	总延伸系数
1	1.92		1.71	
2	1.83	3.51	1.67	2.85
3	1.76	6.20	1.61	4.60

D　多模连续拉拔配模

与一般单模拉拔配模不同，多模连续拉拔配模时的延伸系数分配与拉线机原始设计的绞盘速比有关。对储线式无滑动拉线机，由于各绞盘上的线圈储量可以调节拉拔过程，故对配模的要求很严格。对滑动式拉线机，则应根据 $\lambda_n > \gamma_n$ 条件按一定的润滑系数确定各拉模的孔径。延伸系数的分配有等值的与递减的两种。目前在大拉机上对铜多采用递减的延伸系数，对铝则用等值的延伸系数；在中、小、细与微拉机上也采用等值延伸系数。道次延伸系数一般为1.26。但是，由于拉线速度的不断提高，为了减少断线次数将道次延伸系数降至1.24左右。对大拉机，由于拉拔的线较粗，速度又低，故道次延伸系数可达1.43左右。为了控制出线尺寸的精度，一些拉线机，如小拉与细拉线机上最后一道次的延伸系数很小，大约为1.16~1.06。此外，为了提高线材的质量和减少绞盘的磨损，趋向于采用百分之几到15%的滑动率配模。线材连续拉拔配模的具体步骤如下：

（1）根据所拉拔的线材和线坯直径选择拉线机，在正常情况下，拉线消耗的功率不会超过拉线机的功率。

（2）计算由线坯到成品的延伸系数、道次及延伸系数的分配。

（3）根据现有拉线机说明书查各道次的绞盘速比，并计算总的速比：

$$\gamma_\Sigma = \frac{v_k}{v_1} = \gamma_2 \gamma_3 \gamma_4 \cdots \gamma_k$$

（4）根据总延伸系数 λ_Σ 和总的速比 γ_Σ，计算总的相对滑动系数 τ_Σ。

$$\tau_\Sigma = \frac{\lambda_\Sigma / \lambda_1}{\gamma_\Sigma}$$

（5）确定平均相对滑动系数 $\bar{\tau}$。$\bar{\tau} = \sqrt[k-1]{\tau_\Sigma}$。

（6）根据值的大小，按照前面的各道次延伸系数分配原则分配 τ_1，τ_2，τ_3，…，τ_k 的值，并计算 λ_1，λ_2，λ_3，…，λ_k 的值。有时要计算拉拔力、安全系数，一般情况下就直接上机试用。

3.5.3 拉拔润滑

3.5.3.1 拉拔润滑剂的要求

拉拔润滑剂应满足拉拔工艺、经济与环保等方面的要求。由于拉拔的方式、条件与产品品种的不同，对润滑剂的要求也有所不同。但是，对拉拔润滑剂的一般要求，可概括如下几方面：

（1）对工具与变形金属表面有较强的黏附能力和耐压性能，在高压下能形成稳定的润滑膜。

（2）要有适当的黏度，保证润滑层有一定的厚度，并且有较小的流动剪切应力。

（3）对工具及变形金属有一定的化学稳定性。

（4）温度对润滑剂的性能影响小，且能有效地冷却模具与金属。

（5）对人体无害，环境污染小。

（6）应保证使用与清理方便。

（7）有适当的闪点和着火点。

（8）成本低，资源丰富。

3.5.3.2 拉拔润滑剂的种类

拉拔润滑剂包括在拉拔时使用的润滑剂和为了形成润滑膜在拉拔前对金属表面进行预处理时采用的预处理剂。某些金属构成润滑膜的吸附层很慢或要求采取大量的措施，或者根本不形成吸附层。在这种情况下，可对金属表面进行预先处理，其中包括有镀铜、阳极氧化，以及用磷酸盐、草酸盐等。在不允许或不可能形成吸附层时，所采用的润滑剂必须具有附着性能和足够的黏度。

3.5.3.3 预处理剂

预处理剂具有把润滑剂代入摩擦表面的功能，润滑剂与预处理剂形成整体的润滑膜。因此，从广义上说，预处理剂也是润滑剂，预处理剂主要有以下几种：

（1）碳酸钙肥皂。最常用的一种预处理剂，适用于大多数情况。

（2）磷酸盐膜。磷酸盐膜的主要成分是磷酸锌及磷酸，在预处理液中，钢材表面化学反应式如下：

$$Fe + 2H_3PO_4 \longrightarrow Fe(H_2PO_4)_2 + H_2\uparrow \qquad 3Zn(H_2PO_4)_2 \longrightarrow Zn_3(PO_4)_2 + 4H_3PO_4$$

前式先起反应，若磷酸减少，那么后式进行分解，不溶于水的磷酸锌开始结晶成长，覆盖于钢材的表面，而形成紧密粘附的皮膜。溶解的磷酸亚铁，在催化剂作用下，使磷酸铁以泥浆形式沉淀。

$$Fe(H_2PO_4)_2 + NaNO_2 \longrightarrow FePO_4 + NaH_2PO_4 + NO\uparrow + H_2O$$

实际磷酸盐膜的组成是多孔的 $Zn_3(PO_4)_2 \cdot 4H_2O$ 和 $Zn_2Fe(H_2PO_4)_2 \cdot 4H_2O$ 的混合物。泥浆若影响膜的形成可更换掉。

（3）硼砂膜。硼砂膜（$Na_2B_2O_7 \cdot 10H_2O$）制成 80℃的饱和溶液，将钢材浸渍、干燥而形成硼砂膜，黏性好。

(4) 草酸盐膜、金属膜、树脂膜。由于对含 Cr、Ni 较高的不锈钢及镍合金磷化处理不能很好形成磷酸盐膜，所以一般采用草酸作为预处理剂，形成草酸盐膜。另外，不锈钢及镍合金有时采用铜作为预处理剂，使其表面形成金属膜，或者采用氯和氟的树脂膜。

3.5.3.4 润滑剂

润滑剂按其形态可以分为湿式润滑剂和干式润滑剂，下面分别加以叙述。

A 湿式润滑剂

湿式润滑剂使用比较广泛，大致有以下几种：

1) 矿物油。纯矿物油只适合有色金属细线的拉拔，但是矿物油的润滑性质可以通过添加剂改变，扩大其应用范围。

2) 脂肪酸、脂肪酸皂、动植物油脂、高级醇类和松香。金属拉拔时，此类润滑剂可以作为添加剂添加到矿物油中，增强矿物油的润滑能力。

3) 乳液。乳液通常由水、矿物油和乳化剂所组成，其中水主要起冷却作用，矿物油起润滑作用，乳化剂使油水乳化，并在一定程度上增加润滑性能。

目前有色金属拉拔所使用的乳液是由 80%~85%机油或变压器油、10%~15%的三乙醇胺配置成乳剂之后，再与 90%~97%的水搅拌成乳液，供生产使用。

B 干式润滑剂

与湿式润滑剂相比较，干式润滑剂有承载能力强、使用温度范围宽的优点，并且在低速或高真空中也能发挥出良好的润滑作用。干式润滑剂种类很多，但最常用的是层状的石墨与二硫化钼等。

3.5.3.5 不同金属材料拉拔时的润滑

A 钢材拉拔时的润滑

钢材拉拔润滑方法一般有化学处理法、树脂处理法、油润滑法等。各种润滑方法的特点如表 3-18 所示。

表 3-18 各种拉拔润滑方法的特点

润滑方法	润滑膜的种类	钢种（润滑对象）	特 点
化学处理方法	磷酸盐+硬脂酸盐 草酸盐+硬脂酸盐	碳素钢、低合金钢 不锈钢、高温合金钢	抗粘接性好，润滑性好；工序繁琐；废液需处理
树脂膜法	氯化树脂+高压润滑油	高温合金钢	抗粘接性良好；工序多；需要有机溶剂；费用高
油润滑法	高压润滑油	所有钢种	抗粘接性差；工序简单

钢管拉拔润滑主要采用这三种方法，其润滑工艺如图 3-56 所示。

钢线及型钢拉拔润滑工艺与管材拉拔润滑工艺基本相同。

钢材拉拔所使用的干式润滑剂的成分主要是金属肥皂类和无机物质，并加入百分之几的添加剂。湿式润滑剂一般采用 3%~5%的肥皂水溶液作为冷却润滑剂，这种润滑剂比较经济方便，并有洗涤作用。也有采用乳液作为冷却润滑剂的，应用在高速拉拔钢管及铜线等。拉拔不锈钢或镍合金时，有时则直接用氯化石蜡润滑。

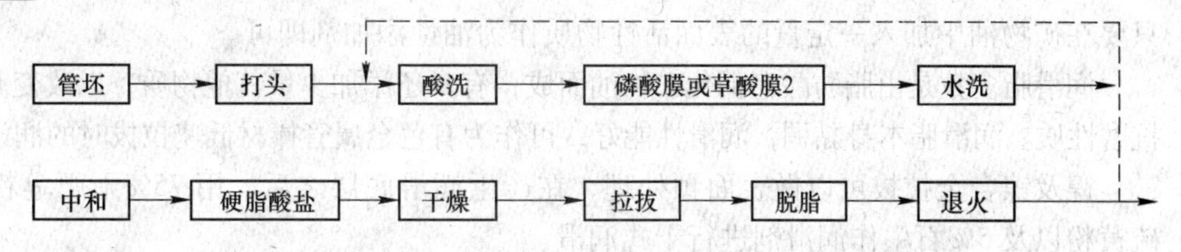

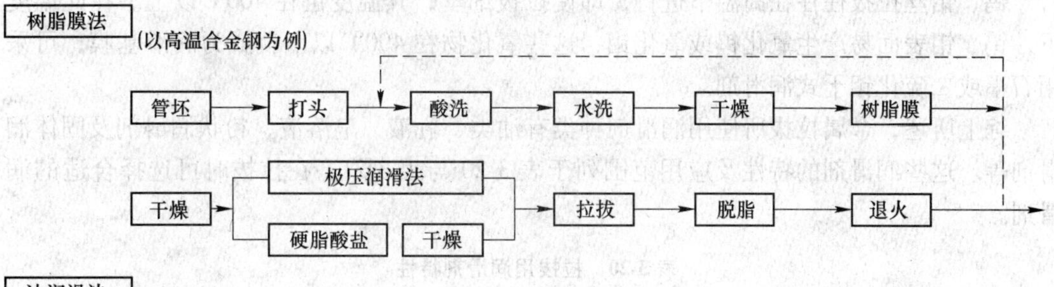

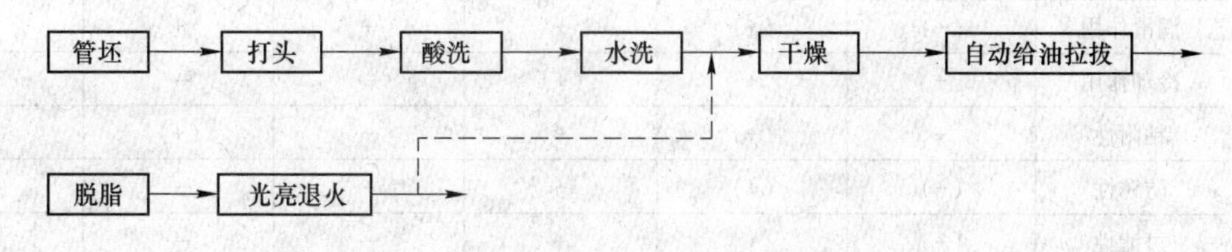

图 3-56 拉拔钢管时的润滑工艺比较

B 有色金属拉拔时的润滑

拉拔不同的有色金属与合金的各种制品所采用的润滑剂是不同的，表 3-19 为有色金属拉拔时所采用的润滑剂。

表 3-19 有色金属拉拔时常用的润滑剂

制品	金属与合金	润滑剂成分
管材	铝及铝合金	机油；重油
	紫铜、黄铜	1%肥皂+4%切削油+0.2%火碱+水
	青铜、白铜	1%肥皂+4%切削油+0.2%火碱+水
	镍与镍合金	1%肥皂+4%切削油+0.2%火碱+适量油酸+水
棒材	紫铜	50%~60%机油+40%~50%洗油
	H62，H68	机油
	H59-1	切削油
材质	紫铜，H68，H62	机油；切削油；切削油水溶液；菜油
	H59-1	机油；切削油；切削油水溶液；菜油
	铝及其合金	11 号或 38 号汽缸油；11 号或 38 号汽缸油+5%~15%锭子油
	钽、铌	蜂蜡；石蜡
	钨、钼	石墨乳

有色金属拉拔不一定需要百分之百的表面活性物质作为润滑剂，为达到润滑的目的，只要在矿物油中加入一定量的表面活性物质作为油性添加剂即可。

润滑脂多数是由脂肪酸皂稠化矿物油而成，有时还添加少量其他物质，以改变其润滑和抗磨性质。润滑脂本身黏稠，润滑性能好，可作为有色金属管棒材低速拉拔时的润滑剂。

镍及镍合金拉拔可以做表面预处理，在产生润滑底层之后，用75%干肥皂粉和20%硫黄粉以及5%石墨作润滑剂进行干式润滑。

钨、钼丝拉拔往往在高温下进行，即使拉拔细丝，其温度也在400℃以上。在此温度下，钨、钼表面易产生氧化钨或氧化钼，这些氧化物在400℃以上就成为润滑基膜，可采用石墨或二硫化钼干式润滑剂。

综上所述，金属拉拔所使用润滑剂种类有油类、乳液、皂溶液、粉状润滑剂及固体润滑剂等。这些润滑剂的特性及应用范围列于表3-20与表3-21，在拉拔时可选择合适的润滑剂。

表3-20 拉拔用润滑剂特性

项 目	乳 液	皂溶液	油	润滑脂	肥皂粉	固体润滑剂
润滑作用	(+)	(+)	+	+	+	+
冷却作用	+	+	(+)	—	—	—
粘附性	+	(+)	+	+	(+)	—
防锈性	(+)	(+)	+	+	—	(+)
过滤性	(+)	+	+	—	—	—

注：+表示推荐使用；(+) 表示限制使用；—表示不能用。

表3-21 不同金属拉拔时适用的润滑剂

润滑剂种类＼金属类别	钢	黄铜	青铜	轻金属	钨、钼
油	+	+	+	—	—
乳液	+	+	(+)	+	—
皂溶液	+	+	—	—	—
润滑脂	+	+	+	+	—
肥皂粉	+	—	+	(+)	—
石墨、二硫化钼	+	—	—	—	+

注：+表示推荐使用；(+) 表示限制使用；—表示不能用。

3.5.4 产品质量分析与缺陷消除

3.5.4.1 实心材的主要缺陷及消除

从拉拔角度来看，制品的主要缺陷有表面裂纹、起皮、麻坑、起刺、内外层力学性能不均匀、中心裂纹等。在此仅对实心棒材、线材常见的中心裂纹与表面裂纹加以分析。

A 中心裂纹

一般来说，无论是锻造坯料还是挤压、轧制坯料，都存在内外层的力学性能不均匀的问题，即内层的强度低于表面层。又由拉拔时应力分布规律可知，在塑性变形区内中心层上的轴向主拉应力大于周边层的，因此常常在中心层上的拉拔应力首先超过材料强度极限，造成拉裂，如图3-57所示。

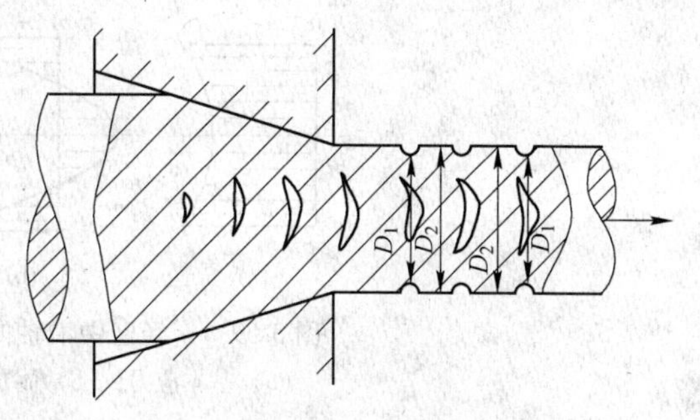

图3-57 中心裂纹
D_1—裂纹处的直径；D_2—无裂纹处的直径

由于拉拔时，在轴线上金属流动速度高于周边层的，轴向应力由变形区的入口到出口逐渐增大，所以一旦出现裂纹，裂纹就越来越长，裂缝越来越宽，其中心部分最宽；又由于在轴向上前一个裂纹形成后，使应力松弛，裂口后面的金属的拉应力减小，再经过一段长度后，拉应力又重新达到极限强度，将再次发生拉裂，这样拉裂一松一弛再拉裂的过程继续下去，就出现了明显的周期性。

这种裂纹很小时是不易被发现的，只有特别大时，才能在制品表面上发现细颈，所以对某些质量要求高的特殊产品必须进行内部探伤检查。目前工厂使用超声波探伤仪检查制品的内部缺陷。

为了防止中心裂纹的产生，需要采取以下措施：

(1) 减少中心部分的杂质、气孔；

(2) 使拉拔坯料内外层力学性能均匀；

(3) 对坯料进行热处理，使晶粒变细；

(4) 在拉拔过程中进行中间退火；

(5) 拉拔时，道次加工率不应过大。

B 表面裂纹

表面裂纹在拉拔圆棒材、线材时，特别是拉拔铝线常出现的表面缺陷，如图3-58所示。

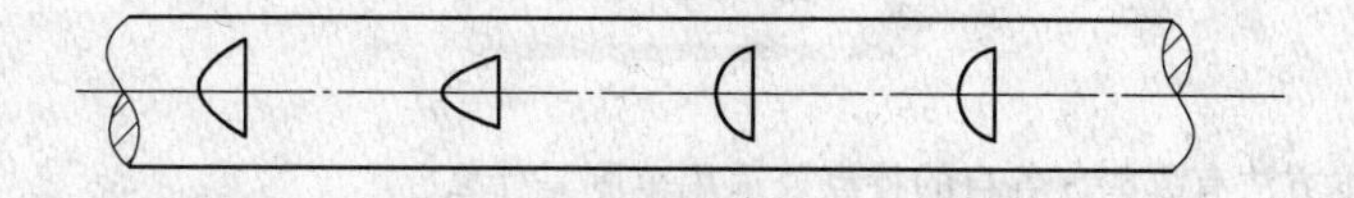
图3-58 棒材表面裂纹示意图

表面裂纹是在拉拔过程中由于不均匀变形引起的。在定径区中的被拉拔金属所受的沿轴向上的基本应力分布是周边层的拉应力大于中心层的，再加上由于不均匀变形的原因，周边层受到较大的附加拉应力作用。因此，被拉金属周边层所受的实际工作应力比中心层要大得多，如图3-59所示，当此种拉应力超过抗拉强度时，就发生表面裂纹。当模角与摩擦系数增大时，则内、外层间的应力差值也随之增大，更容易形成表面裂纹。

消除上述缺陷可参考如下方法：(1) 减小表面部分的杂质、气孔；(2) 使拉拔坯料内外层力学性能均匀；(3) 对坯料进行热处理，提高坯料的塑性变形能力；(4) 检查拉拔模、芯头的表面质量及断面形状；(5) 定期更换润滑剂，保证润滑效果。

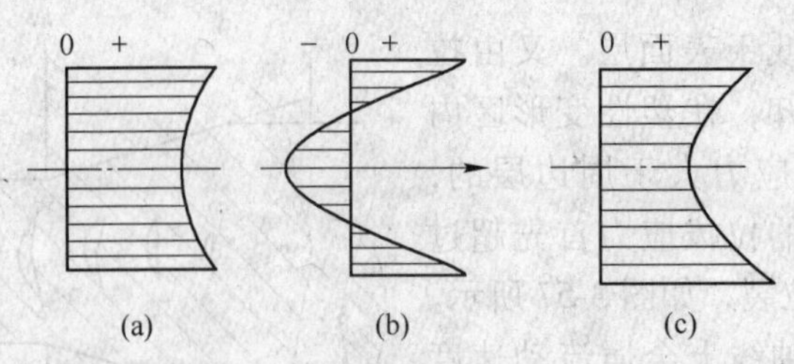

图 3-59 定径区中沿轴向工作应力分布示意图

（a）基本应力；（b）附加应力；（c）工作应力

3.5.4.2 管材制品的主要缺陷及消除方法

拉拔管材常见的缺陷有表面划伤、皱折、弯曲、偏心、裂纹、金属压入、断头等，以偏心、皱折最为常见。

A 偏心

在实际生产中，拉拔管坯的壁厚是不均匀的，尤其是在卧式挤压机上进行脱皮挤压所生产的铜合金管坯偏心度非常严重。利用不均匀壁厚管坯进行拉拔时，空拉能起到自动纠正管坯偏心的作用，使管材偏心度减小，但有的管坯偏心过于严重而空拉纠正不过来，造成管材偏心缺陷。

为了减小偏心，可采取如下措施：（1）定期修整对中设备，提高对中率；（2）严格控制管坯质量，不合格管坯不进行后续生产；（3）定期对拉拔设备进行校准。

B 皱折

若 D_0/s_0 值较大，而管壁厚薄又不均匀，道次加工率又大，加之退火不均匀时，则管壁易失稳而产生凹陷或皱折。

为防止皱折产生，主要采取的方法有：（1）设置合理的 D_0/s_0 值；（2）对管料进行修磨，保证管壁厚度均匀；（3）增加道次，减少单道次加工率。

复习思考题

3-1 管材拉拔的基本方法有哪些，各自的特点及适用范围是什么？

3-2 简述拉伸系数、断面减缩率、伸长率概念。

3-3 试解释圆棒材拉拔时变形区内的应力分布规律。

3-4 简述管材空拉时变形区内应力分布规律。

3-5 如何根据主应力大小判断管材空拉时壁厚的变化规律？

3-6 影响管材空拉壁厚变化的因素有哪些，各是如何影响的？

3-7 简述空拉时变形区内管材壁厚变化规律。

3-8 空拉为什么能够纠正管材的偏心？

3-9 游动芯头拉拔时芯头在变形区中稳定的条件是什么？为什么？

3-10 游动芯头拉拔时管材的变形一般分为哪几个区，各区的金属变形特点是什么？

3-11 什么是残余应力？画图说明圆棒材拉拔制品中残余应力的分布及产生原因。

3-12 残余应力的危害主要有哪些，如何消除或减小残余应力？

3-13 锥模模孔由哪几部分组成，各部分的主要作用是什么？

3-14 实现拉拔过程的必要条件是什么？什么是拉拔安全系数，它的意义是什么？

3-15 用ϕ70×6mm管坯，拉拔ϕ64×5mm管材：（1）计算拉伸系数和伸长率；（2）现有管坯长度为4500mm，打头长度300mm，试计算拉拔管材的长度；（3）生产定尺长度为5000mm的管材，切头尾余量500mm，管坯壁厚负偏差余量取200mm，则需要管坯长度是多少？

3-16 滑动式多模连续拉拔过程建立的基本条件、必要条件和充分条件各是什么？

3-17 储线式无滑动多模连续拉拔时，可以不遵守秒流量相等的条件是什么，必须遵守秒流量相等的条件又是什么？

3-18 简述拉拔制品主要缺陷的产生原因。

4 轧　制

4.1 概　述

4.1.1 轧制的基本概念

轧制又称压延，是指金属被旋转轧辊的摩擦力带入轧辊之间受压缩而产生塑性变形，从而获得一定尺寸、形状和性能的金属产品。

根据轧制温度可将轧制分为热轧和冷轧。热轧是指在再结晶温度以上对金属材料进行轧制，冷轧是指在再结晶温度以下对金属材料进行轧制。

根据轧制时轧辊旋转与轧件运动等关系，又可以将轧制分成纵轧、横轧和斜轧（见图 4-1）。所谓纵轧是指上下轧辊的轴线平行、轧辊旋转方向相反，轧件的运动方向与轧辊的轴线垂直；横轧是指上下轧辊的轴线平行、轧辊旋转方向相同、轧件的运动方向与轧辊的轴线平行，轧件与轧辊同步旋转；斜轧是指上下轧辊的轴线是异面直线、轧辊旋转方向相同、轧件的运动方向与轧辊的轴线成一定角度。

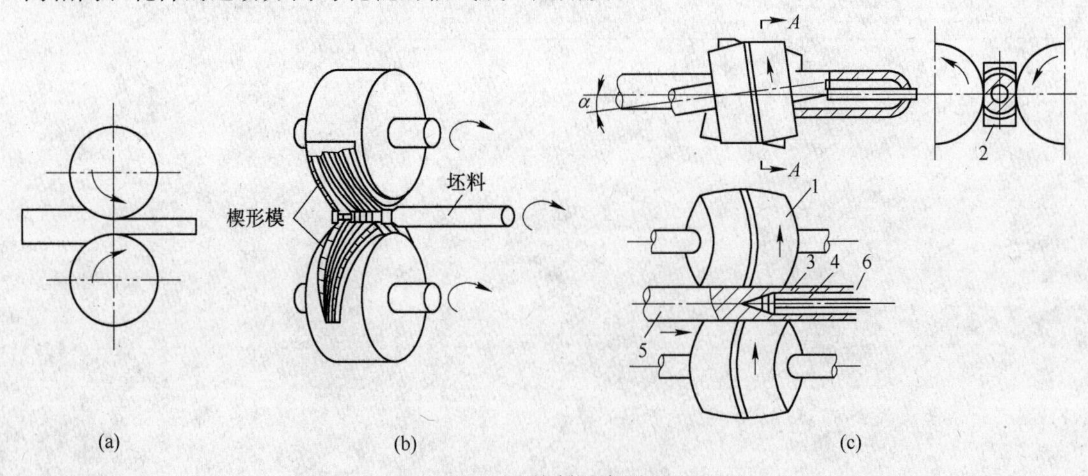

图 4-1　轧制示意图

（a）纵轧；（b）横轧；（c）斜轧

1—轧辊；2—导板；3—毛管；4—芯棒；5—管坯；6—成品

4.1.2 轧制的特点

轧制是金属发生连续塑性变形的过程，易于实现批量生产，因此生产效率高，是塑性加工中应用最广泛的方法。轧制产品占所有塑性加工产品的 90% 以上。有色金属的轧制特点主要包括以下几个方面：

（1）一般的有色金属材料有较好的塑性和较低的变形抗力，轧制时可采用较大的加工率，并且可通过轧制方法获得极薄箔材，力学性能参数比轧钢低；

（2）一般的有色金属材料加热温度较低，轧制改善了加热条件；

（3）一般只轧板带箔材，热轧主要为冷轧制坯；

（4）轧制时对锭坯表面质量要求较高，多要进行铣削或蚀洗表面后再轧制。

4.1.3 轧制的发展趋势

近年来，国民经济的持续高速发展带动了国内有色金属轧制工业的快速发展，目前已经具有了相当完整的生产体系，引进了大批先进的设备和技术，正处于由轧制大国向强国转变的关键时期，主要发展趋势有：

（1）从增加数量转向提高质量。目前我国轧制产量已经能满足国民经济发展的需要，但是产品结构不合理，技术含量高、生产难度大的高精度制品仍然需要大量进口，未来几年的需求增长主要是高端产品。因此，发展高端产品，从数量发展走向质量的提高，从低水平向高水平发展，是今后主要的发展方向。

（2）提高企业及员工素质，加强自主创新能力。我国与真正的轧制强国的最大差距就是创新能力与科研开发能力不足，员工的素质还较低。因此，轧制企业必须加大科研经费投入，加强与科研院所及高等院校联系与合作，加强基础理论研究、新产品开发与职工培训，创造名牌产品，注重知识产权保护。

（3）进一步研究开发高效、低耗、短流程连续化制造技术。目前，世界轧制技术向着高效率、低成本、低能耗、短流程、环保、安全型方向发展。强国必须是以人为本的，必须是资源节约型、环境友好型的，轧制企业必须贯彻可持续发展战略。板带热连轧、冷连轧技术是生产高精度、高性能铝合金板带材的关键技术，目前已经为工业发达国家的先进加工企业所普遍采用。该技术的大规模应用可以大幅度提高并稳定板带产品质量。

（4）轧制企业要向专业化、规模化和智能化方向发展。为了进一步降低生产成本和稳定产品质量，我国轧制企业要向大型化、专业化、规模化方向发展，希望通过合理优化配置资源，淘汰规模小、设备落后和产品质量低劣的企业，建成几个具有国际一流水平的大型综合性加工企业。在生产装备方面，国内轧制企业加工设备要向大型化、检测控制智能化方向发展。加强轧制生产线的自动化系统，包括带材平直度控制、生产计划和控制、人工智能控制，以及 CVC、UV、HC、DSR 等先进的自动控制技术。

4.2 轧制原理

4.2.1 轧制过程的建立

在一个道次内，轧件的轧制过程可以分为开始咬入、拽入、稳定轧制和轧制终了 4 个阶段。如图 4-2 所示，开始咬入阶段是指依靠轧辊对轧件的摩擦力而瞬间完成的阶段，拽入阶段指轧件前端到达两辊连心线位置，稳定轧制阶段指轧件前端从辊缝中出来后稳定轧制，轧制终了阶段指轧件后端进入变形区直至完全脱离轧辊。

咬入是指轧辊对轧件的摩擦力把轧件拖入辊缝的现象。为了实现轧制过程，必须使轧

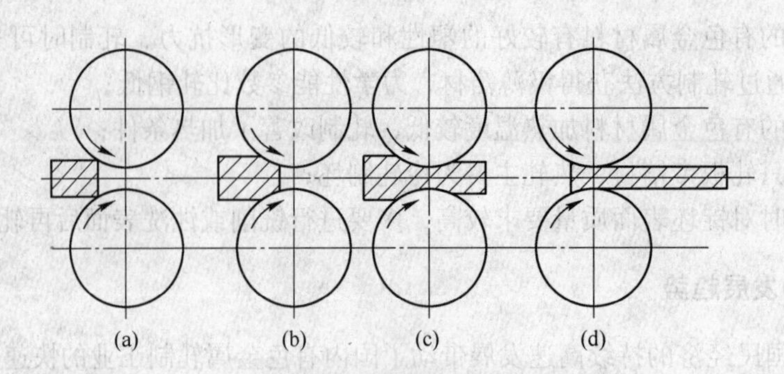

图 4-2 轧制过程示意图

(a) 咬入；(b) 拽入；(c) 稳定轧制；(d) 轧制终了

辊能咬着轧件拖进辊缝使金属填充于轧辊之间。咬入角（α）小于摩擦角（β）是咬入的必要条件；咬入角等于摩擦角是咬入的极限条件，即可能的最大咬入角等于摩擦角；如果咬入角大于摩擦角则不能咬入。咬入条件为 $\alpha \leqslant \beta$。

大量实验研究证明，在热轧情况下，稳态轧制时的摩擦系数小于开始咬入时的摩擦系数，其最大咬入角约为 1.5~1.7 倍摩擦角，即 $\alpha=(1.5\sim1.7)\beta$。热轧时最大咬入角与摩擦因数如表 4-1 所示；冷轧情况下，稳态轧制时的最大咬入角 $\alpha=(2\sim2.4)\beta$。

表 4-1 有色金属热轧时的最大咬入角与摩擦因数

金 属	轧制温度/℃	最大咬入角/(°)	摩擦因数
铝	350	20~22	0.36~0.40
铜	900	27	0.50
镍	950	22	0.40
锌	200	17~19	0.30~0.35

4.2.2 轧制过程的应力与应变

轧制过程中轧件单元体的应力应变状态如图 4-3 所示，应力为“三向压缩”，应变为“一压二伸”或“一压一伸”（平面应变）。

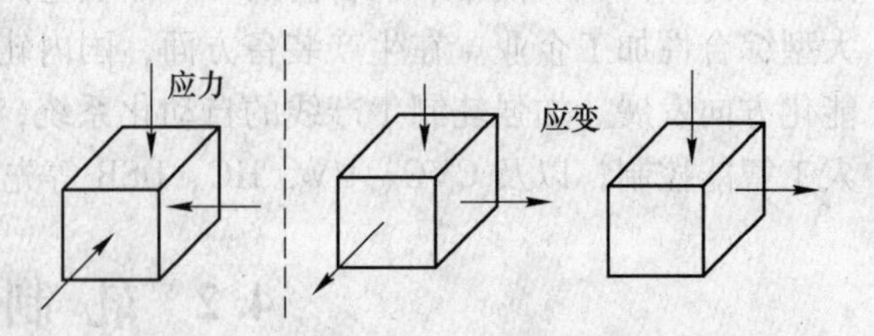

图 4-3 轧件单元体的应力应变状态图

轧制过程力学参数通常是以轧制平均单位压力 $\bar{p}$ 表示，轧制过程力学参数受许多因素的影响，这些因素大致可以分为两类：第一类是影响轧制金属本身性质的一些因素，如金属的化学成分和组织状态以及热力学条件，即变形温度、变形速度和变形程度（或加工硬化）等；第二类是影响应力状态条件的因素，如轧件尺寸、轧辊尺寸、润滑条件、外端及张力等。

在研究应力状态条件对力学参数的影响时，主要考虑外摩擦、工具形状及尺寸、张力和轧件几何尺寸的影响。

（1）外摩擦的影响。外摩擦对单位压力的影响不仅取决于摩擦系数的大小（摩擦系数越大，则所形成的三向压应力越强，因而使金属产生变形所需的单位压力越大），而且取决于金属相对工具的相对接触面积（变形金属与工具的相对接触面积越大，三向应力状态越强），即接触面积与变形金属体积之比。所以，金属在三向压应力状态下变形时（如锻造和轧制），变形金属的厚度就体现相对接触面积的关系。厚度越小，摩擦力表现得越显著，因而三向压应力状态影响越深。

（2）工具形状和尺寸的影响。加工工具形状可以归纳为三种简单形式：第一种是凸形工具；第二种是板形工具；第三种是凹形工具。当加工工具为凸形工具时、由于 P 的作用减小了摩擦力对金属流动的阻碍，因而减小三向应力状态的影响，结果使单位压力减小。当加工工具为凹形工具时，由于 P 的作用在此情况下对变形金属具有拉应力作用，因而减小三向应力状态的影响，结果使单位压力减小。

（3）张力的影响。轧制轧件时，在入口侧和出口侧施加张力（改变了变形区的应力状态，同时可以减小轧辊的弹性压扁），可以降低单位压力。

（4）轧件尺寸的影响。轧件越薄，变形深透程度越大，变形体接触面积虽然相同，但变形体积减小，三向压应力状态加强，所以单位压力增加。

4.2.3 轧制时的宽展、前滑和后滑

通常把轧制前、后轧件横向尺寸的绝对差值，称为绝对宽展，简称为宽展，以 Δb 表示，如式（4-1）所示。根据金属沿横向流动的自由程度，宽展可分为自由宽展，限制宽展和强迫宽展。

$$\Delta b = b - B \tag{4-1}$$

式中　B，b——分别为轧前与轧后轧件的宽度。

影响宽展的因素很多，常用的近似宽展计算公式为巴赫契诺夫公式，如式（4-2）所示，其考虑了摩擦系数、相对压下量、变形区长度及轧辊形状对宽展的影响，可用于实际变形计算中。

$$\Delta b = 1.15\frac{\Delta h}{2H}\left(\sqrt{R\cdot\Delta h} - \frac{\Delta h}{2f}\right) \tag{4-2}$$

式中　f——摩擦系数，用公式 $f = k_1k_2k_3(1.05 - 0.0005t)$ 计算；

R——轧辊工作半径；

H，Δh——分别为轧件轧前厚度和压下量。

在轧制过程中，轧件出口速度 V_h 大于轧辊在该处的圆周速度 V，这种 $V_h > V$ 的现象称为前滑。轧件进入轧辊的速度 V_H 小于轧辊在该处圆周速度 V 的水平分量 $V\cos\alpha$ 的现象称为后滑。

前滑值用出口断面上轧件速度与轧辊圆周速度之差和轧辊圆周速度的比值的百分数表示，即：

$$S_h = \frac{V_h - V}{V} \times 100\% \tag{4-3}$$

后滑值用入口断面处轧辊圆周速度的水平分量与轧件入口速度之差和轧辊圆周速度水平分量比值的百分数表示，即：

$$S_H = \frac{V\cos\alpha - V_H}{V\cos\alpha} \times 100\% \tag{4-4}$$

4.2.4 轧制压力

轧制过程中金属给轧辊总压力的垂直分量称为轧制压力或轧制力，通常是指用测压仪在压下螺丝下实测的总压力。轧制压力是轧制生产中的重要参数，是轧制机械设备和电气设备设计的原始依据，是进行轧机各零件的强度、刚度计算和主电机容量选择、校核主电机能力的主要参数。

轧制压力的确定方法如下：

（1）理论计算法。它是建立在理论分析基础上用计算公式确定单位压力。通常需要首先确定变形区内单位压力分布的形式和大小，然后再计算平均单位压力。

（2）直测法。它是在轧钢机上放置专门设计的压力传感器，将压力信号转换为电信号，然后通过放大器或直接送往测量仪表并记录下来，获得实测的轧制压力，用实测的轧制总压力除以接触面积便求出平均单位压力。

（3）经验公式和图表法。它是根据大量的实测统计资料进行一定的数学处理，抓住主要因素，建立经验公式（常用的是采利柯夫公式和艾克隆德公式）和图表。

4.2.5 轧制力矩

在简单轧制情况下，作用于轧辊上的合力方向，如图 4-4 所示，即轧件给轧辊的合压力 P 的方向与两轧辊连心线平行，上下辊之 P 力大小相等、方向相反。

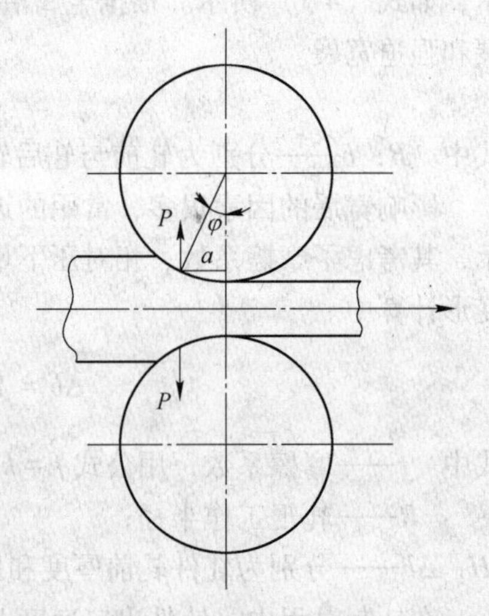

图 4-4 简单轧制时作用于轧辊上的力

（1）转动一个轧辊所需力矩，应为力 P 和它对轧辊轴线力臂的乘积，即：

$$M_1 = P \cdot a \quad 或 \quad M_1 = P\frac{D}{2}\sin\varphi \tag{4-5}$$

式中 φ——合压力 P 作用点对应的圆心角。

（2）转动两个轧辊所需的力矩为：

$$M_Z = 2P \cdot a \tag{4-6}$$

式中 a——力臂，$a = \frac{D}{2}\sin\varphi$。

如果要考虑轧辊轴承中不可避免的摩擦损失时，转动轧辊所需的力矩将会增大。其值为：

$$M = 2P(a + \rho) \text{ 或 } M = P(D\sin\varphi + f_1 d) \tag{4-7}$$

式中 d——轧辊辊径直径；

f_1——轧辊轴承中的摩擦系数。

（3）实际轧制时的各种力矩组成：

1）轧制力矩 M_Z。为克服轧件的变形抗力及轧件与辊面间的摩擦所需的力矩。

2）附加摩擦力矩 M_f。由两部分所组成，即 M_{f1} 在轧制压力作用下，发生于辊颈轴承中的附加摩擦力矩；M_{f2}，M_{f3}，…轧制时由于机械效率的影响，在机列中所损失的力矩。

3）空转力矩 M_k。轧机空转时间内的摩擦损失。

4）动力矩 M_d。克服轧辊及机列不均匀转动时之惯性力所需的力矩，对不带飞轮或轧制时不进行调速的轧机，$M_d = 0$。

故电动机所输出的力矩为：

$$M_{电} = \frac{M_Z}{i} + M_f + M_k + M_d \tag{4-8}$$

4.3　轧制设备

4.3.1　概述

在轧制车间中，用于实现轧材生产所需要的设备，包括主要设备和辅助设备两大类。主要设备为轧机，是以实现金属成型为目的，在旋转的轧辊间以压力使金属产生塑性变形的机械设备。辅助设备指在轧制过程中除主要设备外，用以完成辅助工序生产任务的机械设备，在轧制机械设备中除轧机以外的各种机械设备。

4.3.2　轧机的类型及其结构

轧机的分类方法有很多种，按照不同的用途，轧机可分为型材轧机、板带轧机、管材轧机和其他特殊用途轧机等，如表 4-2 所示，轧机按结构形式分类见表 4-3。

表 4-2　轧机类型及主要技术特征

轧机种类			辊身长度/mm	最大轧制速度/m·s⁻¹	用途
板带轧机	热轧	厚板轧机	2000~5600	2~4	(4~5)mm×(500~5300)mm 厚板，最大厚度 300~400mm
		带材轧机	700~2500	8~30	(1.2~1.6)mm×(600~2300)mm 带材
	冷轧	宽带轧机	700~2500	6~40	(1.0~5)mm×(600~2300)mm 带材及板材
		窄带轧机	150~700	2~10	(0.02~4)mm×(20~600)mm 带材
		箔材轧机	200~2000	15~33	0.0015~0.012mm 箔材
管材轧机	热轧无缝管	140 自动轧管机	1680	2.8~5.2	ϕ70~140mm 无缝管
		168 连续轧管机	300	5~10	ϕ80~168mm 无缝管
		400 自动轧管机	1150	3.6~5.3	ϕ127~400mm 管材
	冷轧管机	LG90H 冷轧管机	160	6~9	ϕ90~150mm 管材

表 4-3　轧机的结构形式

轧机名称及特点	轧机结构形式	主要用途
二辊轧机：工作辊多为水平布置，也有垂直布置或 45°布置		广泛用于轧制大截面的方坯、板坯、厚板等，分可逆和不可逆两类

续表 4-3

轧机名称及特点	轧机结构形式	主要用途
三辊轧机：利用水平布置的三个轧辊不需调节电机转向即可实现往返轧制		多用于开坯轧机或用来生产中厚板材
三辊 Y 形轧机：三个圆盘状轧辊互成 120°布置		一般由若干机架连续布置，实现无扭轧制，多用于铝线杆轧制
四辊轧机：采用小直径工作辊和大直径支撑辊，分为工作辊传动和支撑辊传动两种形式	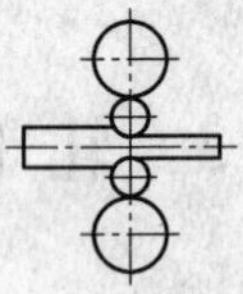	广泛用于冷轧及热轧板带轧机
五辊平直度易控制轧机 FFC：小直径辊水平弯曲可控，带材平直度易控且有较大压下率	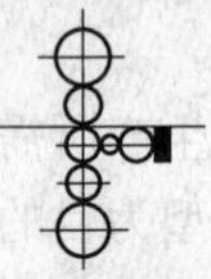	冷轧薄带材
六辊大凸度轧机 HC：中间辊可轴向移动并配有液压弯管装置，具有很强的板形控制能力	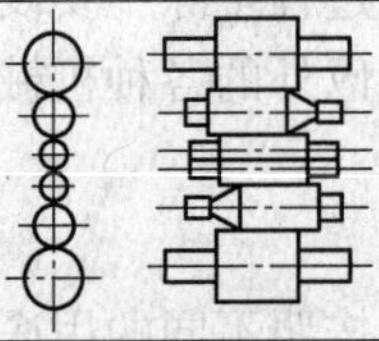	广泛用于冷轧、热轧板带轧机和平整机
万能凸度控制轧机：除具有 HC 轧机功能外，增加了工作辊偏置布置和侧支撑及中间辊弯辊装置	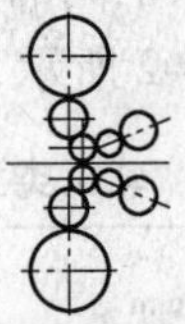	用于冷轧极薄带材
二十辊轧机（森吉米尔轧机）：采用整体块状机座和扇形辊系结构，保证工作辊最小变形和轧机最大刚度	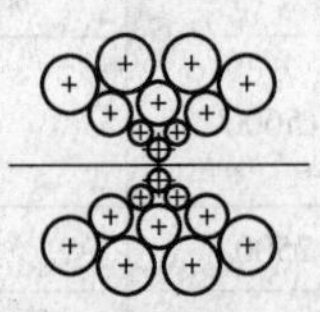	冷轧极薄带材
多辊行星轧机：以多工作辊累积变形达到大压下量目的	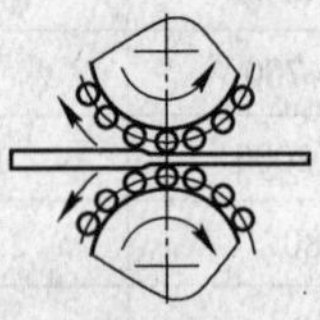	工业生产中未广泛应用
万能轧机：由一对立辊和水平辊组成		轧制板坯及宽带材

4.3.3 轧机的主要部件及其结构

现代轧机一般由工作机座、传动装置、主电动机及控制系统组成。

驱动主电动机是轧机的动力来源，它把电能转变成机械能使轧辊转动。主电动机分为直流电动机和交流电动机两种。主电动机的功率大小取决于轧机的用途、轧制品种规格的大小和生产率高低等因素。

轧机传动装置用来将主电机的驱动力矩传递给工作机座中的轧辊，或把力矩由上一机架传递到下一机架轧辊上，按生产工艺要求的轧制速度和最大力能参数实现对金属的轧制。根据轧机的用途不同，主传动装置的组成也不尽相同，大多数轧机主机列由连接轴、齿轮机座、主联轴器、减速器、电机联轴器等零部件组成。其中对轧机结构有较重要影响的是连接轴，轧钢机齿轮座、减速机、电动机的运动和力矩，都是通过联接轴传递给轧辊的。轧钢机常用的联接轴有万向接轴、梅花接轴、联合接轴和齿式接轴等。各种联接轴的用途、特点和允许使用倾角如表4-4所示。

表4-4 各种联接轴的用途、特点和允许倾角

类型	用途	特点	允许倾角/(°)
梅花接轴	横列式轧机	结构简单，运转噪声大	1~2
滑块式万向接轴	冷轧机，管材轧机，中厚板轧机，冷、热板带轧机	可传递较大扭矩，垫板磨损快，润滑条件差	8~10
十字轴式万向接轴	型材轧机，冷、热板带轧机，管材轧机	允许倾角大，传递扭矩大，润滑条件好，运行平稳	8~12
弧形齿接轴	板带精轧机	传递扭矩较大，润滑条件好，运转平稳，允许较小倾角和一定位移	1~3

4.3.4 轧制车间辅助设备

根据辅助设备在轧制生产过程中的不同用途和作用，可将辅助设备归纳为如下几类，如表4-5所示。

表4-5 轧制辅助设备的分类

类别	设备名称		用途
切断设备	剪切设备	平行刀片剪切机（平刃剪）	剪切板坯、管坯
		斜刀片剪切机（斜刃剪）	剪切板材、带材、焊管坯
		圆盘式剪切（圆盘剪）	纵向剪切板材、带材
		飞剪	横向剪切运动中的轧件
	锯切设备	热锯机	锯切高温型材
		冷锯机	锯切常温型材
		飞锯机	锯切运动的焊管
	火焰切割机		切割大断面板坯或特厚板坯
	折断机		折断大断面管坯
矫直设备	压力矫直机		矫直型材、管材
	辊式矫直机		矫直型钢材、板材
	斜辊矫直机		矫直圆材、管材
	张力矫直机		矫直薄板（厚度小于0.6mm）
	拉伸弯曲矫直机		矫直极薄带材、高强度带材

续表 4-5

类 别	设备名称	用 途
卷取设备	带钢卷取机	卷取板材、带材
	线材卷取机	卷取线材
运输设备	辊道	纵向输送轧件
	推床	横向输送移动轧件
	翻钢机	使轧件按轴线方向旋转
	冷床	冷却轧件并使轧件横移
	回转台	使轧件水平旋转
	过跨车	跨间运送钢坯或轧件
	运输台架	跨内或跨间运送料坯或轧件
升降设备	升降台	升降和输送轧件
	垛板机	堆放轧件
捆包设备	打捆机	将线材、带材打捆
	包装机	将板材、带材包装
表面加工设备	打印机	将轧件打印
	清洗机组	轧件表面清理、洗净、去油等
	镀覆机组	轧件表面镀锌、镀锡或塑料覆层等
	酸洗机组	轧件酸洗
加热及热处理设备	加热炉	加热坯料
	热处理炉	轧件淬火、退火、正火等

辅助设备中有的设备往往兼有多种用途，例如，有的辅助设备除了和主机组成生产作业线外，还可以用若干台辅机组完成一定工序的机组，例如，剪切机组和镀层机组等。

4.4 轧制工艺

4.4.1 概述

把生产具有一定断面形状和尺寸的轧制产品所经过的各种加工工序按次序排列起来，称为产品的轧制生产工艺流程。轧制生产工艺流程主要根据合金特性、产品规格、用途及技术标准、生产方法、设备技术条件决定。

制定轧制工艺流程的原则是：(1) 充分利用合金的塑性，在确保质量、满足技术要求的前提下，尽可能缩短或简化工艺流程；(2) 根据设备条件，保证各工序设备负荷均衡，安全运转，充分发挥设备潜力；(3) 尽量采用新技术、新工艺、新设备；(4) 提高生产率，降低成本，提高经济效益和社会效益。

图 4-5 为铝合金的板带材产品生产的典型工艺流程。由典型生产工艺流程图可知，合金的种类、生产方法、技术要求、产品规格及设备条件的不同，生产工艺流程也不相同。但是基本工序一般包括铸锭的表面处理及热处理、热轧、冷轧、坯料或产品的表面处理及

热处理、精整及产品包装的工序。

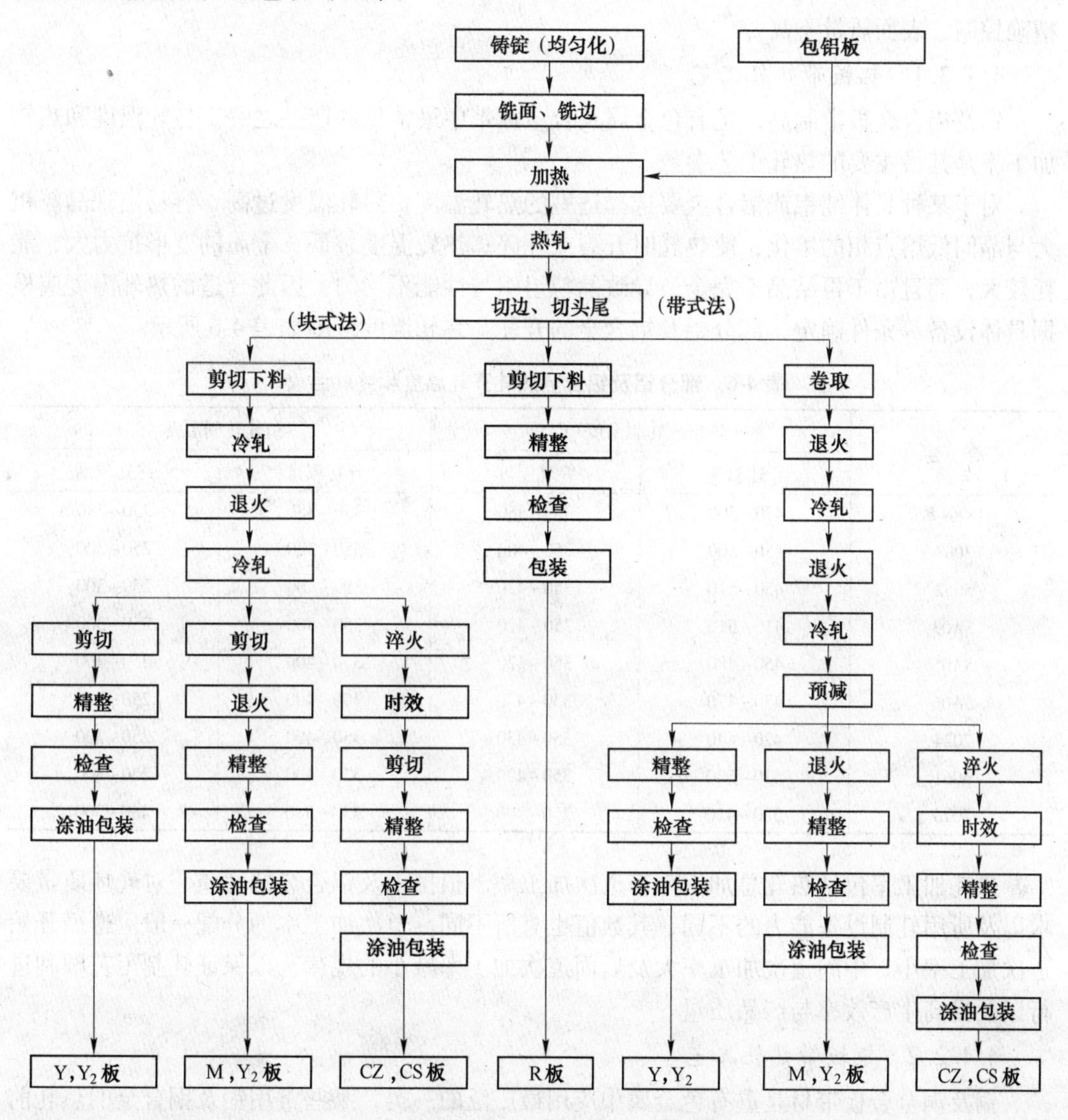

图 4-5 铝合金板带材典型工艺流程

4.4.2 热轧板带材生产

热轧一般指金属在再结晶温度以上进行的轧制过程。在热轧过程中，变形金属同时存在硬化和软化两个过程。若恢复和再结晶软化过程来不及进行，由于变形速率的影响，金属就会随变形程度的增加而产生一定的加工硬化。但在热轧温度范围内，软化过程起主导作用，因而，在热轧终了时，通常金属的再结晶过程不完全，热轧后的板带材呈现再结晶与变形组织共存的组织状态。通常认为热轧过程中金属没有加工硬化，塑性较高，变形抗力较低，这样可以用较少的能量得到较大的塑性变形，因此，大多数金属都采用热轧加工。

热轧具有以下优点：（1）显著降低能耗，减少成本；（2）改善加工工艺性能；（3）可采用大压下量轧制，提高生产效率（成品率）；（4）可采用大铸锭轧制，连续化、自动化生产。而热轧的缺点为：（1）难以精确控制力学性能，不均匀、强度低；（2）尺寸难以精确控制，表面质量不高。

4.4.2.1 铝板带热轧工艺

铝及铝合金板带制品，是有色金属及合金板带中最常见的产品之一。热轧温度和热轧加工率是其最主要的热轧工艺参数。

对于某种具体纯铝或铝合金要选择适宜的热轧温度，热轧温度过高，容易出现晶粒粗大与晶间低熔点相的熔化，使热轧时开裂或轧碎；热轧温度过低，金属的变形抗力大，能耗较大，而且由于再结晶不完全，导致晶粒组织与性能不均匀。因此合适的热轧温度应根据具体设备等条件确定，部分铝及铝合金的开轧与终轧温度范围如表 4-6 所示。

表 4-6 部分铝及铝合金热轧开轧温度和终轧温度

合 金	热粗轧轧制温度/℃		热精轧轧制温度/℃	
	开轧温度	终轧温度	开轧温度	终轧温度
1×××系	420~500	350~380	350~380	230~280
3003	450~500	350~400	350~380	250~300
5052	450~510	350~420	350~400	250~300
5A03	410~510	350~420	350~400	250~300
5A05	450~480	350~420	350~400	250~300
5A06	430~470	350~420	350~400	250~300
2024	420~440	350~430	350~400	250~300
6061	410~500	350~420	350~400	250~300
7075	380~410	350~400	350~380	250~300

热轧加工率包括热轧总加工率与道次加工率。根据铝及铝合金的性质、对轧坯质量要求以及所用轧制设备能力的不同，其数值也有所不同。道次加工率的分配一般应遵循开始道次加工率小、中间道次加工率大及后面道次加工率减小的规律，以保证轧制工艺顺利进行以及提高生产效率与产品质量。

4.4.2.2 铜板带热轧工艺

铜及铜合金板带材是重有色金属中应用最广泛的一类，某些常用铜及铜合金的热轧前加热温度、开轧温度与终轧温度范围列于表 4-7。

表 4-7 常用铜及铜合金的加热与热轧温度

合金牌号	热轧前铸锭坯加热温度范围/℃	热轧开始温度（不低于）/℃	热轧塑性温度范围/℃	终轧温度范围/℃
T_2T_4、TUP	800~860	760	930~500	550~460
H96、H90	850~870	800	900~500	600~500
H70、H68	820~840	780	860~600	600~500
H62	800~820	760	840~550	650~550
H59、HPb-1	740~770	711	800~550	600~500
QSn6.5-0.1	640~660	600	650~500	500~450
QBe2、QBe2.5	780~800	760	820~600	650~550

从表中可以看出，加热温度一般应高于开轧温度，具体数值取决于出炉后至开轧的温度降。从表面质量考虑，加热温度不应过高，否则会出现金属表面氧化严重，氧化损失大甚至出现脱锌，导致热轧开裂。终轧温度一般需比“中温脆性区”和“相变温度”高20~30℃。

4.4.3 冷轧带材生产

冷轧通常是指金属在再结晶温度以下进行的轧制生产方式。由于冷轧温度低，在轧制过程中不会出现动态再结晶而产生加工硬化，金属的强度和变形抗力提高，同时还伴随着塑性的降低，容易产生脆裂。

冷轧与热轧相比，其主要优点如下：(1) 板带材产品的组织与性能更均匀，性能更优良；(2) 板带材精度高，表面光洁，板形好；(3) 通过采取不同的加工率或配合成品热处理，可获得各种不同状态的产品；(4) 冷轧能轧制热轧不可能轧出的薄板带或箔材。热轧的极限厚度 3~6mm，而冷轧的极限厚度可至 0.001mm，甚至更薄；(5) 冷轧时的冷却润滑及辊型控制比较重要，并可采用较大的张力，增加冷轧带材的道次加工率；(6) 冷轧的生产率高，轧制速度可达 7~10m/s 甚至更高。

冷轧也存在一些缺点，如冷轧时由于金属变形抗力高，道次加工率比较小，变形能耗大。因此，在有色金属板带材的生产中，冷轧与热轧常相互配合，很少单独使用。

4.4.3.1 铝箔轧制工艺

铝箔是指厚度小于或等于 0.2mm、横断面呈矩形、厚度均一的铝制产品。如表 4-8 所示为不同国家对厚度的规定。

表 4-8 不同国家对铝箔厚度的规定

国家	厚度/mm	标准
中国	0.006~0.2	GB 3198
美国	0.0064~0.15	ASTM B479
法国	0.004~0.2	NF A50-171
日本	0.007~0.2	JIS H4160
俄罗斯	0.005~0.2	ГОСТ618
德国	0.007~0.2	DIN 1784

大多数铝及铝合金都可以生产铝箔，包括纯铝箔和铝合金箔材（3A21、5A12、5A13）。厚度为 0.01mm 以上的铝箔生产工艺流程为：轧制卷坯（或连续铸轧卷坯）→坯料退火→粗轧→精轧→成品退火→成品剪切→检查包装；厚度为 0.01mm 以下的铝箔生产工艺流程为：轧制卷坯（或连续铸轧卷坯）→坯料退火→粗轧→中间退火→精轧→合卷并切边→清洗精轧→分卷→成品退火→成品剪切→检查包装。从上面的两种生产工艺看，主要区别在于后者产品更薄，因此需要合卷轧制，即叠轧。

A 铝箔坯料厚度、宽度、状态的选择

轧制箔材的坯料有两种：一种是采用铸铁模、水冷模或半连续铸造法所生产的铸锭，经轧制获得一定厚度的带材；另一种是连铸连轧生产的带材。箔材坯料在轧制前要进行剪切或厚度重卷。

箔材坯料的厚度范围一般为0.35~0.8mm，多采用0.5mm厚的坯料。铝箔坯料厚度的确定，主要取决于粗轧机的设备能力和生产工艺的安排。当坯料厚度δ=0.5~0.8mm时，若B=1000~1300mm，允许偏差为±0.04mm；若B=1310~1500mm，允许偏差为±0.05mm。坯料厚度δ=0.35~0.5mm时，坯料偏差为±10%δ。

铝箔坯料宽度的选择应考虑所生产铝箔的合金状态、成品规格、轧制与分切的切边，以及分切抽条量的大小、设备能力、操作者的操作水平及生产工艺管理等因素。轧制铝箔时，铝箔坯料的最大宽度一般不超过工作辊辊身长度的80%~85%，即：

$$B = (0.8 \sim 0.85)L \tag{4-9}$$

式中　L——辊身长度。

根据成品要求，坯料宽度B用下式计算：

$$B = nb + 2ca \tag{4-10}$$

式中　n——成品切分条数；

b——条宽，mm；

a——单侧切边量，一般a=7~10mm；

c——切边次数，双合轧制成品c=2，单层轧制成品c=1。

铝箔坯料的状态分软状态、半硬状态和全硬状态三种。对于一般力学性能要求的软状态或硬状态铝箔，可以选择半硬状态或全硬状态坯料；选择半硬状态坯料时应考虑中间合金热处理工艺、化学成分及最终热处理工艺对成品铝箔力学性能的影响；选择全硬状态坯料时，应充分考虑化学成分和最终热处理工艺对成品铝箔力学性能的影响。

B　铝箔道次加工率的选择

由于成品厚度的不同，箔材轧制一般为2~6个道次，轧制道次要根据发挥轧机效率、成品箔材的规格和组织性能要求及前、后工序生产能力的平衡来确定。在箔材轧制时多采用二辊或四辊轧机，基本上不用多辊轧机。表4-9为0.008mm铝箔在二辊铝箔轧机上的轧制工艺。

表4-9　0.008mm铝箔在二辊铝箔轧机上的轧制工艺

工序	设备名称	轧辊尺寸/mm	进料厚度/mm	出料厚度/mm	压下量/mm	道次压下率/%	总压下率/%
1	头道轧箔机	350×800	0.60	0.27	0.33	55.0	55.0
2	头道轧箔机	350×800	0.27	0.135	0.145	53.7	79.2
3	二道轧箔机	300×700	0.135	0.058	0.067	53.6	90.3
4	三道轧箔机	230×650	0.058	0.029	0.029	50.0	95.2
5	中间退火炉		0.029	0.029			
6	四道轧箔机	230×650	0.029	0.014	0.015	51.7	97.7
7	双合切边机		0.014	2×0.014			
8	清洗机		2×0.014	2×0.014			
9	末道轧箔机	230×600	2×0.014	2×0.008	2×0.006	42.9	98.7
10	分卷机		2×0.014	0.008			
11	成品退火炉		0.008	0.008			

表4-10为软状态或半硬状态坯料典型的道次加工率。其中，Ⅰ加工率分配原则是利用中轧的高速度取得较大的压下量，粗轧的压下量较小有利于得到较好的平整板形；Ⅱ加工率分配原则是各道次的加工率基本一致。硬状态坯料典型的道次加工率如表4-11所示。

表4-10 软状态或半硬状态坯料典型的道次加工率

道次	Ⅰ				Ⅱ			
	入口厚度/mm	出口厚度/mm	绝对压下量/mm	加工率/%	入口厚度/mm	出口厚度/mm	绝对压下量/mm	加工率/%
1	0.75	0.40	0.35	46.7	0.4	0.2	0.2	50
2	0.40	0.19	0.21	52.2	0.2	0.10	0.10	50
3	0.19	0.08	0.11	58.9	0.10	0.05	0.05	50
4	0.08	0.33	0.047	58.8	0.05	0.028	0.022	44
5	0.33	0.015	0.018	54.5	0.028	0.014	0.014	50
6	2×0.015	2×0.09	0.006	40	2×0.014	2×0.007	0.007	50
7	2×0.015	2×0.0075	0.0075	50				

表4-11 硬状态坯料典型的道次加工率

道次	Ⅰ				Ⅱ			
	入口厚度/mm	出口厚度/mm	绝对压下量/mm	加工率/%	入口厚度/mm	出口厚度/mm	绝对压下量/mm	加工率/%
1	0.40	0.31	0.09	22.5	0.30	0.21	0.09	30
2	0.31	0.22	0.09	29.0	0.21	0.15	0.06	28.6
3	0.22	0.15	0.07	31.8	0.15	0.11	0.04	26.6
4	0.15	0.11	0.04	26.6				

C 铝箔轧制速度的选择

轧制速度的高低直接影响箔材的生产效率。轧制速度越高，生产效率也就越高。但是铝箔轧制速度受到下列条件的影响：

（1）卷的质量。由于铝箔轧制时的加减速过程会使板带头尾厚度超差，所以采用高速轧制必须有相应的大直径料卷。轧制速度和卷的质量有下列关系：

$$v = \frac{G}{3.24bh}$$

式中 v——轧制速度，m/s；

G——卷的质量，kg；

b——带卷宽，mm；

h——出口侧带材厚度，mm。

（2）铝箔板形。在铝箔轧制过程中，由于变形热、摩擦热的作用使轧制变形区的温度变化很快，从而轧辊辊形发生变化，轧制出的铝箔板形也会随着辊形的变化而发生变化。

(3) 表面光亮度。在非成品道次，为了提高生产效率应采用高速轧制，但在生产成品箔材时，应选用低速轧制，适当增加后张力。当铝箔表面光亮度要求较高时，0.006~0.007mm 厚度的铝箔双合道次的轧制速度不应超过 600m/min。

(4) 成品厚度。当前、后张力和轧制力保持不变时，铝箔的厚度随轧制速度的提高而减小。

(5) 轧辊粗糙度。在其他条件相同的情况下，轧制速度随着工作辊粗糙度的增大而提高，随着粗糙度的减小而降低。

(6) 轧制油。在其他条件相同的情况下，轧制速度随轧制油中添加剂含量的增加和油黏度的增加而降低，随着轧制油温度的升高而提高。

D 轧制后张力的选择

后张力主要是通过影响变形区状态以改变塑性变形抗力起作用，后张力在铝箔轧制中对调节厚度的作用十分显著。与速度调节相比，具有快速、灵敏的特点。用后张力调节铝箔的厚度要充分考虑入口带材的板形、材料的性质等对轧制速度的影响。

(1) 入口板形的影响。入口带材板形如有中间或两肋波浪，应适当减小后张力，入口带材如有两边波浪，应适当增大后张力，以增加入口带材的平整度，减少入口打折现象，同时后张力的设定范围不宜过大。

(2) 入口带材性质的影响。屈服强度越高，后张力越大，在生产中选取的后张力值应为所轧带材屈服强度值的 25%~35% 为宜。如果后张力过大，会增加铝箔的断带次数，后张力过小，会造成入口带材拉不平，入口出现打折现象。

E 轧制前张力的选择

前张力的作用是拉平出口铝箔，使铝箔展平、卷紧、卷齐。前张力对厚度的影响比后张力小得多，但前张力对出口铝箔的平直度有很大影响。前张力应尽可能小，这样可以明显地观察到铝箔板面的板形质量，反映真实的铝箔出口板形。

在轧制铝箔时，要尽量保持张力恒定，否则会使轧出的轧件厚度发生波动；也可以通过调节张力的大小来控制轧出轧件的厚度。

F 铝箔的清洗与深加工

铝箔的清洗多采用汽油和煤油的混合液冲洗掉表面的润滑油，以提高产品的质量和成材率。在铝箔生产新工艺中，采用以煤油为基体的轧制油，一般分卷时不用清洗。

铝箔的深加工包括裁切、裱箔、平张剪切以及染色、印花、压花、打孔，在铝箔的一面或两面涂塑料薄膜用来织布等。这些特殊加工的目的是提高铝箔的强度与耐蚀性，使其更美观耐用。

4.4.3.2 铜带冷轧工艺

铜及铜合金冷轧大多采用热轧供坯。通常对不易进行热轧的锭坯采用冷轧开坯，冷轧开坯后一般为 3.5~6mm，而现代的铜加工厂采用水平连铸带坯，带坯的厚度一般为14~16mm。

铜及铜合金冷轧的总加工率范围如表 4-12 所示，板带成品冷精轧的加工率范围如表 4-13 所示，4ϕ 250/750mm×800mm 精轧机的压下制度如表 4-14 所示。

表 4-12 铜及铜合金冷轧的总加工率范围

合金牌号	允许轧制的最大加工率/%	实际冷轧采用的总加工率/%	
		单张冷轧	成卷冷轧
T2，T3，T4，TUP，TU1，TU2	>95	45~85	50~90
H96，H90，HSn90-1，QMn1.5	90	40~75	45~85
H80，H68，H65，H62，H59	85	40~60	45~70
B5，B10，BMn3-12，QCd1.0，QCR0.5	85	40~55	45~65
HSn70-1，HPb63-3，HNi65-5，QAl5 QSn6.5-0.1，QAl7，QSn4-3，B19 BAl13-3，BZn15-20，BMn40-1.5	80	40~60	45~65
QSi3-1，QSn4-4-4，QAl9-2，QAl9-4	75	35~55	45~60
B30，BFe31-1-1	75	35~50	40~60
HSn62-1，HPb59-1，HMn58-2，QBe2	65	30~50	35~55

表 4-13 板带成品冷精轧的加工率范围

合金牌号	单张冷轧时加工率/%				成卷冷轧时加工率/%			
	M	Y2	Y	T	M	Y2	Y	T
T2，T3，T4	30~40	—	30~40	—	35~70	—	33~50	—
TUP，TU1，TU2	40~70		40~70		50~70		50~90	
H96，H90，H80	40~55	15~25	40~85	—	50~85	18~25	50~85	—
H68，H65，	18~25	—	18~25	—	25~35	—	25~35	—
H70	18~25	6~15	18~25	—	20~33	6~15	20~33	≥50
H62	20~25	7~15	20~20	45~60	30~50	8~17	25~35	50~70
HSn62-1	15~20	—	15~20	—	15~20	—	15~20	—
HSn70-1	22~25	13~17	22~25	—	22~25	13~17	22~25	—
HSn90-1	30~40	18~22	30~40	—	30~50	18~22	30~50	—
HPb59-1	15~25	—	15~26	—	20~30	—	20~30	50~70
HPb63-3	25~35	15~20	35~50	60~70	25~35	15~20	25~35	63~73
HMn58-2	25~40	6~12	25~35	—	25~35	8~15	25~50	—
QMn1.5，QMn5	25~35	—	25~35	—	25~35	—	25~35	—
QSn4-3，QSn4-0.3 QSn4-4-4，QSn4-4-2.5	35~40	—	35~40	45~50	38~48	—	38~48	45~70
QSn6.5-0.1，QSn7-0.2	40~50	23~30	35~50	50~60	40~50	20~30	35~50	50~70
QCd1.0	25~35	15~25	25~35	40~50	30~35	15~25	30~35	63~73
QCr0.5	—	—	50~55	—	—	—	50~55	—
QAl5，QAl7	30~35	15~28	30~35	—	30~40	15~28	30~40	—
QAl9-4	13~18	5~7	13~18	—	13~18	5~7	13~18	—
QAl9-2	18~23	—	18~23	50~60	18~23	—	18~23	50~60
QSi3-1	30~43	—	30~43	40~55	30~50	—	30~50	40~55
QBe1.7，QBe2	25~35	—	25~35	—	25~35	—	25~35	—

续表 4-13

合金牌号	单张冷轧时加工率/%				成卷冷轧时加工率/%			
	M	Y2	Y	T	M	Y2	Y	T
B19，B30，BFe30-1-1	30~45	—	30~45	53~55	35~45	—	35~50	≥55
BZn15-20	30~45	—	30~45	50~60	35~50	—	35~50	50~60
BMn40-1.5	45~50	20	45~50	—	45~60	—	45~60	—
BMn3-12	35~40	—	—	—	—	—	—	—
BAl6-1.5，BAl13-3	—	—	30~40	—	—	—	30~40	—

表 4-14　4ϕ250/750mm×800mm 精轧机的压下制度

合金牌号	带坯厚度/mm	终轧厚度/mm	总加工率/%	道次数	道次压下厚度/mm	备注
T1，T2，T3，TU1，TU2，TP1，TP2，H96，B5	3.2	2.0	37.5	4	3.2-2.7-2.5-2.2-2.0	穿甲板
	2.8	2.0	28.6		2.8-2.6-2.4-2.2-2.0	
	2.5	1.5	40.0		2.5-2.2-1.9-1.7-1.5	
	2.0	1.2	40.0		2.0-1.7-1.5-1.35-1.2	
	2.0	0.5	75.0	6	2.0-1.5-1.1-0.85-0.65-0.55-0.5	雷管带
	1.7	0.4	76.5	4	1.7-1.15-0.75-0.55-0.4	
	1.7	0.3	82.4	5	1.7-1.2-0.85-0.65-0.45-0.3	
	1.7	0.2	88.6	6	1.7-1.35-1.0-0.8-0.55-0.35-0.2	
H80，H68，H62，H70，H59，H65	1.6	1.2	25.0	2	1.6-1.35-1.2	
	1.4	1.0	28.5	2	1.4-1.15-1.0	
	1.4	0.9	35.7	2	1.4-1.10-0.9	
	1.2	0.8	42.8	2	1.2-0.95-0.8	
	1.2	0.7	41.7	3	1.2-1.0-0.85-0.7	
	1.2	0.6	50.0	3	1.2-0.95-0.75-0.6	
	1.2	0.5	58.3	4	1.2-0.95-0.75-0.6-0.5	
	1.2	0.4	66.7	4	1.2-0.8-0.65-0.5-0.4	
	0.8	0.3	62.5	4	0.8-0.6-0.45-0.35-0.3	
	0.6	0.3	50.0	3	0.6-0.45-0.35-0.3	
	0.5	0.2	60.0	3	0.5-0.32-0.22-0.2	
HPb59-1，HPb60-2，HSn62-1，HMn58-2	2.5	1.13	54.8	6	2.5-2.0-1.7-1.55-1.35-1.2-1.13	
	1.5	0.75	50.0	4	1.5-1.2-1.0-0.82-0.75	
	1.5	1.0	33.3	4	1.5-1.3-1.15-1.05-1.0	
	1.4	0.6	57.1	4	1.4-1.1-0.95-0.65-0.6	
	1.2	0.5	58.7	3	1.2-0.9-0.75-0.57-0.5	
	0.8	0.4	50.0	3	0.8-0.6-0.48-0.4	
	0.5	0.3	40.0	2	0.5-0.37-0.3	
	0.68	0.4	41.2	2	0.68-0.5-0.4	

续表 4-14

合金牌号	带坯厚度/mm	终轧厚度/mm	总加工率/%	道次数	道次压下厚度/mm（五架连轧）	备注
QZr0.2，QCr0.5，QFe2.5	1.7	1.2	29.4	3	1.7-1.5-1.35-1.2	
		1.0	41.0	3	1.7-1.4-1.2-1.0	
		0.8	53.0	4	1.7-1.4-1.2-1.0-0.8	
		0.6	64.7	4	1.7-1.2-0.95-0.75-0.6	
		0.5	73.0	4	1.7-1.2-0.85-0.65-0.5	
QMn5，B19，BMn3-12，BZn15-20，BZn18-17	2.0	0.6	70.0	4	2.0-1.55-1.2-0.85-0.6	
	1.7	0.4	76.5	4	1.7-1.2-0.85-0.6-0.4	
	1.7	0.5	70.6	4	1.7-1.25-0.9-0.65-0.5	
	1.2	0.5	58.3	4	1.2-1.0-0.8-0.65-0.5	
	1.2	0.4	60.8	4	1.2-0.9-0.75-0.6-0.4	
	0.8	0.4	50.0	3	0.8-0.65-0.5-0.4	

铜合金的热处理比较简单，主要是不同目的退火，主要有软化退火、成品退火和坯料退火。只有个别牌号的合金，如铍青铜可进行淬火、回火热处理。表 4-15 为部分铜合金的退火制度。

表 4-15　部分铜合金的退火制度

合金牌号	退火温度/℃		保温时间/min
	中间退火	成品退火	
HPb59-1，HMn58-2，QAl7，QAl5	600~750	500~600	30~40
HPb63-3，QSn6.5-0.1，QSn6.5-0.4，QSn7-0.2，QSn4-3	600~650	530~630	30~40
BFe3-1-1，BZn15-20，BAl6-1.5，BMn40-1.5	700~850	630~700	40~60
QMn1.5，QMn5	700~750	480~500	30~40
B19，B30	780~810	500~600	40~60
H80，H68，HSn62-1	500~600	450~500	30~40
H95，H62	600~700	500~650	30~40
BMn3-12	700~750	500~520	40~60
TU1，TU2，TUP	500~600	380~440	30~40
T2，H90，HSn70-1，HFe59-1-1	500~600	420~500	30~40
QCd1.0，QCr0.5，QZr0.4，QTi0.5	700~850	420~480	30~40

4.4.4 产品质量分析与缺陷消除

4.4.4.1 热轧产品质量分析

热轧产品出现的缺陷通常有卷形不良、表面裂边、裂边、压折、凹陷或压坑等。具体产生原因和消除办法如表 4-16 所示。

表 4-16　热轧时常见缺陷、产生原因及消除方法

缺陷名称	产生原因	消除方法
卷形不良	来料镰刀弯、楔形、异常凸度以及波浪、气泡、头部温度低、材质硬度大等；导板夹力过大，板带弓起，运行不平稳，以及板带中心偏离导板中心进入卷取机	对策是要求精轧调压下水平，卷取操作方面应尽早打开助卷辊；采用适当的夹紧力、夹紧方法，以及适当的导板开口度
表面裂边	道次压下量过大；粗轧时终轧温度过低；轧辊温度过低；润滑不均匀或润滑剂过大	合理分配道次压下量；粗轧时提高板坯温度，加快操作；提高轧制温度；适当润滑
裂边	轧辊两端有油或水；轧辊温度过高或凸度过大；轧辊温度太低；板坯晶粒粗大；总压下量过大	及时擦净辊面的油或水；及时调整轧辊辊型；提高轧制温度；细化晶粒；严格执行工艺
压折	轧辊温度过低或辊型不当；压下量过大；喂料不正	提高轧辊温度，调整辊型；合理分配道次压下量；纠正喂料不正
凹陷或压坑	轧制过程中板材的飞边或毛刺落入板片上；总压下量过大，板坯头尾脆裂并落在板面上造成压坑；非金属压入，在酸洗后造成压坑	加强清理、检查；适当提高轧辊温度，轧制中加强修理；减少总加工量，加强修理

4.4.4.2　冷轧产品分析

冷轧常见的缺陷有：表面裂纹、金属压入物、非金属压入物、辊痕、划伤、压折、裂边、起皮、分层、针孔、表面晶粒粗大和条状组织、厚度超差、浪形、瓢曲、厚度不均、性能超标等。其产生原因及消除方法如表 4-17 所示。

表 4-17　冷轧时常见缺陷、产生原因及消除方法

缺陷名称	产生原因	消除方法
表面裂纹	来料表面裂纹未清除干净，冷轧时继续扩展；来料表面吸气层未清除，轧制时表面层与内层金属变形不一致，使表面拉裂；压下规程不合理，道次加工率小，道次太多，使表面硬化太快，轧制时开裂；道次加工率分配不均，造成严重地不均匀变形使局部拉裂	严格控制来料表面质量；合理分配道次加工率；消除引起不均匀变形的原因，即保证板坯退火时温度均匀，增强轧制润滑
金属压入物	轧件边部毛刺及尾部掉渣被压入产品表面	及时清理板坯边部毛刺和表面异物；裂变、裂头及时剪掉
非金属压入物	冷轧时的导板、轧辊、三辊矫直机、卷取机等接触部分不清洁；经碱、酸洗后，清洗不干净	搞好文明生产；及时清除轧件表面粘附物；认真清洗
划伤	冷轧机导板、承平辊等有突出尖角或黏附物；操作时不细心，相互碰撞	轧前检查好工具、导板、辊道和轧辊等；操作细心，不乱拉乱撞
辊痕	轧辊表面磨损严重，有凹坑、麻面、划伤等缺陷；轧辊表面被压出凹坑	发现辊痕时，及时修补和更换轧辊
压折	辊型不正确；进料偏斜；道次加工率分配不当；板坯分配不均匀	调整辊型或更换轧辊；进料要正；调整道次加工率；改进退火工艺
裂边	加工率过大，边部被拉裂；退火质量不好，金属塑性低；来料的裂边没有清除干净，冷轧时裂边扩展；轧辊曲线配置不当	调整压下制度；改进退火工艺；清除来料裂边；配置好轧辊曲线

续表 4-17

缺陷名称	产 生 原 因	消 除 方 法
起皮	道次加工率小，轧制道次过多；粉末烧结、板坯烧结密度偏低	调整压下制度；保证板坯质量
分层	粉末烧结板坯烧结密度不均匀；来料分层带入轧制；中间退火不均匀	保证板坯质量；改进退火工艺
针孔	环境卫生不好，粉尘颗粒落到轧件表面，轧制时致使压透箔材而形成微小孔	保持良好的环境卫生，轧前坯料仔细检查和清洗
表面粗晶条状组织	经挤压、锻造的钼及合金板坯，加工率不足或退火时未能达到充分的再结晶	开坯时给予足够的变形，提高退火温度或长时间保温，使再结晶充分进行
厚度超差	压下量调整不合理；压下指示器公差掌握不好；测微器调整不当；辊型控制不正确	调整压下制度；掌握好压下指示器公差；调整测微器；正确控制辊型
浪形、瓢曲、轧斜	轧辊曲线配置不当或辊型调整不好；道次加工率分配不均匀；润滑条件差，不均匀；张力波动太大；来料厚度不均匀；中间退火不均匀；进料不正	调整辊型或更换轧辊；改进压下制度；改善润滑条件；调整好张力，保持张力稳定；保证来料尺寸公差；改进退火工艺；正确进料
局部厚度超差	辊缝不一致，辊型调整不好；料厚不均匀；来料退火不均匀；进料不正	控制和调整辊型；控制来料厚度保持均匀；改善退火工艺；正确进料
性能不合格	来料化学成分不合格或性能不均；冷轧成品总加工率选择不当；板料退火不均匀	来料满足标准规定的要求；正确选择成品总加工率；改进退火工艺

复习思考题

4-1 轧制按温度分为几类，其特点分别是什么？

4-2 轧制变形的三个阶段分别是什么，其具有什么样的特点？

4-3 影响轧制过程力能参数的主要因素有哪些？

4-4 简述宽展、前滑、后滑的概念。

4-5 轧制力矩由哪几部分组成，分别是如何确定的？

4-6 试说明各种连接轴的用途及特点。

4-7 以铝合金为例，试叙述有色金属轧制的工艺流程。

4-8 铝箔冷轧过程中张力的作用是什么？

4-9 什么是硬质铝箔、半硬质铝箔和软质铝箔？

4-10 简述热轧对组织性能的影响。

5 锻造与冲压

5.1 锻　造

5.1.1 概述

锻造是人类发明的最古老的压力加工生产技术之一，它是利用金属塑性变形以得到一定形状的制品，同时提高金属的力学性能的压力加工方法。锻造生产是机械制造业的基础工艺之一，在工业生产中占有重要的地位。锻造生产能力及其工艺水平，对一个国家的工业、农业、国防和科学技术的影响很大。

5.1.1.1　锻造生产的特点

锻造生产是金属在塑性状态下发生的体积变形，通过锻造能消除铸造枝晶、疏松和缩孔等缺陷，改善金属组织。因此，锻造既能获得所需的零件宏观外形，又能改善金属微观组织性能。对于受力大、力学性能要求高的重要零件，大多采用锻造方法来制造。锻造生产在生产效率、金属利用率、产品力学性能等指标方面比其他金属加工工艺更具有优势。

锻造生产有以下特点：

(1) 与其他压力加工方法相比，锻件的形状可以最大限度地接近零件形状，并且随着锻造生产技术的发展，锻件正向着近净成型、净成型方向发展。

(2) 锻造生产的锻件比铸件质量高，能承受大的冲击力作用，其塑性、韧性等力学性能都比铸件的好。采用锻件可以在保证零件设计强度的前提下，减轻机器自身重量，这对交通运输工具，如汽车、飞机和宇航器等具有重要意义。

(3) 锻造生产效率高，可以实现生产的连续化和自动化。

(4) 锻造生产产品质量好、稳定。

(5) 锻造生产过程中存在着高温、噪声、热辐射等不利因素，所以要加强工人的劳动保护。

5.1.1.2　锻造的分类

锻造的一般方法有自由锻、模锻和特种锻造。如图 5-1 所示为一般的锻造方法。

A　自由锻

自由锻是锻造常用的生产方法，是指金属在变形过程中受到工具的限制不严格的一种锻造方法。其变形特点是在锻锤（手锤）或压力机上利用锤头或砧块的上下运动，使锭坯在高度（厚度）方向压缩，在水平方向上自由地伸长（展宽）。

自由锻是一种通用性很强的成型工艺，可以锻出各种锻件。按工艺特点，自由锻件可以分为如下七类：

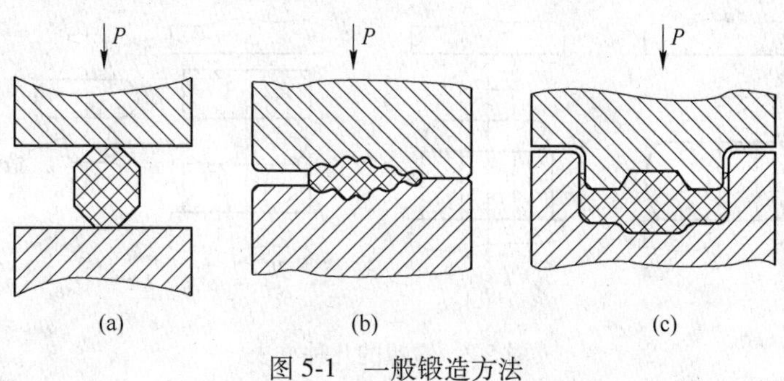

图 5-1　一般锻造方法

（a）自由锻；（b）开式模锻；（c）闭式模锻

第一类为轴杆类锻件，主要包括各种圆形截面实心轴，如传动轴、车轴、机车轴、拉杆等，其基本工序主要是拔长。

第二类是各种矩形断面实心锻件，如方杆、砧块、锤头、模块、各类连杆、摇杆和杠杆等。这类锻件的基本工序是拔长，对于横截面尺寸差大的锻件，为了满足锻造比的要求，还应采用镦粗-拔长工序。

第三类是曲柄、曲轴类锻件，包括各种类型的曲轴，其基本工序是拔长、错移和扭转。

第四类是饼块类锻件，包括圆盘、齿轮坯、叶轮和模块等。此类锻件的特点是横向尺寸大于高向尺寸，此类锻件主要工序为镦粗。

第五类为各种空心件，包括各种圆环、齿圈、轴承环和各种圆筒、气缸和空心轴等。此类锻件的基本工序是镦粗、冲孔、芯轴扩孔和芯轴拔长。

第六类为弯曲类锻件，包括各种吊钩、弯杆、船尾架和轴瓦盖等。它的基本工序是弯曲，弯曲前的制坯工序一般为拔长。

第七类为各种复杂形状锻件，包括高压容器封头、叉杆、十字头和吊环螺钉等。锻造的难度较大，应根据锻件形状特点，采取适当工序组合锻造。

自由锻件的塑性变形成型过程均由一系列锻造变形工序组成。根据变形性质和变形程度，自由锻造工序主要分为基本工序、辅助工序和修整工序三类。

基本工序是指能够较大幅度地改变坯料形状和尺寸的工序，也是自由锻造过程中主要的变形工序，如镦粗、拔长、冲孔、扩孔、弯曲等。

（1）镦粗。镦粗是将毛坯断面增大而高度减小的锻造工序。用这种方法可以制造齿轮、法兰盘等锻件，还可以为冲孔做准备。它分为完全镦粗和局部镦粗两种（见图 5-2）。完全镦粗是将毛坯放在铁砧上打击，使其高度减少、横断面增大的生产方法（见图 5-2（a））。局部镦粗是将毛坯一端放在漏盘内，限制其变形，打击毛坯的另一端，得到截面尺寸不同的锻件（见图 5-2（b））。

当锻件为中间大、两头小的形状时（见图 5-2 中的锻件），可采用中间镦粗的方法，将毛坯两端延伸至所需要的尺寸，分别放在上、下漏盘内，经打击后而使中间得到镦粗（见图 5-2（c））。

通过镦粗，能将横截面较小的坯料变形为横截面较大而高度较小的锻件，它是制造饼形、方块形、圆盘类自由锻件的主要变形工序。锻造空心锻件时作为冲孔前平整端面的预备工序。作为提高拔长时锻压比的预备工序，如锻件对变形量的要求高，只有采用镦粗工

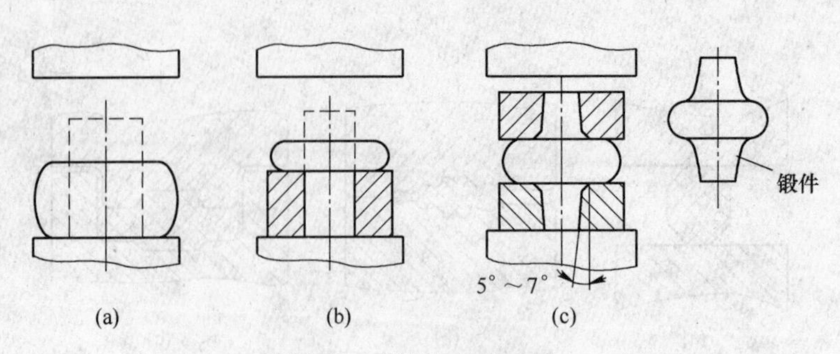

图 5-2 镦粗的几种方法
（a）完全镦粗；（b）局部镦粗；（c）中间局部镦粗

序才能满足。作为破坏铸造组织并提高锻件的力学性能和减少纤维组织的方向性的预锻工序，镦粗也可作为测定金属最大塑性指标的镦粗试验。

（2）拔长。拔长是沿着垂直于毛坯的轴向进行锻造，以使其截面积减小，而长度增加的锻造工序。拔长时每送进压下一次，只有部分金属变形，它属于连续地局部加载，是通过轴向正应变的累积而达到最终增长的目的。拔长分为矩形截面坯料拔长、圆截面坯料拔长、空心坯料拔长，拔长是锻造中最主要的工序之一。拔长时，每次送到砧子上去的毛坯长度称作送进量。送进量 l 与毛坯断面高度 h 或直径 D 之比 l/h 或 l/D 称为相对送进量。由于拔长是通过逐次送进和反复转动坯料进行压缩变形的，所以它是锻造生产中耗时最多的锻造工序。因此，在保证锻件质量的前提下，应尽可能提高拔长效率。

为了保证毛坯在延伸过程中各部分的温度、变形均匀，需将毛坯不断地绕轴心线翻转。常用的翻转方法主要有来回 90°翻转和螺旋线式翻转（见图 5-3），前者可用于一般钢料的锻造，因为这些材料塑性好，对温度和变形要求不严格；后者主要用于塑性较差的金属材料，这些材料在锻造时容易出现缺陷，对温度和变形要求严格。

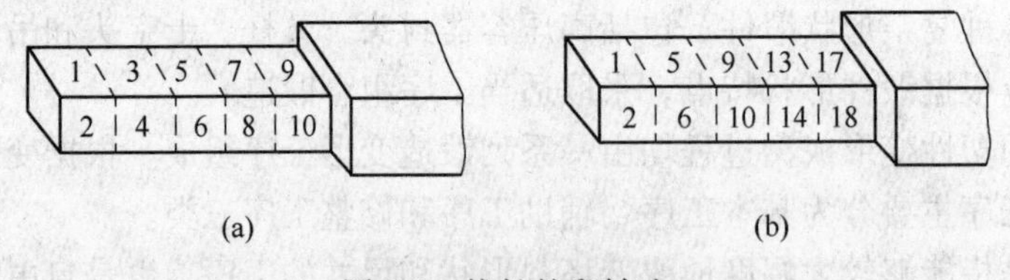

图 5-3 拔长的翻转法
（a）来回 90°翻转；（b）螺旋线式翻转

通过拔长，可以将横截面较大的坯料变形为横截面较小而轴向伸长的锻件；反复镦粗和拔长可以提高锻造变形程度，使合金铸造组织破碎而均匀分布，提高锻件质量；可以辅助其他锻造工序进行局部变形。

（3）冲孔。在坯料中冲出透孔或不透孔的锻造方法称为冲孔。锻造各种空心锻件都需要冲孔，如发电机护环、管形件、高压反应筒等锻件。常见的方法有实心冲子冲孔、空心冲子冲孔和在垫环上冲孔三种。

1）实心冲子冲孔主要用于冲较小的孔。可以用冲头从一面冲孔，称为单面冲孔。也可以先用冲头从坯料上面冲到料高 70%~80%时，翻转 180°，再用冲头把芯料冲脱，这种方法称双面冲孔。图 5-4 所示为实心冲子冲孔过程。

2）空心冲子冲孔时坯料变化不大，芯料损失较大，一般用于较薄毛坯上冲孔。其冲

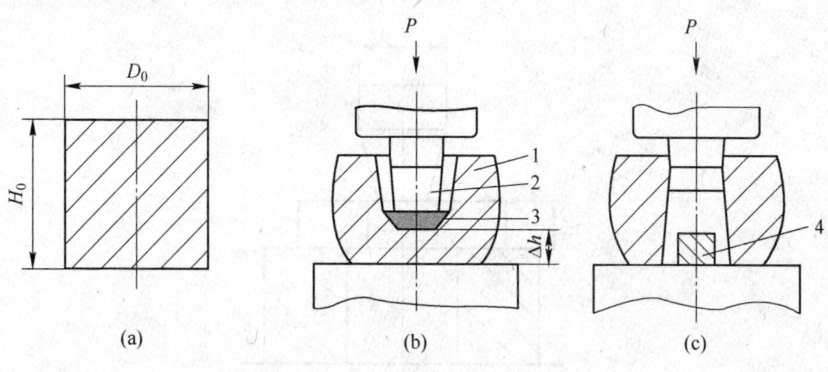

图 5-4　实心冲子冲孔

（a）坯料；（b）首次冲孔；（c）翻转冲孔

1—坯料；2—冲垫；3—冲子；4—芯料

孔过程如图 5-5 所示。

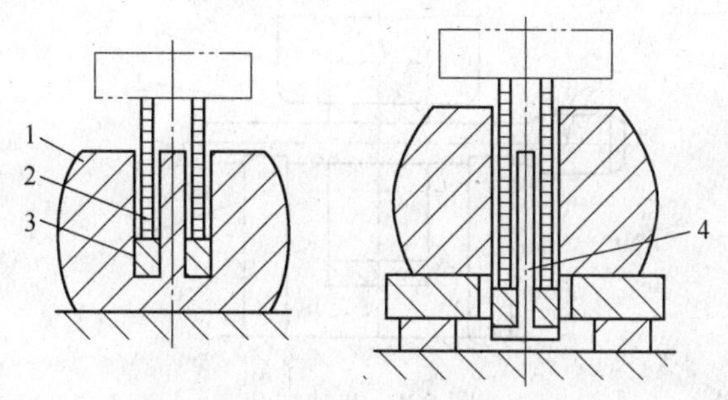

图 5-5　空心冲子冲孔

1—坯料；2—冲垫；3—冲子；4—芯料

3）垫环上冲孔主要用于大型空心锻件的冲孔。冲孔时坯料的形状变化较小，芯料损失较大。其冲孔过程如图 5-6 所示。

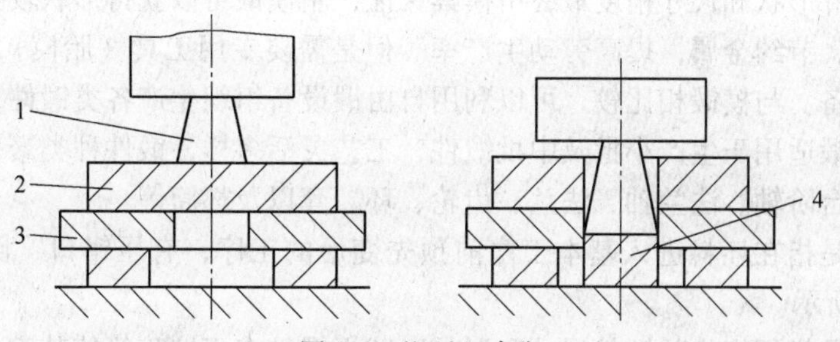

图 5-6　垫环上冲孔

1—冲子；2—坯料；3—垫环；4—芯料

（4）扩孔。减小空心坯料壁厚而使其外径和内径均增大的锻造工序称为扩孔。扩孔工序用于锻造各种带孔锻件和圆环锻件。扩孔时，环的高度增加不大，主要是直径不断增大，金属的变形情况和拔长时的相同，相当于拔长的一种变相工序。常用的扩孔方法有冲子扩孔和芯轴扩孔两种，根据锻件的需要来适当选择。

冲子扩孔是用直径较大的锥形冲子或球面冲子从坯料内孔中穿过使其内径扩大，如图 5-7 所示。

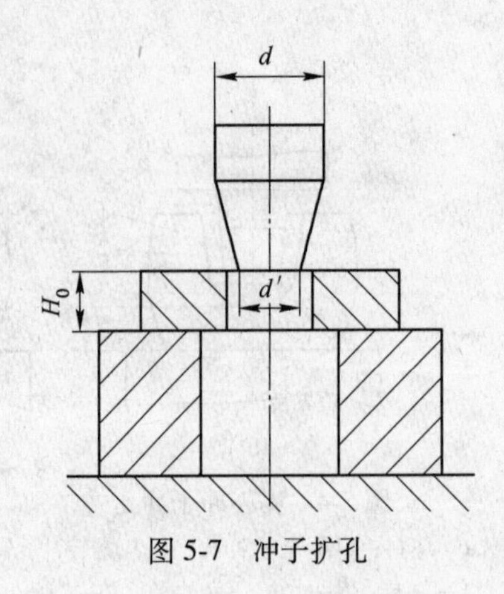

图 5-7 冲子扩孔

(5) 芯轴扩孔。芯轴扩孔的变形相当于坯料沿圆周方向拔长，如图 5-8 所示。

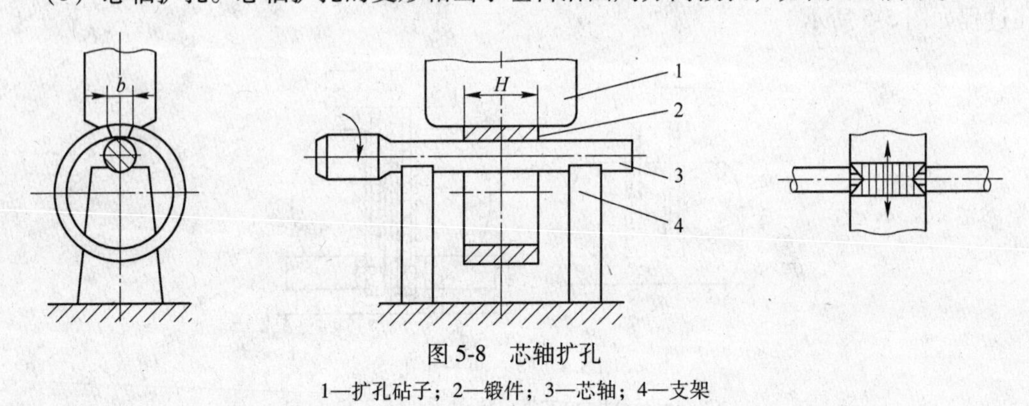

图 5-8 芯轴扩孔

1—扩孔砧子；2—锻件；3—芯轴；4—支架

(6) 胎模锻。在自由锻设备上采用活动胎模成型锻件的方法称为胎模锻。它是一种介于自由锻造与模型锻造之间的一种过渡性锻造方法，但又具有自己的特点。与自由锻相比较，由于锻件形状和尺寸精度最终由模具保证，胎模锻可以获得形状较为复杂、尺寸较为精确的锻件，节约金属，提高劳动生产率。但是需要专用工具（胎模），且要选用较大能力的锻造设备。与模锻相比较，可以利用自由锻设备组织生产各类锻件，胎模制造也比较简单。胎模锻适用于生产小批及中批锻件，工艺灵活多样，锻件种类繁多。比如，用胎模锻可以生产台阶轴、法兰轴、法兰、齿轮、环、套以及杯筒等。

辅助工序是指在坯料进入基本工序前预先变形的工序，有压钳口、倒棱、分段压痕等，如图 5-9 所示。

修整工序是指用来修整锻件尺寸和形状以减少锻件表面缺陷等使其完全达到锻件图要求的工序。一般是在某一基本工序完成后进行，如镦粗后的鼓形滚圆和截面滚圆、凸起、凹下及不平和有压痕面的平整、端面平整，拔长后校正和弯曲校直和锻斜后的矫正等，如图 5-10 所示。

B 模锻

模锻就是模型锻造的简称。将坯料放入锻模的相应型腔内，借助锻锤、压力机或液压机产生的冲击力或压力使之变形，而模膛壁阻碍金属的自由流动，在锻造终了时金属充满模膛以后便得到了所需零件的形状和尺寸。

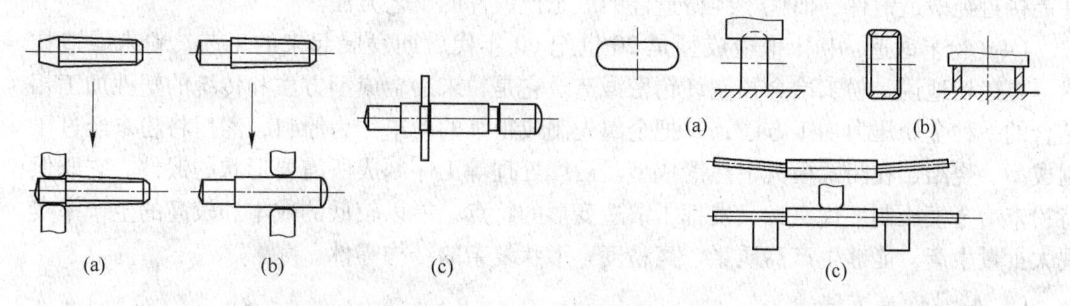

图 5-9 自由锻的辅助工序
(a) 压钳口；(b) 倒棱；(c) 分段压痕

图 5-10 自由锻的修整工序
(a) 鼓形滚圆；(b) 端面平整；(c) 弯曲校正

模锻生产效率高，要高出自由锻 3~4 倍，甚至十几倍；锻件尺寸精确，公差较小；机械加工余量小，材料消耗低，操作简单，易实现机械化和自动化，特别适宜于中批和大批量生产。另外，模锻还可以提高锻件质量。模锻也存在一些缺点，比如，模具制造成本高，材料要求高；新锻件的模具设计、制造复杂；模具互换性小；能耗大等。近年来由于航空航天事业的发展，过去铆、焊制成的飞机结构件，已逐步被整体锻件所取代。因为采用整体模锻件的强度高，重量轻，可靠性强，不仅节省了耗油量，还提高了飞机的乘载能力。

模锻通常可以分为开式模锻和闭式模锻两种，目前也采用了一些新的模锻方法，如液态模锻、粉末模锻、多向模锻等。

(1) 开式模锻。模腔在整个模锻过程中是敞开着的，多余的金属从模子上下两部分间的间隙中流出来，形成横向毛边。模槽上下两部分间的分模间隙在模锻过程中是经常变化的，其厚度随着模子可动部分向固定部分的运动而逐渐变薄，在模锻终了时达到毛边桥高度 h_3。毛边永远和作用力相垂直。正由于间隙的存在，使多余金属形成毛边使阻力增大，才促使金属充满整个模槽，如图 5-11 所示。开式模锻应用很广，一般用在锻造较复杂的锻件上。

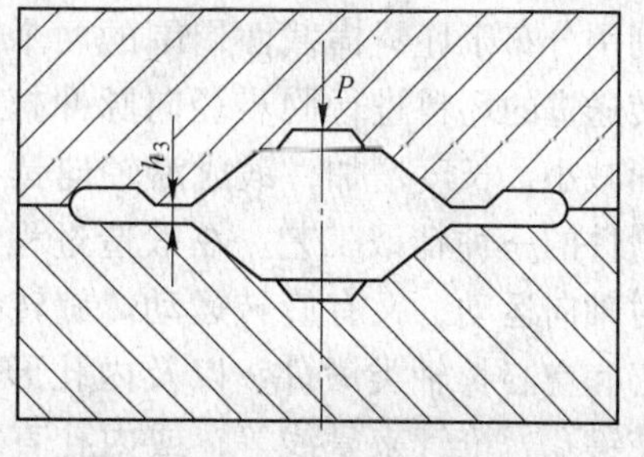

图 5-11 开式模锻

(2) 闭式模锻。闭式模锻在整个锻造过程中模膛是封闭的。在闭式模锻时，由于坯料在完全封闭的受力状态下变形，所以从坯料与模壁接触的过程开始，侧向主应力值就逐渐增大，这就促使金属的塑性大大提高。

在模具行程终了时，金属便充满整个模腔，因此要准确设计坯料的体积和形状，否则将生成毛边。毛边很难用机械方法方便地清除，且使制品力学性能差。由于制取坯料较复杂，闭式模锻一般多用在形状简单的锻件上，如旋转体等。

(3) 液态模锻。液态模锻也称挤压铸造，是一种借鉴压力铸造和模锻工艺而发展起来的少、无切削锻造新工艺，包含了压铸和模锻的若干特点，并具备了自己独有的特征。该方法先将金属熔化、精炼，并且定量浇勺将金属液浇入模具型腔。随后利用锻造加压方式，以一定的压力作用于熔融或半熔融的金属上，使金属产生流动充满型槽，并在较大的静压力下结晶、凝固并产生微量的塑性变形，最终获得与模具型腔形状、尺寸相应的力学性能接近纯锻造锻件，而优于纯铸造件的液态模锻件的工艺方法。

（4）粉末锻造。粉末锻造成型是20世纪60年代后期发展起来的工艺。粉末锻造技术，更确切地说是粉末冶金预制坯精密锻造。它是粉末冶金成型方法和传统的塑性加工相结合的一种金属压力加工方法，是把金属先制成很细的粉末作为原料，然后将粉末经过压制成型、烧结、在闭式模具中热锻成型及后续处理等工序制成所需要形状的锻件。它既保持粉末冶金模压制坯优点，又发挥了锻造变形的特点，能以较低的成本和较高的生产率实现大批量生产，能够生产高质量、高精度、形状复杂的结构零件。

C　特种锻造方法

近30年来，国内外锻造工艺发生了重大变革，除传统的锻造工艺向着高精度、高质量的方向发展外，又出现了许多省时、省力的特种锻造方法。特种锻造工艺，是指除一般的锻造工艺外，在专用装备上进行的一些特殊的锻造工艺方法。目前，在锻造生产工艺中，特种锻造工艺在国内外得到迅速的发展，以满足锻件精度和内部质量的要求。

特种锻造工艺一般都具有以下共同特点：能实现锻件精化，使锻件外形尺寸更接近于零件尺寸，满足少、无切削加工的要求，提高锻件表面质量、精度和内在质量；采用高效的、专用的设备取代复杂而笨重的通用锻造设备，从而提高劳动生产率，适应于大批量锻造生产的需要，并有利于改善劳动条件。

常见的特种锻造工艺有旋锻、辊锻、辗扩成型等。

（1）旋锻。旋锻是旋转锻造的简称，是在旋转锻造机上生产精密锻件的一种专用工艺。旋转锻造在锻造过程中，利用分布于坯料横截面周围的两个以上的锤头，对轴向旋转送进的坯料进行同步径向脉冲打击，使棒料或管料横截面减小，长度增加，锻成沿轴向具有不同横截面或等截面锻件的一种精锻工艺。在锻造过程中，毛坯与锤头既有相对轴向运动，又有旋转运动。旋转锻造适用于各种外形实心和空心长轴类锻件，以及内孔形状复杂如内螺纹孔，内花键孔、枪管来复线等，或内孔直径很小的长直空心轴锻件。图5-12所示为旋转示意图。

图5-12　旋锻示意图

（2）辊锻。辊锻类似于轧钢，是介于锻造与轧制之间的一种工艺方法。辊锻是使坯料在一对装有扇形模块的旋转转向相反的轧辊中通过时，借助模块上的型槽对金属的压力，使坯料产生塑性变形，从而获得所需的锻坯或锻件。图5-13所示为辊锻示意图。

辊锻变形过程是一个连续的静压过程，没有冲击和震动，可以用来生产各类扳手、剪刀、麻花钻、柴油机连杆、涡轮机叶片等。

（3）辗扩成型。辗扩是将环形毛坯在专门扩孔机上用旋转的模具进行轧制，使坯料的壁厚减薄，同时使坯料的内径和外形扩大，而获得所要求的环形件的一种锻造工艺。在扩孔机上辗扩的环形锻件，其内、外表面上可以辗出各种环形的凸筋和沟槽。辗扩工艺在轴承、齿圈、齿轮、法兰、石化机械和宇航产品的环形制造中得到应用。

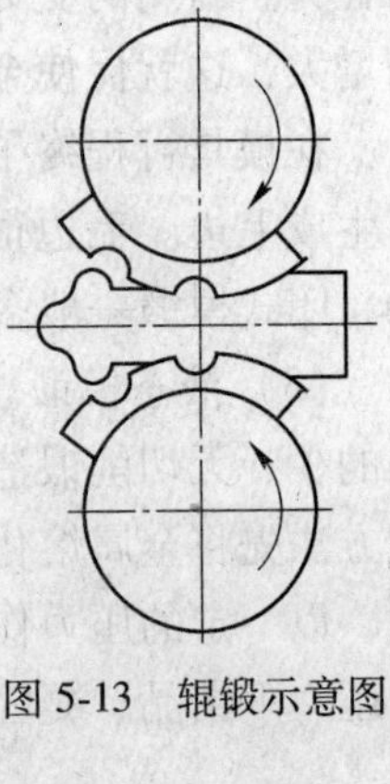

图5-13　辊锻示意图

5.1.1.3 锻造的生产现状和发展趋势

总的来说，我国的锻造生产技术已经取得了长足的发展，形成了具有自己特点的生产技术体系，为发展国民经济和巩固国防奠定了坚实基础。然而，技术装备、模具设计与制造、产品产量与规模、生产效率与批量化生产、产品质量与效益等方面都与国外先进水平存在一定的差距。与此同时，随着其他各种机型加工与成械技术的发展，锻造生产技术在机械加工领域中的应用也将受到挑战。

目前，我国锻造生产的现状有以下几个特点：

(1) 在锻造生产中模锻件所占的比重较低，锻件专业化生产线的数量和规模不及发达国家。

(2) 装备水平较低。主要表现在设备老化、精确度低。

(3) 机械化、自动化水平较低。

(4) 精密化程度不够。我国的精锻技术水平和大型锻件的生产技术水平与工业发达国家相比还较低。

(5) 劳动条件差，工人的劳动强度大。

(6) 在计算机辅助设计和辅助制造技术方面，我国还处于起步阶段，而工业发达国家已经进入实用阶段。

锻造生产技术是国民经济发展的主体技术和基础技术之一，它的发展趋势受社会对锻件生产需求的变化和当代科学技术发展状况的影响。在21世纪这个充满竞争的时代，锻造生产也将面临新的机遇与挑战。一些发展起来的特殊成型方法，如电镦、旋转锻造、辊锻、径向锻造、精密模锻、超塑性锻造、悬浮式锻造和粉末锻造等新技术今后的发展也应被给予足够的重视。

锻造生产发展的趋势是：

(1) 提高锻件精度，节约金属材料。使锻件的形状、尺寸和表面质量最大限度地与产品零件相接近，以期达到少、无切屑加工的目的。为此应逐步发展和完善精密成型新技术，发展高效精密的锻造设备。

(2) 优质轻量化。为了降低能源消耗和减少环境污染，对锻造加工产品的优质、轻量化提出了迫切的要求。例如，在航空工业中，使用锻造方法来生产高性能的铝合金、钛合金及高温合金等航空零部件，以期达到高强度、耐高温、耐腐蚀、抗疲劳及抗蠕变等性能的需求。对于形状复杂的零件或难变形的高强度合金等锻件，则需要研发等温锻造、超塑性锻造、液态模锻等成型技术，以便生产出性能优良、组织均匀、尺寸精确的优质轻量化零件。

(3) 锻件规格化和标准化。为了适应锻件大批量生产的需求，应发展专业化的连续生产线，建立专门化锻造中心以利于进行技术改造及采用最新设计和先进工艺。

(4) 通过计算机数值模拟与仿真技术，建立分析模型对金属的变形时应力应变与组织等进行仿真，实现对工艺过程毛坯形状以及模具结构的优化，可缩短研发周期、提高产品质量、延长模具使用寿命、降低生产成本。从而可以进行模具应力与锻造工艺缺陷的分析，优化锻造工艺，配合数控加工中心可实现电极或模具型腔的快速制造，不仅显著节省设计与制造时间，而且提高了材料的利用率。

(5) 多种技术的融合。多学科渗透的精锻技术是材料成型的重要分支，新材料、传感技术、信息技术、自动控制技术、液压技术、表面处理技术等与锻造生产技术的融合，使锻造技术日新月异。如精冲与挤压技术、激光成型技术、微成型技术、液压成型等，精锻技术的发展是人类文明与进步的体现。

5.1.2 有色金属锻造工艺

5.1.2.1 铝合金锻造

（1）铝合金锻造的特点。在有色金属及合金中，铝合金的锻件种类特别多，可以对铝合金进行自由锻、模锻、镦锻、辊锻和扩孔等。铝合金，特别是高强度铝合金，随着温度的下降，变形抗力急剧上升。因此，为了减小变形抗力，应在较高的温度下终锻，并给以较大的变形程度。

（2）坯料选择。铝合金锻造所用的坯料主要有铸锭、轧制坯料和挤压坯料等。选用何种原料，取决于锻件的尺寸、形状、批量、性能等要求以及经济效益等因素。然而，大多数情况下都是以挤压毛坯作为原料。

铸锭用于自由锻制造锻件或锻坯时，在锻前必须进行均匀化处理；轧制坯只是在壁板类锻件才会采用；挤压坯用于模锻。

在采用挤压坯作为锻造坯料时，需要在挤压之前对挤压锭坯进行高温均匀化处理，挤压后要进行反复镦粗，以消除挤压效应；对要求高性能的锻件，必须将挤压后的锻造坯料车皮，以便消除坯料的表面缺陷。

铝合金坯料的切割，常用锯床、车床、铣床，有时也用剪床，但不能用砂轮切割。

（3）下料。作为有色金属自由锻造的锻件和模锻件的原材料，有挤压棒材、轧制棒材和自由锻坯等，大型锻件还有直接采用铸锭来做坯料的。但是锻压前必须进行均匀化处理以改善塑性，坯料表面要进行机械加工，以防锻造时引起裂纹等缺陷。

采用挤压棒材时，锻前必须清除表面的粗晶环、成层等缺陷。

（4）加热。铝合金坯料在锻造前需要加热，目的是降低变形抗力，提高合金塑性。锻前毛坯加热的要求是：在规定的时间内均匀热透和获取最佳塑性的组织状态，不允许因有温差而造成加热裂纹，被加热金属吸气少，加热炉气氛中含有的有害元素如硫、氢等，应限制在较低的范围内。

由于铝合金的锻造温度范围窄，其加热温度又比较接近其过热、过烧温度，因此，要求加热炉必须保持精确的温度。铝及铝合金铸锭加热，通常是在自动调节温度的辐射式电阻加热炉、带有强制空气循环的电阻加热炉或火燃加热炉内进行。这种加热炉的优点易于精确控制温度，炉膛内温度较为均匀。

铝合金锻造加热温度不能过高，以免有害气体（氢等）损坏锭坯表面质量或出现过热、过烧。铸锭加热至锻造温度后，必须进行保温；锻坯和挤压坯是否需要保温则以在锻压时是否出现裂纹而定。

要特别注意的是：高强度铝合金始锻温度稍高，就会引起过烧；终锻温度不得低于再结晶温度，以免导致变形抗力增加和加工硬化。

（5）锻造。在锻造时，由于铝合金高温摩擦系数大、流动性差，所以锻件对裂纹敏感性强。因此，在选取分模面时，不仅要考虑金属充满模膛、取出锻件、模锻变形力等因素，特别要考虑变形均匀，以免造成裂纹。

对于形状复杂的锻件，要采用多套模具、多次模锻的方法，以便由简单形状毛坯逐步过渡到复杂形状锻件，减少变形的不均匀性。对成型困难部分，在锤上模锻时应放在上模；在压力机上模锻时宜放在下模。

（6）润滑。铝合金模锻过程中，一定要对锻模型槽进行润滑。因为在高温和外力作用下铝合金与钢制模具具有明显的粘附倾向，在锻造过程中，由于润滑剂选用得不适当，不仅会导致成型困难和黏模造成锻件表面缺陷，而且会使模具过早磨损以及增加设备的消耗等不良效果。因此，选用合适的润滑剂对产品的质量起着重要作用，主要是对锻件变形所需的打击能量以及锻件的表面质量、内部组织、力学性能等有重大影响。

常用的润滑剂有人造石蜡、渗石墨的油、动物脂和汽缸油等。目前使用最广泛的是三种石墨和锭子油或者是汽缸油混合润滑剂以及二硫化钼润滑脂。三种石墨和锭子油或者是气缸油混合润滑剂的配比是：

1）80%~90%锭子油+20%~10%石墨；

2）70%~80%汽缸油+30%~20%石墨；

3）70%~80%锭子油+20%~10%汽缸油+10%~5%石墨。

含有石墨的润滑剂，对于锻造铝镁合金有严重的缺点，其残留物不容易去掉，嵌在锻件表面的石墨粒子可能引起污点、麻坑和腐蚀。所以，锻后必须进行表面清理。

（7）精整。精整主要包括切边、锻件表面清理、锻件矫正等。

铝合金锻件都是在冷状态下切边的。铝合金模锻件毛边的切除，通常采用带锯锯切和切边模两种方法。对于生产批量不大、形状较简单或尺寸较大的铝合金锻件，采用带锯切毛边是适宜的，连皮可以冲掉或用机械加工方法切除。对于数量多、尺寸小的模锻件采用切边模切边较为适宜。

在模锻工序之间、终锻以后以及在需要检验之前，铝合金模锻件都要进行清理。常用的表面清理方法是先蚀洗后修伤。蚀洗是铝合金模锻生产中最为广泛的一种清理方法，用以清除残余的润滑剂和氧化薄膜，使锻件表面上缺陷清晰地显示出来。修伤是铝合金模锻工艺中重要的一个环节。由于铝合金在高温下很软、黏性大，容易产生各种表面缺陷。模锻之前坯料表面上的缺陷必须清除干净，否则缺陷进一步扩大，会引起锻件报废。修伤用工具有风动砂轮机、风动小铣刀、电动小铣刀及扁铲等。修理前要经过酸洗并查清缺陷部位，修理处要圆滑过渡，其宽度应为深度的5~10倍。

模锻件在各生产过程中，由于各种原因，模锻件形状常常发生畸变，产生翘曲或扭转等变形。这些变形往往会导致各处加工余量不均匀，有时甚至局部无加工余量，为了防止模锻件的变形而导致尺寸不能满足锻件图技术要求而产生废品，所以必须对锻件进行矫正来消除变形。通常矫正的方法有，在模锻设备上采用模具进行冷矫正和在液压矫直机上的冷矫正。

5.1.2.2 镁合金锻造

A 坯料的选择

镁合金锻造选用材料主要有铸坯和挤压毛坯两种。为了保证原毛坯锻造时具有高塑性及成品零件具有必要的力学性能，目前大多数情况下都采用挤压毛坯，仅在锻造大型锻件时，由于采用大截面的挤压毛坯有困难，才采用铸锭作为原材料。

（1）铸锭。镁合金锻造用铸锭塑性的高低，以及锻件、模锻件组织和力学性能的好坏，在很大程度上取决于铸锭本身的结晶组织、铸锭中有害杂质和非金属夹杂物分布的情况，以及金属中气体的含量，即决定于铸锭本身的质量。

镁合金铸锭一般不用普通锭模铸造，而用半连续浇铸方法铸出的铸锭，由于结晶速度高，其结晶组织比较均匀，柱状晶区域不大，铸锭中化学成分分布均匀，氧化物和夹杂少，铸锭的补缩条件好，中心没有疏松，因此，使得铸锭沿整个截面都具有较高塑性。

采用具有细小晶粒，组织均匀，偏析小又没有气孔、疏松和非金属夹杂等缺陷的优质铸锭，不仅提高了铸锭的塑性，使热加工能顺利进行，而且制成的挤压件、锻件、模锻件的组织和力学性能得到大大改善。因此，铸锭质量是决定合金可锻性及半成品质量的一大关键问题，必须予以充分注意。为了提高合金的塑性，除了控制非金属夹杂和铸锭含氢量之外，还要在挤压或锻造之前进行高温均匀化处理。

(2) 挤压毛坯。在绝大多数情况下，镁合金锻造所用的原材料为挤压毛坯。因为它塑性好，但由于挤压时金属流动的特点，决定了镁合金和铝合金挤压棒材具有相同的特点，即力学性能的异向性较大。为了减小不均匀的影响，获得力学性能均匀的锻件，挤压前的铸锭要进行均匀化退火，以减轻铸锭中的枝晶组织和区域偏析，其次是增大挤压时的变形程度。

B 下料

镁合金下料不采用剪床，因剪切时，可能在切口形成显微裂纹，在随后变形时会造成废品。常用圆盘锯、车床或专用的快速端面铣床。

镁合金下料一般是在冷态下进行，但在锤上锻造时，当一根坯料要锻成几个锻件时，采用锻后直接于热态下剁切也是合理的，但一般不采用，只有 MB2、MB15 例外。

若原材料表面有压伤等缺陷，则表面应车光。对于镦粗的毛坯，需车光端面，为了防止两面交界处在锻造时产生裂纹，端部应倒圆角（$R=3\sim4$mm）。

镁屑易燃，所以下料速度应慢，切削车床的切削速度一般不超过 400~600m/min 的范围。进刀量则应在 1~1.5mm 范围内。为避免毛坯表面质量遭到损害，要用橡皮或牛皮等软垫将毛料夹住。由于润滑剂容易引起镁屑燃烧，肥皂水、乳浊液又易使镁合金腐蚀，因此与其他合金下料不同，即不润滑，也不使用冷却液，切屑要单独存放，勿与其他切屑混在一起。要防止尘土、铁屑和水分混入。要严禁烟火，保持工作地的清洁，以防引起爆炸和燃烧。带有粗晶环的挤压棒料，应扒皮以提高铸锭质量。

C 锻前加热

(1) 加热设备及方法。镁合金毛坯通常是在电炉中加热，最好带有空气强制循环的装置，保持炉温均匀。炉内温差不应超过±10℃。炉温用装在距被加热坯料 100~150mm 处的热偶测量，炉子应自动控温，仪器应能保证温度的测量精度为±8℃之内。

装入炉中的坯料，应清除掉油渍、镁屑、毛刺及其他脏物。在加热镁合金时，必须严格地做到在炉中没有钢料，而且不使镁合金与加热元件接触，应当使其相隔一定的距离。而且经常加热镁合金的电炉，其电阻丝旁最好装有保护板，以免过热和引起燃烧。

坯料应均匀地放在炉底上，并保持一定的距离（间隔），不要堆放。坯料装炉前，应将炉子预热到规定的温度再装炉。这样可以缩短加热时间，避免晶粒长大。如果炉子刚刚在更高的温度下加热过坯料，则应先冷却炉子，使低于规定的温度 50~100℃，然后再升高到该合金所规定的温度，保持 20~30min 后，再装入坯料。加热时间应从坯料入炉及炉子温度升高到规定温度时算起。

(2) 加热速度及加热时间。镁合金的导热性良好，任何尺寸的镁合金毛坯都可以直接高温装炉，但是镁合金中的原子扩散速度慢，强化相的溶解需要较长时间。为了获得均匀组织，保证在良好塑性状态下锻造，故实际所采用的加热时间还是很长的。

D　锻造

镁合金与铝合金，在锻造的各方面有许多相同之处。但在设计热锻件图时，按冷锻件加放收缩率，镁合金比铝合金要小些，取 0.7%~0.8%。镁合金的工艺塑性比铝合金低，所以某些参数也略有差别，例如，MB15 和 MB7 合金锻件的腹板厚度比相同条件下的铝合金锻件要大些。肋间距离是镁合金允许的最大肋间距，在相同的肋高条件下，较铝合金要小些。镁合金的流动性差，只适用于单型槽模锻，对于一些形状复杂尺寸较大的模锻件，可以采用自由锻造制坯，最后进行单型槽模锻。采用自由锻造制坯，不但有利于成型，而且可以提高坯料的塑性。

E　切边

镁合金模锻件毛边的切除，通常采用带锯锯切和切边模热切两种方法。因为镁合金塑性低，对拉应力特别敏感，所以，很容易出现切边裂纹，并成为锻造中的关键问题。

(1) 带锯切割。对生产批量不大，形状较简单或尺寸大的镁合金锻件，采用带锯切毛边是适宜的，它不会产生切边裂纹，又省去了切边模的制造。

(2) 热切。当用切边模切除毛边时，必须用小间隙或无间隙的模具，因为凸凹模之间的间隙愈大，在切割处产生的拉应力也愈大，特别是当温度低于 215℃时，不可避免地会产生切边裂纹。如果温度偏高，毛边会被撕裂，将有毛刺残留在锻件上；如果温度偏低，则因塑性不够而产生切边裂纹，切边温度应在 220~250℃之间，生产上可以直接利用锻后余热，或重新加热到 250℃切边。绝不可在室温或低于 200℃的温度下冲切，热切可以在淬火之前或淬火之后进行，对产品质量都没有影响。

(3) 两次切边法。对于低塑性的一些镁合金，如 MB15 等，使用较小切边间隙和适当的切边温度，也还是不能完全避免切边裂纹，即沿分模面周围产生拉裂，在这种情况下，建议采用两次切边。第一次模锻后（当毛边桥部厚度大于 3.5mm 时），可用一般的切边模热切，但不切净，留 6~10mm 宽的毛边在锻件上。这样，切边裂纹不致深入到锻件中去，而且留着的毛边在随后模锻时，还能在四周形成阻力，防止毛边裂纹的产生。第二次切边是在特制的凸凹模都有尖形刃口的切边模上进行。

F　打磨

在模锻工序间或模锻以后，经常需要打磨去掉镁合金锻件上的毛刺、裂纹和折叠等缺陷。可以分别地在铣轮或布轮上打磨修理，个别的用风铲、刮刀，但不允许用砂轮、锉刀，因镁的粉末易将缺陷填塞而形成隐患。

清除面积较大及较深的缺陷，用厚度较厚外径较大的铣轮，这样铣削面积大，速度快。缺陷修除后的凹坑，应保持宽深比 $B/h>6$ 的月牙形。对肋根裂纹等类似缺陷，按锻件位置及圆角半径的大小来选择形状或大小不同的铣轮。对面积大、缺陷浅的情况，如表面有微小裂纹，微量腐蚀的锻件，用布轮抛光打磨。

打磨清理后的锻件（尤其是对折叠、裂纹缺陷），应进行再次检查，以便确定是否已打磨彻底。如不彻底，需作第二次清理，直到缺陷完全清除为止。

G　防火

镁渣、镁末触火易燃，着火过程遇水会爆炸。因此必须注意防火，其方法如下：

（1）对镁合金毛边、镁渣、镁末，应设专门的料箱收集，由专人负责按时送到指定地点、离火较远的安全地点，及时回收；

（2）灭火要用干燥砂子，严禁用水，以防爆炸；

（3）严禁在打磨钢件附近留有镁屑或镁末，以免打磨钢件时产生火星引起着火；

（4）如镁在炉中起火，不要打开炉门，应立即断电，用砂子堵塞炉门缝隙，使其与氧气隔绝。

镁合金锻造其他工序可以参看铝合金锻造工艺进行。

H　锻件热处理

镁合金的热处理主要是软化退火及淬火、时效。热处理不能强化的镁合金 MB8 和热处理强化作用不大的 MB2、MB3、MB5，只用软化退火来消除加工硬化，恢复塑性。

热处理不强化的镁合金，在软化退火时，发生恢复再结晶过程。而对 MB2、MB3、MB5 来说，还有过剩相在固溶体中的溶解和从固溶体中的析出过程。因此，变形镁合金软化退火的温度，必须高于再结晶温度，而低于过剩相强烈溶解的温度。但因软化退火时发生的恢复与再结晶过程进行得比较缓慢，所以退火时间需要长一点。例如，MB1 合金软化退火的温度为 340～400℃，保温时间为 2～3h。但应注意，退火温度过高，例如，MB8 合金的退火温度超过 400℃时，会发生聚集再结晶，使晶粒长大，从而降低合金的力学性能。

热处理强化的变形镁合金，热处理强化机理，主要是通过淬火加热时过剩相溶入固溶体，在迅速冷却的条件下得到饱和的固溶体。时效时，再从过饱和固溶体中析出强化相，从而使合金强化。因此，它和铝合金的热处理相同，都没有同素异晶转变，而是利用合金元素在镁中的固溶度随温度的变化，通过淬火、时效来改善合金的性能。但它和铝合金并不完全相同，这是由合金的性质所决定的，因为合金元素在镁中扩散缓慢，而且易于形成低熔点偏析物，所以，镁合金淬火、时效有自己的特点。

（1）淬火温度较低在镁合金中，低熔点偏析物的熔点，比铝合金中偏析物更低，在淬火加热时比铝合金更宜于过烧。所以，镁合金淬火采用较低的温度，一般为 380～450℃。

（2）淬火加热速度缓慢，如果将镁合金的工件很快加热到淬火温度，熔点低于淬火温度的偏析物来不及扩散，而在晶界上发生局部熔化，使工件报废。为了防止这一现象，入炉温度一般为 280～380℃，或者采用分段加热的方法，将工件加热到 330～370℃，保温 1～2h 后，再加热到淬火温度。对熔点较高的 MB7，可以直接在淬火温度下入炉。

（3）淬火加热的保温时间长，镁合金的组织比较粗大，铝、锌等合金元素在镁中扩散缓慢，过剩相的溶解比较困难。因此，加热保温时间特别长，尤其含铝较高的合金，淬火加热时长达 8h。

（4）可以缓慢冷却，因扩散过程缓慢，过剩相的析出同样也慢。因此，淬火冷却采用空冷即可达到目的。相反，若在水中冷却，则容易产生晶间裂纹。在 70～100℃的热水中冷却，所得的力学性能要比空气中冷却时高，但同样有产生显微裂纹的危险。

（5）自然时效效果很差，因镁合金淬火后所得到的过饱和固溶体比较稳定，如采用自然时效几乎不发生强化作用。除工件要求具有较高的塑性外，一般采用人工时效。

（6）必须在保护气氛中加热，镁合金在高温下易氧化，甚至燃烧。故淬火加热时，要用保护气氛，生产上采用在炉内加入黄铁矿（FeS_2）自行产生 SO_2气体，起到保护作用。黄铁矿的加入量约为0.3%~0.4%工件。加热设备要有较好的密封性，通常采用空气循环电炉。温度控制要精确、可靠。镁合金不能在硝盐槽中加热，否则容易着火或发生爆炸事故。

总之，镁合金的热处理和铝合金很类似，但由于合金性质不同，所以镁合金热处理的强化效果不如铝合金好。为此大多数镁合金是在退火状态下使用。为了发挥材质的作用，MB7、MB15、MB5 镁合金可以进行淬火，时效处理来改善力学性能。

5.1.2.3 钛合金锻造

钛合金是第二次世界大战以后发展起来的新型金属结构材料，其主要特点是密度小、强度高，因而比强度高，同时具有良好的耐热性和耐蚀性能。因此，钛合金首先在航空、化工和造船工业中得到应用。其中，航空工业是钛合金的主要使用部门，据统计，国际上所生产的钛材的80%用于这一部门，其次，因其耐蚀性高，在化学工业中的泵体和管道上，以及食品、制药、生物材料中应用很普遍。

钛合金在航空发动机结构中应用最早，发动机的转子零件的重量减轻1kg，整台发动机的重量可减轻3~5kg。因此，航空发动机上用钛合金代替部分铝合金和合金钢，可使发动机的重量减轻100~500kg。在航空发动机上，钛合金主要用来制造压气机盘、叶片和机壳等。

A 钛合金的可锻性

钛合金有两种同素异晶体，在885℃以下钛具有密排六方晶格组织——α 相，当温度超过885℃以后，相转变为具有体心立方晶格组织的 β 相。在低温下，六方晶格组织的滑移面数目有限，塑性变形困难。当温度升高时，六方晶格中的滑移面增多，所以钛合金的塑性随温度的增高而大大地提高。当温度超过相变点进入 β 相区时，金属的组织由密排六方晶格转变为体心立方晶格，这时钛合金的塑性明显提高，因此钛合金一般在热态下进行压力加工。图5-14为钛合金的塑性图。

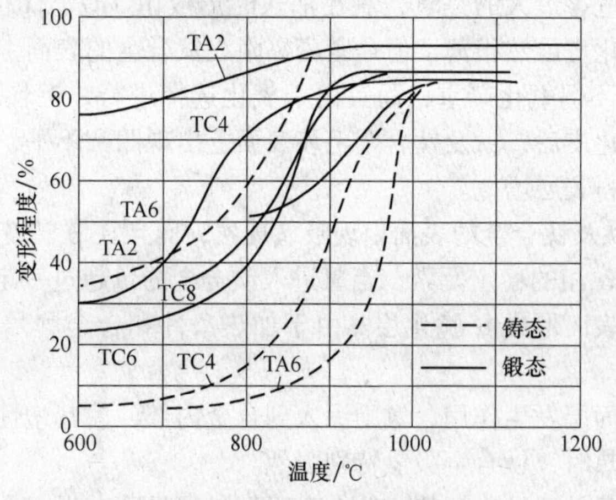

图5-14 钛合金的塑性与变形温度的关系

实践说明，用钢和铝能锻出来的各种形状的锻件，用钛合金也能锻造出来。由于钛合金变形抗力大，而且钛合金的变形抗力随着温度降低而急剧增大，因此，在变形程度相同的情况下，锻造钛合金比锻造低合金钢需要更大吨位的变形设备。一般来说，锻造钛合金比锻造不锈钢困难，但比镍基合金好锻。

应变速率对钛合金的工艺塑性有很大影响，在速度为 9m/s 的落锤和 0.003m/s 的液压机上对 TA3 合金铸锭做镦粗试验的结果说明，在相同温度下，锤上镦粗允许的变形程度不大于 45%，而液压机上镦粗允许的变形程度可达 60%。

B 下料

为了得到合格的钛合金锻件，对钛合金锻造用的原坯料必须严格要求。模锻件的坯料要求扒皮，扒到缺陷完全消除为止。如车削后，如个别部位上仍有缺陷，应予以局部打磨消除，其深度不应大于 0.5mm。

（1）圆盘锯切割，圆盘锯旋转速度在 30~35mm/min 之间，以最小的进给量能使坯料获得洁净的端面。当线速度小于 25m/min 时，即使进给量最小，端面也不能整齐。应将切割后留有的毛刺打磨掉，以免在锻造时产生裂纹。

钛合金切削还可采用阳极切割及砂轮切割机床。但切割坯料的直径受到限制，切割坯料直径一般不应大于 60mm。当直径小于 20mm 时，切割时可不用冷却液。

（2）阳极切割，阳极切割下料，可在盘式机床或带式机床上进行，切口宽度不超过 3mm，因此，切耗比在锯床上下料少得多。但是它生产率较低，约为车床下料切割的 20%。

（3）压力机或锻锤上切割，剪切压力机切割的生产效率最高，但是，坯料要加热到 650~850℃，工业纯钛可以在冷态下剪切。经过预变形的坯料，可及时在压力机上或锻锤上切割（剁料），切割时，坯料温度应不低于 850℃，铸锭则要在开坯温度下切割。

（4）铸锭或棒料在车床上切割，在车床上切割时，要用硬质合金作刀具。切削速度应在 25~30mm/min 范围内，进刀量则为 0.2~0.3mm/r。

C 加热

加热钛合金毛坯，要注意两个特点：高温下气体极易发生化学作用；在室温下导热性很差。

加热时对钛合金危害最大的是氧，氧在加热时形成由 TiO、TiO_2 和 Ti_2O_2 构成的氧化皮。低温下形成的氧化皮虽然很薄，但是紧密黏附在钛合金的表面上，只有靠腐蚀才能去掉。在 1000℃以上，不但氧化严重，而且由于氧化选择进行，毛坯表面各处的氧化皮厚度是不同的，去掉氧化皮后，钛及钛合金毛坯表面上出现凹凸不平，对锻件的表面质量很不利，另外在于使坯料表层增氧。

在 630℃以上，钛及钛合金的表面出现吸氧现象，而且在 β 转变温度以上，氧的扩散大大加快。由于氧是 α 相的稳定元素，当氧进入钛合金的量超过一定数值后，β 相就不可能存在，从而在坯料表面形成 α 脆化层。由于加热条件和合金牌号的不同，脆化层的厚度有的可达 0.65mm。

氧仅在坯料的表面层发生作用，氢则深入到合金内部，使其塑性严重下降。在具有还原性气氛的油炉中加热时，钛合金吸氢特别强烈。

在具有氧化性气氛的油炉中加热，钛合金吸氢过程显著减慢。在普通的箱式电炉中加热时，随着加热时间的增长吸氢量急剧增加。由上述分析和实验曲线看出，钛合金加热应以电炉为最好，当不得不用火燃炉加热时，应使炉中保持微氧化性气氛，以免引起氢脆性。为防止钛合金与耐火材料发生作用，炉底上应垫上不锈钢板，不可采用含50%Ni以上的耐热合金，以免坯料焊在板上。

对于要求较高表面质量的精密锻件，或余量较小的重要锻件，坯料在模锻前的加热，应在保护气氛中进行。在真空中或在惰性气体中加热，质量很好，但投资大、成本高，而且在出炉以后的加工过程中，仍有被空气污染的危险。因此，实际生产中较多采用在坯料表面涂上一层保护层，可避免形成氧化皮，并能减少 a 层厚度。

钛和钛合金在低温下的导热性很差，在室温下的热导率只有铜的3%，比钢也小得多，但在高温下与钢接近。因此，在加热开始阶段，直径220mm的坯料，表面与中心的温差可达230℃。

较大的温差将导致较大热应力，甚至引起裂纹。因此，直径大于100mm的毛坯，要分成两段加热，先比较缓慢的速度预热到800~850℃，然后快速加热到锻造温度。

圆柱形坯料最好采用感应加热，能大大缩短加热时间。如果直径为150mm的TC6合金坯料，采用感应加热，总共需20min。当用箱式电阻炉加热时，则需要75min。感应加热，还能减少口脆化层的厚度，从而减少变形时出现的裂纹的危险。

D 自由锻

钛合金自由锻工艺，一般可分为两类：一类是简单的，即坯料只进行镦粗或拔长工序；另一类是由两个以上的简单工序组成，它可分为以下三种：

（1）一次镦粗加一次拔长；

（2）两次镦粗与一次或两次拔长；

（3）三次镦粗与两次或三次拔长。

用直径大于150mm的挤压棒材，锻造力学性能要求严格的锻件时，为保证锻件具有较高、较均匀的力学性能，应用第二类的第二种或第三种工艺进行锻造。

在压力机上锻造时，每一行程的变形程度不受限制，在锤上锻造则不然，开始阶段要轻打，每次锻打的变形程度不超过5%~8%，随后可以逐步加大变形量。

砧子的砧面要经过磨削，其边缘应倒圆。锻造前砧面应预热200℃，变形量可以提高25%。在冷砧面上镦粗时，金属沿接触面上没有流动，因而，变形分布不均匀，当在预热到300℃的砧面上镦粗时，金属沿接触面发生流动，变形分布比较均匀，从而可以增加变形量。为了避免坯料与砧面黏着，应定时在砧面上撒上润滑材料。

E 模锻

锻造钢锻件的设备，如锻锤、摩擦压力机、机械压力机、水压机和扩孔机等，都可以用来锻造钛合金。但是，模锻钛合金最好用水压机、机械压力机和摩擦压力机来进行，因为这些锻压设备比锤的变形速度低，可以保证金属流动较均匀，使模锻件表面形成的缺陷少。

机械压力机、摩擦压力机广泛用来生产像涡轮叶片那样的小型锻件，很少用来生产重量超过40kg的锻件。水压机一般用来生产大、中型锻件，水压机的优点是变形速度低，所得锻件内部组织比压力机上模锻的更均匀。它的缺点是坯料与模具接触时间长，冷却明显，有引起表面裂纹的危险，同时，由于接触时间长，坯料传给模具的热量较多，使模具升温快、寿命变短。

与水压机相比，锻锤的优点是热坯料与模具接触时间短，有利于延长模具寿命。另外，坯料表面冷却少，表面产生裂纹的倾向也少。

用锻锤进行开式单槽模锻时，开始要轻击，随后逐渐加重，从形成毛边开始，随着产生有利的应力状态，变形程度就不受限制了。采用多模槽的模具是不适宜的，因为每次变形之后，必须清除坯料表面的缺陷。

模锻用的坯料，一般都用自由锻来制造形状接近模锻件的形状，大量金属成为毛边，而使型槽充填不完全，两道工序可以用一套模具，也可以用两套。

用压力机模锻时，应该分两道工序，即预锻工序和终锻工序，在两道工序之间，应进行中间切边，酸洗并清除表面缺陷。模锻时模具要预热，模具预热温度与所用的设备有关。当在锤上或机械压力机上模锻时，由于它们的作用速度快，模具预热到260℃左右；当在水压机上模锻时，由于它的动作速度慢，模具应预热到425℃或更高。

切边钛合金模锻件切边时，应达到下列要求：

(1) 切口平整；

(2) 剪切面上不允许出现裂纹，并且晶粒度要均匀；

(3) 凸模不应在锻件上留有压痕。当批量不大时，可用铣床切除毛边，钛合金锻件的毛边一般热切，切边温度600~800℃，切边后马上校正时，切边温度取高些（800℃）。

F 锻件热处理

钛合金零件，通常是在机械加工或焊接后进行热处理的。采用何种热处理，主要靠合金的类型以及零件所需的强度和塑性指标来确定。钛合金的热处理主要有不完全退火、完全退火、等温退火、双重退火、淬火和时效等。

5.1.2.4 铜合金锻造

可以锻造的铜合金主要有黄铜、青铜和白铜等。

铜合金具有良好的塑性和强度、耐磨性和导电导热性，在空气和海水中耐腐蚀性好。其在电力、仪表、船舶等工业部门中得到广泛的应用。铜及铜合金按所含合金元素的不同分为纯铜、黄铜、青铜和白铜。

A 下料

铜合金锻造用坯料有铸锭和挤压棒材两种。

(1) 铸锭。由于在铸造时浇铸温度及冷却速度的不同，铸锭中柱状晶及等轴晶区所占的比例也不同。对铜合金来说，当其杂质含量少时，具有比较发达的柱状晶区的铸锭，塑性比较好，锻成的锻件质量也较高。锻造前，一般要对铸锭进行均匀化退火，改善金属的塑性。对铸锭表面的裂纹、气泡等缺陷应打磨干净或表面扒皮（车削）。

(2) 挤压棒材。对于挤压棒材要进行退火；对铜合金棒材常用锯切和车床切割下料。

B 加热

铜合金加热最好在电炉内进行，也可用火焰炉加热。在电炉中加热时用热电偶控制温度比较准确，而火焰炉中加热，控制炉温误差较大。

铜合金的始锻温度比钢低，在火焰炉中加热最好采用低温烧嘴，炉中气氛最好控制为中性。但对于在高温下易氧化并且氧化膜不致密的铜合金，如无氧铜、低锌黄铜、铝青铜、锡青铜和白铜等，应在还原性气氛中加热。

铜合金具有良好的导热性，其导热性随温度的升高而增大。在加热过程中，不少铜合金会发生相变，但强化相的溶解速度快，所以铜合金坯料加热时间较短。另外，一些铜合金的过热倾向性大，加热时间过长，容易引起晶粒过分长大。因此，铜合金坯料可直接在高温下装炉。对于火炉，炉温可比铜合金的加热温度高出100℃，对于电阻炉可以高出50℃。

C　自由锻

铜合金的锻造温度范围窄，导热性好，所以锻造时工模具都要预热到200~300℃，自由锻时锤击应轻快，坯料在砧面上要经常翻转，以免某一方面因接触下砧过久而带走热量，使温度迅速降低。铜合金在冲孔前，冲头必须预热到足够的温度。如用冷冲头冲孔，容易在孔的内缘产生裂纹，用冲头扩孔时，每次扩孔量不易过大。

铜合金对内应力很敏感，若不消除，铜合金零件在潮湿的空气中会自行破裂，所以锻造时应使锻件各处的变形程度和变形温度尽可能地均匀些。

为了避免临界变形引起的粗晶，铜合金锻造时每次变形量应大于10%~15%。

由于铜合金较软，拔长时压出的坯料台阶比钢料拔长时尖锐，若压下量过大，在下一次锤击拔长时容易在台阶处形成折叠。所以拔长时的送进量与压下量之比应比钢料拔长时稍大，锤砧的边缘应倒出大圆角。

D　模锻

铜合金模锻件及锻模的设计原则上与钢锻件相同，只是铜合金的收缩率一般取1.3%~1.5%；由于铜合金的摩擦系数较小，故模锻斜度一般为3°；模槽表面的粗糙度 R 为0.8~0.2μm；模具应预热至150~300℃；由于铜合金锻造温度范围窄，导热性好，故一般不宜采用多模槽模锻；形状复杂的锻件，可以用自由锻制坯再模锻成型或在压力机上直接挤压成型。铜合金的高强度小，流动性好，也较少采用预锻型槽。铜合金锻造时易形成折叠，所以，模锻前的制坯工序在转角处的圆角半径应制得比钢坯大一点。

E　冷却和切边

铜合金锻件通常在空气中冷却。铜合金锻件一般在室温下切边，只有下列情况才需要热切边：

(1) 在室温下塑性很低的铜合金锻件在冷切边时会在切边处撕裂锻件；

(2) 大尺寸的大锻件，热切温度通常在420℃左右。铜合金模锻的模具润滑通常采用胶体石墨与水或油的混合液，润滑剂要涂均匀。

F　清理及热处理

铜合金锻件锻后清理方法主要是酸洗，小型锻件有时也采用吹砂清理。

黄铜锻件的热处理方法有低温去应力退火和再结晶退火两种。低温去应力退火主要应用于冷变形制品。低温退火的方法是在260~300℃的温度下，保温1~2h，然后空冷。再结晶退火则是黄铜件热处理的主要方式，黄铜的再结晶温度均在300~400℃之间，常用的退火温度为600~700℃。退火温度不能过高，否则易引起晶粒长大，使工件力学性能降低。

对于α黄铜，因退火过程不发生相变，所以退火后的冷却方式对合金性能影响不大，可以在空气或水中冷却。

对（α+β）黄铜，因退火加热时发生相变，冷却时又发生 β→α 相变。冷却越快，析出的 α 相越细，合金的硬度有所提高。若要求改善合金切削性能，可用较快的冷却速度；若要求合金有较好塑性，则应缓慢冷却。

青铜的锻后热处理方式也是退火，但对于热处理强化（淬火、时效）的铍青铜及硅镍青铜等合金，一般不进行退火处理。

5.1.2.5 钼和钼合金锻造

在稀有金属中，除钼以外，目前可以进行自由锻或模锻的还有钨、钽、铌、铍、锆、铼、锗、钒、铱、铀和钍等。这些金属的产品多半要经过锻造，不是直接锻成成品，就是中间锻造成坯料，供其他压力加工方法使用。

钼和钼合金，生产锻件的原始坯料有烧结的、挤压的和铸锭。钼和钼合金的坯料在以氢气为保护气体的电阻炉、煤气炉或感应炉中加热，在锻锤或压力机上进行锻造。

为了保证钼和钼合金在自由锻和模锻时有最低的硬化和最低的变形抗力，最好在 1600~1700℃完成，但这么高的温度，使加热和加工困难。纯度不高的钼锭，允许一次锤击的变形程度为 16%~20%，而纯度更高的钼锭，变形程度可以增大到 60%。

为了把钼和钼合金的坯料拉成细丝，先要用旋锻机锻打成拉丝坯料，例如，可以将 10mm×10mm 的烧结方坯锻打成 3mm 左右的线坯。旋锻在 1300~1600℃下进行，每次锻打加工率为 10%~16%，开始几道的要小些。

模锻采用含有石墨的玻璃作润滑剂，这类润滑剂绝缘性能很好。

5.1.3 锻件质量控制

锻件质量的优劣对机械零件的性能和实用寿命影响极大，因此，在生产锻件过程中，必须保证交付的锻件具有锻件图所规定的尺寸精度和满足零件在使用过程中提出的性能要求。而锻件的性能又取决于组织和结构，由于锻件的质量与原材料质量、锻造工艺及热处理有关，为了保证获得高质量的锻件必须控制锻件质量，即必须经过设计质量和制造质量的保证。必须经过严格的质量检验才能流入下道工序，在整个锻件生产过程中的各个环节进行质量控制，即必须对从原材料的选择起到锻件压力加工过程和热处理工艺的整个生产过程进行控制，以保证生产质量的稳定和产品的一致。

5.1.3.1 锻件质量控制的工作内容

对于供应锻件的生产商来说，锻件质量控制工作主要包括以下三个方面：

（1）锻件质量担保。锻件质量担保主要包括试验、监督和最终检验，其主要目的是向订货单位保证提供的锻件符合图纸要求的锻件形状、尺寸精度、力学性能和其他特殊要求在所有的产品中均已达到。

（2）锻件质量控制。锻件质量控制是对生产中的可变参数和锻件的几何尺寸、表面质量和力学性能进行定期的测定和检验。并将测定的结果与标准和技术条件要求进行比较，以便决定是否有必要去改变锻件生产过程中的某些因素，实现对锻件质量的控制，保证锻件最终质量的波动不超过订货单位技术条件的要求。

（3）对锻件提供标记。对于重要锻件质量的控制，专门有一套标记方法，以便在生产和使用过程中进行查找。锻件标记的主要内容包括材料牌号、炉批号、收发货日期和供应厂的代号等。这样做有助于区别材质的变异是由于制造过程本身的因素引起，还是由于非制造过程的因素引起。原材料有了标记，也能为评价供应厂的产品质量提供可靠的依据。锻件上的标记应该打印在容易发现的地方。如果锻件上的印记在机械加工时会被切削掉，那么在生产过程中，在这个锻件装配完毕或用打印模等其他方法重新作出标记前，应挂上金属标签，以免混乱。

5.1.3.2 原材料的质量控制

原材料在入厂时，必须附有如熔炼方法、成分、炉次、轧制温度、低倍检验及力学性能等方面的资料和试验结果。

入厂原材料的检验项目，主要取决于原材料的合金种类。检验项目有冲击韧度、晶粒度、低倍腐蚀、可锻性、超声波探伤等。一般来说，合金成分越复杂，材料越贵重，则要求进行入厂检验的项目就越多。

5.1.3.3 锻造过程的控制

对锻造过程的控制，主要是从以下两个方面来进行。

A 对锻件进行全面的检查和彻底的评价

对新锻模试制出来的第一个原型锻件即首件，进行划线检验几何尺寸和按技术条件进行破坏性试验。在检查和试验结果与设计要求相符合，并认定该工艺过程生产的锻件合格之后，才能正式生产锻件。对于首件生产应积累的数据和通过的试验有以下几项内容：

(1) 原始坯料尺寸；

(2) 毛坯锻造温度和模具预热温度；

(3) 锻锤的打击次数或压力机行程次数；

(4) 每次变形后的流线方向图；

(5) 锻件和模具在终锻时的温度；

(6) 飞边沿锻件四周分布的均匀程度；

(7) 通过低倍检验和拉力试验，检查纤维分布、冶金质量和力学性能是否符合设计图样的要求；

(8) 对清理后的锻件进行目视检验，以确定其表面质量是否满足要求；

(9) 对锻件几何尺寸进行划线检验。

B 批生产锻件质量的控制与监督

首件锻件检验合格并经过订货厂家复验合格后，方可开始批量生产。在批生产中，重要锻件质量的控制，是从锻件按规定的最多件数进行“组批”开始。通常，一批锻件系指由同一熔炼炉号、同一炉批热处理和在同一时间内提交给订货单位进行检收的相同锻件。记录下来的数据和试验结果就是针对锻件而言的，它包括以下几项内容：

(1) 生产的最大批量；

(2) 锻件的顺序号及标记；

(3) 根据协议进行的力学性能试验；

(4) 按协议进行的其他检验项目；

(5) 最终的目测和尺寸检验；

(6) 对每一装运批应附有测试、监督和检验批准书，其中包括熔炼炉次、锻件质量、锻件力学性能或超声波探伤、尺寸及目视检查等。

5.1.3.4 锻件热处理的控制

有色金属锻件的热处理是生产过程中一项重要的工序。锻件进行热处理的目的是改善锻件的综合性能。有色金属锻件的热处理，大部分是由锻造车间来完成的。

为了对锻件热处理的质量进行控制，车间应采用一套配套的措施，其中包括热处理炉批号、抽查硬度、定期检查炉温及校核仪表等。下面列举一些基本项目：

（1）加热炉结构合理。炉膛尺寸、炉温及炉膛内温度的均匀性能满足热处理的需要；

（2）每台加热炉都要有注明炉温均匀性检验日期和下次检验日期的合格或禁用标牌；

（3）淬火槽尺寸要足够大。保证实现淬火锻件速度、均匀地冷却。为了控制淬火槽液温度，还应配有加热装置和槽液循环装置；

（4）定期校核电位计。加热炉应配备控制温度和记录温度的电位计；

（5）温度均匀性的检查。炉温均匀性的检查应在正常工作条件下进行，每半年一次；

（6）根据化学成分调整热处理制度；

（7）做好记录。必须使热处理炉的记录与锻件的热处理炉批号相对应。

5.1.4 锻造设备

自由锻和模锻的主要设备可以分为锻锤、液压机、螺旋压力机和机械压力机四大类，其中每一类又有各种各样的结构形式。

5.1.4.1 锻锤

在锻造设备中，锻锤是应用最广的一类。锻锤是一种由锤头、锤杆和活塞组成落下部分在工作行程中积蓄的动能，以很高的速度打击放置在锤砧上的坯料，落下部分释放出来的动能转变成很大的压力，完成锻件塑性变形的设备。锻锤的工作过程是一种能量的转移与传递过程，将燃料的化学能或电能转换成锻锤输出的机械能，要实现这种转换离不开工作介质。空气锤和高速锤的工作介质是压缩空气或氮气，蒸汽-空气锤的工作介质是蒸汽或压缩空气。

锻锤可分为空气锤、蒸汽-空气锤和高速锤等。

（1）空气锤。空气锤可以用于各种自由锻工序，也可以用作胎模锻，同时还应用于大型模锻件的制坯工序，是中小型锻工车间使用最广泛的设备。它是利用电力驱动机构的作用产生的压缩空气，推动落下部分作功。它的工作原理如图 5-15 所示。通过关闭和改变气道通路的大小，就能使锤头得到连打、单打、上悬或下压等不同的动作，比较适合于小锻件、小批量生产。

（2）蒸汽-空气锤。蒸汽-空气锤是以来自动力站的蒸汽或压缩空气作为工作介质，通过滑阀配气机构和气缸驱动落下部分做上下往复运动。工作介质通过滑阀配气机构在工作气缸内进行各种热力过程，将热力能转换成锻锤落下部分的动能，从而完成锻件变形。它的工作原理如图 5-16 所示。

（3）高速锤。高速锤工作原理是气缸一次性冲入高压氮气，回程时靠来自于液压系统的高压液体驱动锤头回程，使气缸中的气体得到进一步压缩；打击时，液体快速排出，气体膨胀作功，驱动锤头快速下落。与此同时，气缸中气体反作用驱动锤身向上运动，与锤头实现对击。该锤的打击速度可达 15~25m/s，与其他同样质量的设备相比，打击能量要大得多，所以又称为高能高速锤。

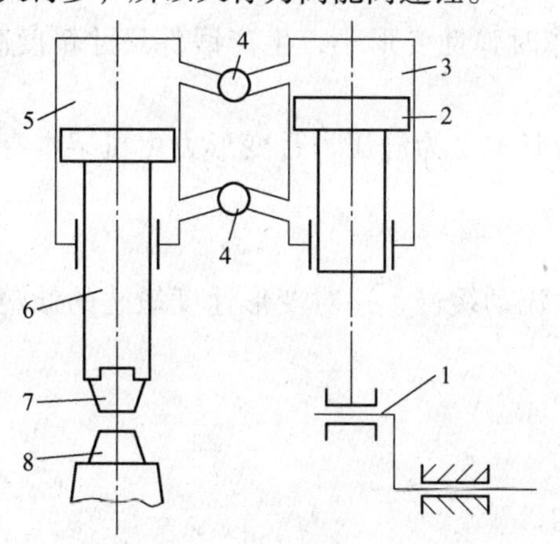

图 5-15 空气锤工作原理

1—曲轴连杆机构；2—活塞；3—压缩空气；4—阀室；5—工作气缸；6—工作活塞杆；7—上砧；8—下砧

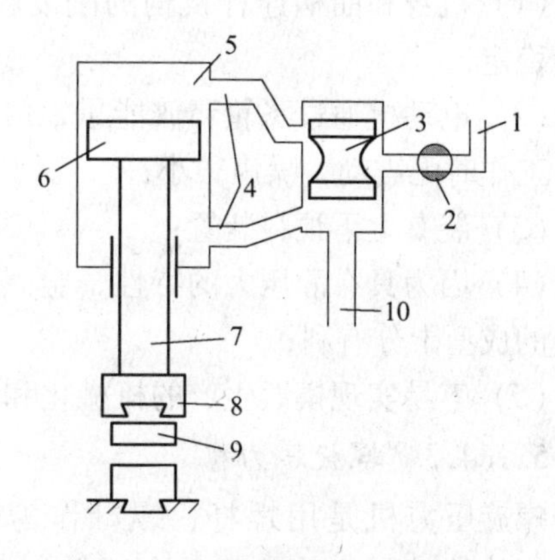

图 5-16 蒸汽-空气锤工作原理

1—进气管；2—节气阀；3—气阀；4—气道；5—气缸；6—活塞；7—锤杆；8—锤头；9—上砧；10—排气管

5.1.4.2 模锻压力机

模锻压力机又称压力机，是采用机械传动的大型模锻设备。它采用曲轴、连杆和滑块的传动机构，为热模锻件生产而专门设计制造的一种压力机。模锻压力机是适用于自动化、高效率生产的锻压设备，适用于锻件的大批量和流水线生产。它是仅次于锻锤而被广泛应用的模锻设备。图 5-17 是模锻压力机的结构和工作原理图，其设备规格有 6300~120000kN。

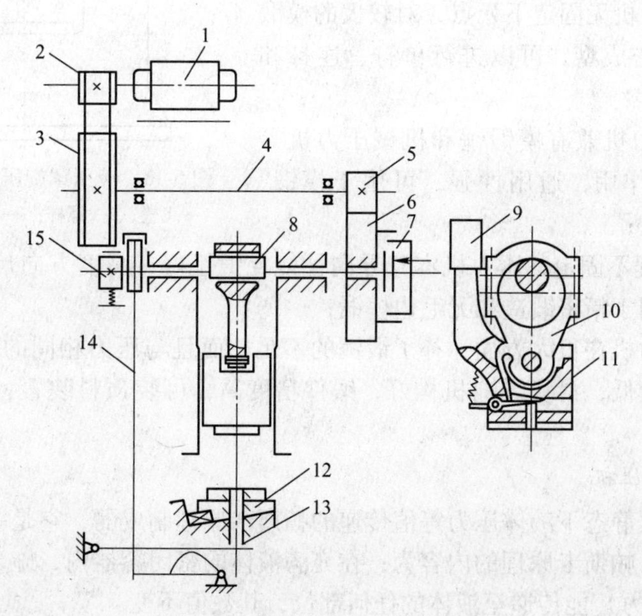

图 5-17 热模锻压力机结构简图

1—电动机；2—小带轮；3—大带轮（飞轮）；4—中间轴；5—小齿轮；6—大齿轮（飞轮）；7—摩擦离合器；8—曲轴；9—连杆；10—滑块；11—上顶杆；12—楔形工作台；13—下顶杆；14—凸轮杠杆；15—制动器

模锻压力机有如下特点：

(1) 机身和曲柄连杆机构的刚度较好，工作时弹性变形小，生产锻件尺寸精度高，质量稳定；

(2) 电动机通过飞轮释放能量，滑块的压力基本上为静压力，变形力由机架本身承受，工作时无震动，噪声很小；

(3) 装有上下顶料装置；

(4) 因为具有静压力的特性，金属在型槽内流动缓慢，这对变形速度敏感的低塑性合金的成型十分有利；

(5) 容易实现模锻生产的机械化和自动化。

5.1.4.3　螺旋压力机

螺旋压力机是用螺杆、螺母作为传动机构，并靠螺旋传动将飞轮的正反向回转运动，转变为滑块的上下往复运动的锻压设备。螺旋压力机在工业中应用已有百余年，属于传统锻压设备，目前依然是我国的重要锻压设备之一。螺旋压力机按其驱动装置的不同主要分为液压螺旋压力机和摩擦螺旋压力机，其结构及工作原理如图5-18与图5-19所示。螺旋压力机工艺用途很广，在其上可进行模锻、镦锻、挤压、弯曲、切边、冲孔、精压、校形和精密锻造等。

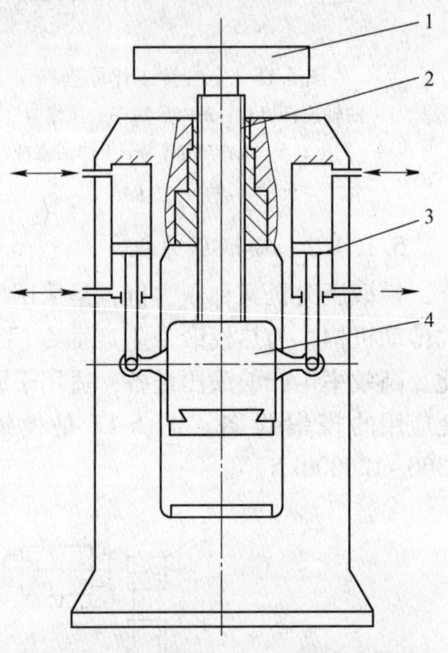

图5-18　液压螺旋压力机结构原理图
1—飞轮；2—螺杆；3—液压缸；4—滑块

螺旋压力机有以下特点：

(1) 螺旋压力机无固定下死点，对较大的模锻件，可以多次打击成型，可以进行单打、连打和寸动；

(2) 螺旋压力机兼有模锻锤和机械压力机等多种锻压机械的作用，通用性强，可用于模锻、冲裁、拉深等工艺；

(3) 滑块行程不固定，压力机本身导向性能比锻锤好，高度方向尺寸不受机架弹性变形的影响，适用于精密锻造和无毛边模锻；

(4) 螺旋压力机在很大方面弥补了锻锤的不足，而且与压力相同的曲柄压力机比较，结构简单，成本较低，滑块导向机构好，锻件精度高，可装顶料装置，能够实现机械化生产。

5.1.4.4　液压机

液压机是根据静态下液体压力等值传递的帕斯卡原理制成的，它是一种利用液体压力工作的锻压设备。帕斯卡原理的内容为：在充满液体的密闭容器内，施于任意一处的压强（单位面积上的压力）能传递至液体的任何部位，其数值不变。

利用该原理，将水压机的水泵和工作缸做成连通器，使水泵内较少的总压力，通过工作缸柱塞直径和水泵柱塞直径的悬殊尺寸，转化成水压机的巨大工作压力。活塞端面的巨大压力传到上模，压缩坯料发生塑性变形。

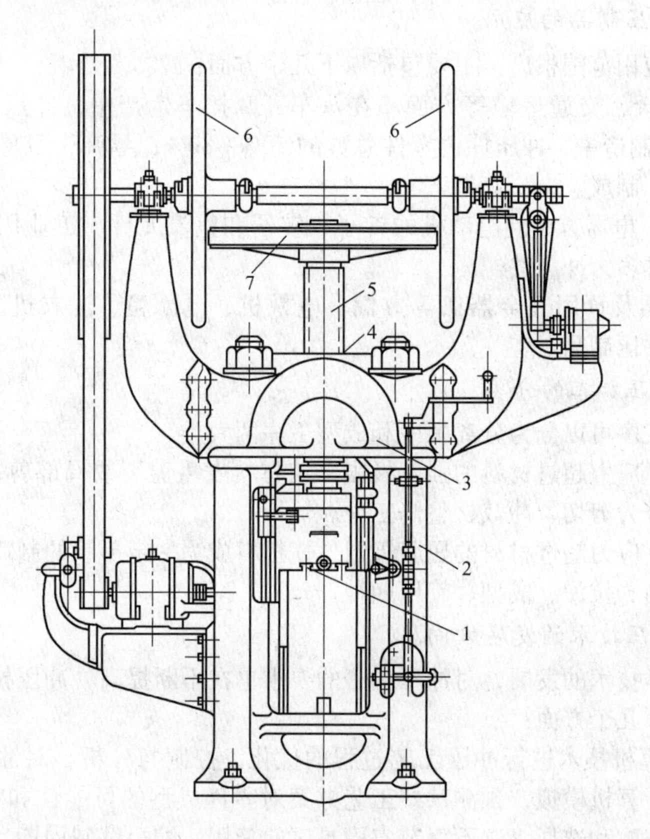

图 5-19 双盘摩擦螺旋压力机

1—滑块；2—立柱；3—上横梁；4—螺母；5—螺杆；6—摩擦盘；7—飞轮

5.2 冲 压

5.2.1 概述

冲压是金属成型加工中的先进生产方法之一，它是通过模具对板料施加外力，使之产生塑性变形或分离，从而获得一定尺寸、形状和性能的零件的加工方法。

冲压件在形状和尺寸精度方面互换性较好，可以满足一般装配的使用要求，并且经过塑性变形，金属的内部组织得到改善，机械强度有所提高，具有质量轻、刚度好、精度高和外表光滑美观等特点。

5.2.1.1 冲压工艺的特点

冲压工艺有如下特点：

（1）用简单的机械设备，通过模具加工出复杂形状的制件；

（2）制件精度高，互换性好；

（3）生产效率高，成本较低；

（4）有利于实现机械化和自动化，减轻劳动强度。

5.2.1.2 冲压制品的应用

冲压制品的应用范围很广，主要包括以下几个方面：

(1) 航空航天、交通运输等方面。在汽车、摩托车生产中，冲压件约占零件数的60%~80%；飞机制造中，冲压件占零件总数的70%~80%；导弹、卫星的壳形结构件等也采用了冲压加工制成。

(2) 电动机、电器方面。电动机的锭子、转子和整流元件、工业用电器开关、继电器和仪表等零部件多为冲压件。

(3) 家用电器及日用五金器皿等方面。电视机、电冰箱、洗衣机，铝制的锅、碗、盆、勺等大都是冲压制品。

5.2.1.3 冲压加工的分类

冲压的基本工序可以分为分离工序和成型工序两大类。

材料受力后，应力超过材料的强度极限，使材料发生剪裂或局部剪裂而分离。所以，分离工序又可以分为剪切、冲裁、整修三种。

材料受力后，应力超过材料的屈服极限，使板料成为一定形状的制件。所以，成型工序又可以分为弯曲、拉深、成型、旋压四种。

5.2.1.4 冲压技术的发展方向

随着现代科学技术的发展，对冲压加工的要求也在不断提高，冲压技术未来的发展方向具体体现在以下几个方面：

(1) 采用计算机技术进行冲压工艺过程的优化、控制与分析。对冲压成型过程进行应力应变分析和计算机模拟，预测某些工艺方案对零件成型的可能性和将会发生的问题，供设计人员进行修改和选择，这不仅节省模具试验费用，缩短试制周期，而且还可以建立起一套结合生产实际的先进设计方法。

(2) 提高冲压生产的机械化自动化水平。为了满足大量生产的需要，冲压设备已由单工位低速压力机向多工位高速自动压力机方向发展。生产中小型冲压件，可在高速压力机上采用多工位级进模加工，使冲压生产达到高速自动化。如铝合金饮料罐在多工位压力机上利用自动送料、取件装置，进行机械化流水线生产，既减轻劳动强度又提高生产效率。此外，应加强由电子计算机控制的全自动冲压加工系统的研究与性能的改进工作。此种自动加工系统包括：自动换模机构、模具自动夹紧机构、材料自动选择与供给装置、送料长度自动调节装置、材料导向自动调节装置、成品容器自动更换装置、误送件检出装置和控制计算机等。

(3) 模具设计和制造现代化。加强模具结构与零部件的标准化工作，降低模具设计与制造的复杂程度，减少劳动消耗与成本，缩短生产准备周期，使冲压加工的优越性得以充分地发挥。世界各国都在加快产品更新换代，为了缩短工装设计和制造周期，都在大量使用模具计算机辅助设计（CAD）和计算机辅助制造（CAM）。

(4) 开发新的模具材料和提高模具的利用率。冲压用模具都是价格较高的模具钢，这就使冲压生产的成本高。各国都在研究提高模具寿命和研制价廉质优的模具材料，如低熔点合金模、金属陶瓷模和水泥模等。

5.2.2 冲裁

冲裁是利用模具使金属板料产生分离的冲压基础工艺，它既可以直接冲出所需的零件，又可以为其他冲压工序提供毛坯。

冲裁是切断、落料、冲孔切边、切口等工序的总称。图 5-20 所示为落料和冲孔示意图。冲裁主要用于制造成品零件或为弯曲、拉延、成型等工序准备坯料。

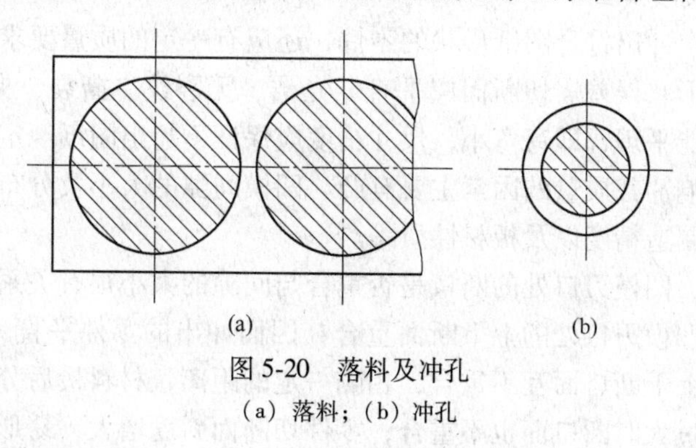

图 5-20　落料及冲孔
（a）落料；（b）冲孔

5.2.2.1　冲裁变形过程

在冲裁时，凸模和凹模组成上下刃口，坯料放在凹模上，凸模逐步下降使金属材料产生变形，直至全部分离，完成冲裁过程。冲裁变形过程时，随着冲裁过程的进行，坯料经过弹性变形、塑性变形和断裂 3 个阶段后，坯料被拉断分离，如图 5-21 所示。

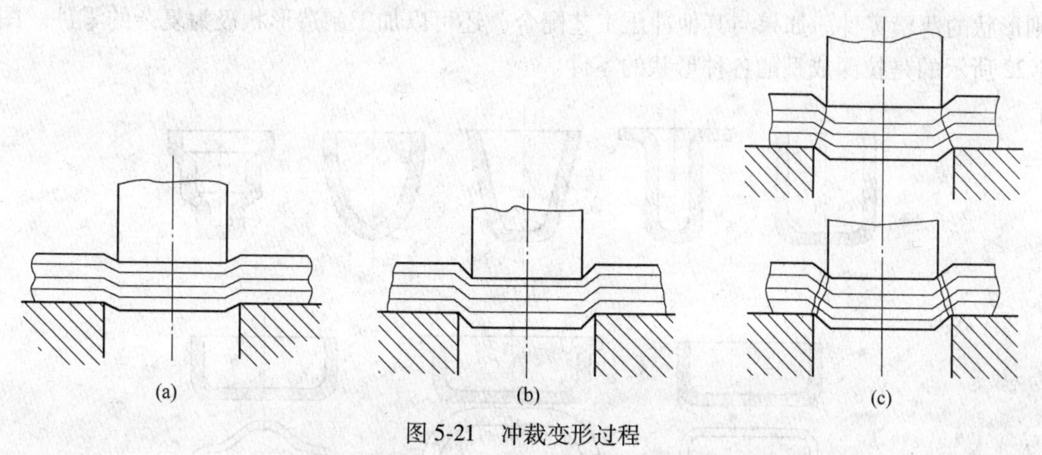

图 5-21　冲裁变形过程
（a）弹性变形阶段；（b）塑性变形阶段；（c）断裂分离阶段

第一阶段，弹性变形阶段。凸模接触材料，使材料受压产生弹性压缩、拉伸和弯曲变形。

第二阶段，塑性变形阶段。当凸模继续压入，材料内的应力状态满足塑性变形条件时，产生塑性变形。在塑性剪变形的同时，还有弯曲与拉伸变形，冲裁变形力不断增大，直到刃口附近的材料由于拉应力的作用出现微裂纹时，冲裁变形力就达到了最大值。

第三阶段，断裂分离阶段。当凸模仍然不断地继续压入，凸模刃口附近应力达到破坏应力时，先后在凹模、凸模刃口侧面产生裂纹，裂纹产生后沿最大剪应力方向向材料内层发展，使材料最后分离。由于冲裁变形特点，不仅使冲出的工件带有毛刺，而且还使其端面具有三个特征区，即圆角带、光亮带与断裂带。圆角带是冲裁过程中由于纤维的弯曲与拉伸而形成的，软材料比硬材料的圆角大。光亮带是塑性剪切变形时，在材料的一部分相对于另一部分的移动过程中，凸模、凹模侧压力将坯料压平而形成的光亮垂直的断面。通常光亮带占全断面的1/3~1/2。断裂带是由刃口处的微裂纹在拉应力的作用下不断地扩展而形成的撕裂面，使冲裁件的断面粗糙不光亮，且有斜度。

5.2.2.2　冲裁件质量分析

冲裁时不仅要求冲出符合图纸形状的零件，还应有一定的质量要求，主要是指切断面质量、尺寸精度和形状误差。切断面应平直、光洁、无裂纹、撕裂、夹层、毛刺等缺陷。零件的表面应尽可能平坦，即穹弯小，尺寸精度应保证不超出图纸规定的公差范围。

在冲裁时，影响冲裁质量的因素主要有凸、凹模间隙的大小及分布均匀性、模具刃口状态、模具结构与制造精度以及板材性质等。

在冲裁时，凸、凹模刃口处的断口是否重合与间隙的大小很有关系。若间隙合理，板料分离时，在凸、凹模刃口处的上下断面重合，因而冲出的零件平直、光洁，且无毛刺。当间隙过小时，则上下断口面互不重合，相隔一定的距离，材料最后分离时，断裂层出现毛刺与夹层。间隙过大时断口面也不重合，零件切断面斜度增大，易形成拉长的毛刺。

5.2.3　拉深

拉深（拉延）是利用冲裁后得到的平板坯料通过模具加工变形成为开口空心零件的冲压工艺方法。用拉深加工方法可以制成圆筒形、阶梯形、锥形、球形、盒形和其他不规则形状的薄壁零件。如果与其他冲压工艺配合，还可以加工制造形状极为复杂的零件。图5-22所示的是拉深成型的各种形状的零件。

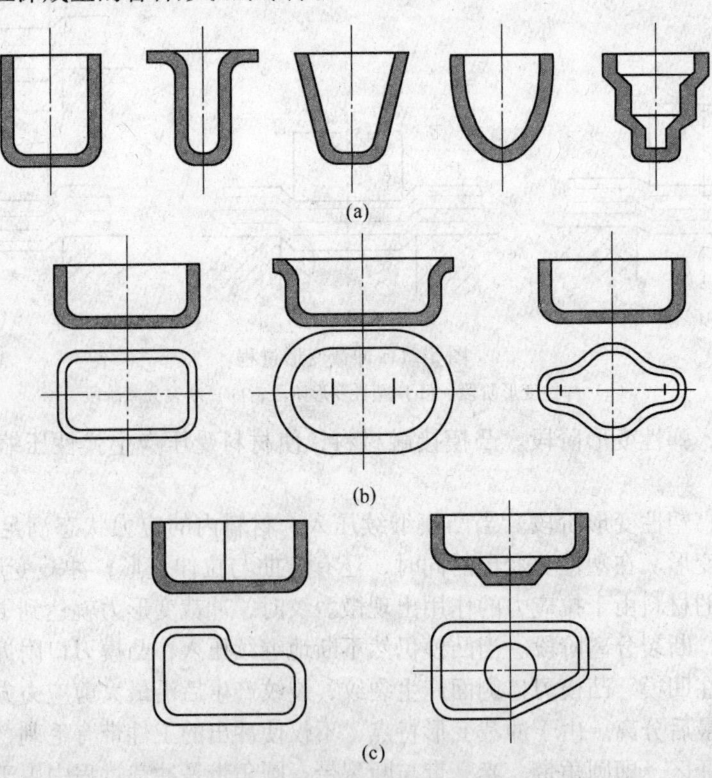

图5-22　拉深成型的各种形状的零件

（a）旋转体零件；（b）轴对称盒形件；（c）不对称复杂件

拉深工艺的可加工范围也相当广泛，从几毫米的小零件直到轮廓达到 2~3m 的大部件，都可以用拉深方法制造。因此，在汽车、航空航天、拖拉机、电机电器、仪器仪表、家用电器和日用品行业内，用拉深工艺成型的制件占有相当的重要地位。

一块圆形平板坯料在拉深凸、凹模的作用下，逐渐冲压成圆筒形零件，其变形过程如图 5-23 所示。图 5-23（a）所示为一圆形平板坯料，在凸、凹模的作用下，开始进行拉深。图 5-23（b）所示为随着凸模的下压，迫使材料拉入凹模，形成了筒底、凸模圆角、筒壁、凹模圆角及仍未拉入凹模的凸缘部分等五个区域。图 5-23（c）所示为凸模继续下压，凸缘部分的材料继续被拉入凹模转变为筒壁，直至将全部凸缘材料转变为筒壁而结束拉深过程。

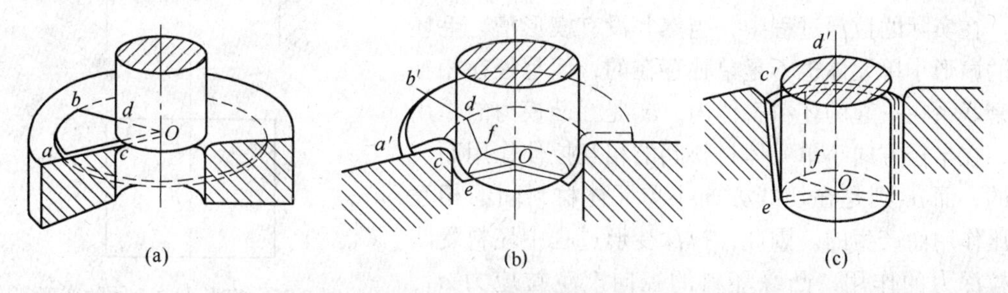

图 5-23　拉深变形过程

（a）拉深前；（b）拉深中；（c）拉深后

由此可见，拉深变形主要集中在凸缘部分的材料上，称凸缘部分为大变形区。凸模的压力作用于筒底，称筒底为凸模力作用区。通过逐渐形成的筒壁，将压力传递到凸缘部分使之变形，称筒壁为传力区。拉深过程就是使凸缘逐渐收缩，转化为筒壁的过程。

为了更进一步了解金属的流动状态，可在圆形坯料上画出许多等距离为 a 的同心圆和等分度的辐射线，如图 5-24 所示。由这些同心圆和辐射线所组成的网格，经过拉深后，发现筒形件的底部网格基本保持原来的形状，而在筒形件的侧壁部分，网格则发生了很大的变化。原来的同心圆变为筒壁上的水平圆筒线，而且距离也增大了，越靠近筒的上部增大越多，即：$a_1>a_2>a_3>\cdots>a$。

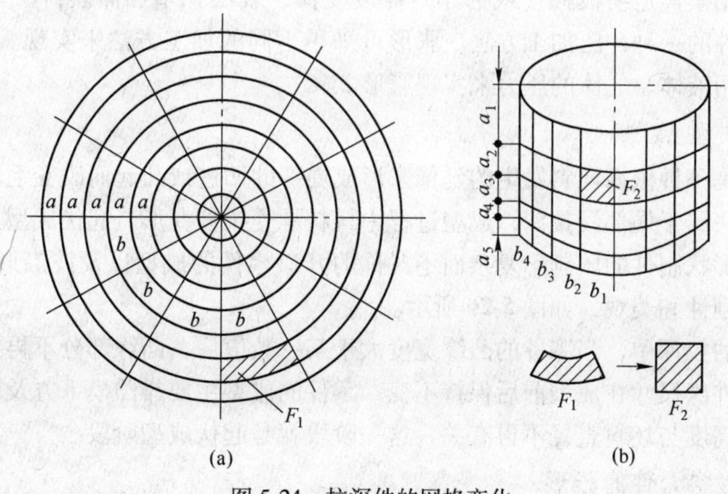

图 5-24　拉深件的网格变化

（a）坯料；（b）制件

另外，原来等分度的辐射线变成了筒壁上的垂直平行线，其间距完全相等，即：$b_1 = b_2 = b_3 = \cdots = b$。

如从筒壁上取网格中一个小单元体，在拉深前为扇形的 F_1，在拉深后变成了矩形 F_2，假若忽略极小的厚度变化，则单元体的面积不变，即 $F_1 = F_2$。

为什么原来是扇形的小单元体，拉深后却变成矩形了呢？这和一块扇形的毛坯被拉着通过一个楔形槽的变形过程是类似的，如图 5-25 所示。在直径方向被拉长的同时，切向则被压缩。设径向的作用力为 σ_1，切向的作用力为 σ_3。

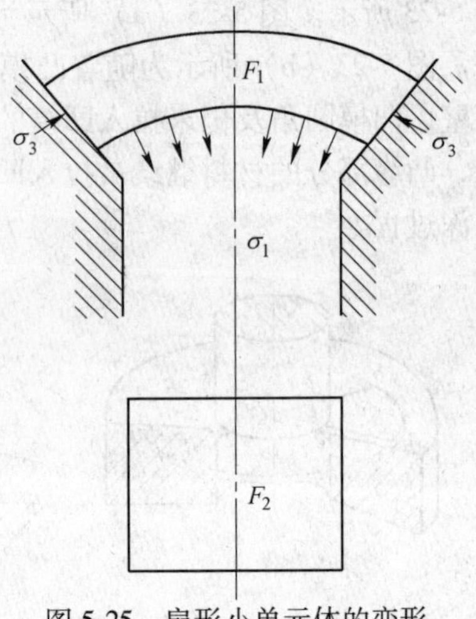

图 5-25　扇形小单元体的变形

在实际的拉深过程中，当然并没有楔形槽，毛坯上的扇形小单元体也不是单独存在的，而是处在相互紧密联系在一起的坯料整体内，σ_1是在凸模力的作用下，在半径方向小单元体材料间的相互拉伸作用而产生的，而σ_3则是在切线方向小单元体材料间的相互挤压作用而产生的。因此，拉深变形过程中坯料受凸模拉深力的作用，凸缘坯料的径向产生拉应力 σ_1，切向压应力 σ_3。在应力 σ_1和 σ_3的共同作用下，凸缘材料发生塑性变形，并不断被拉入凹模内形成筒形拉深件。

5.2.4 成型

在板料冲压范围内，广义上的成型是指分离工序以外的所有工序。这里介绍的成型是指用各种不同性质的局部变形来改变毛坯形状的各种变形工序。这些局部变形的方法主要有胀形、内孔翻边和外缘翻边、卷边、缩口、整形、压印、校平和旋压等。人们把这些方法统称为成型。

5.2.4.1 胀形

胀形是利用模具迫使板料（或毛坯）厚度变薄、表面积增加而获得所要求的几何形状和尺寸的零件的一种冲压加工方法。胀形可采用不同的加工方法来实现。如用刚性模、橡胶模，也可用液体、气体的压力来实现胀形。

A　起伏成型

起伏成型是一种依靠坯料发生的延伸来形成局部的凹进或凸起而改变毛坯形状的冲压方法。这种方法属于局部浅拉深，成型过程中材料承受拉伸变形。起伏成型主要用于加强筋、窝和凸起形状制件的压制、复杂而不对称的开口零件的成型以及波浪形膜片的成型，以增加零件的刚性和美观，如图 5-26 所示。

在宽凸缘的拉深中，当零件的凸缘宽度大于某一数值后，凸缘部分不再发生明显的塑性流动，坯料外缘尺寸在成型前后保持不变。零件的成型主要靠凸模下方及附近材料的拉薄。极限成型高度与坯料直径不再有关，这一阶段就是起伏成型阶段。

B　圆柱形空心件的胀形

圆柱形空心坯料的胀形是依靠材料的拉伸，将直径较小的空心零件或管坯在半径方向

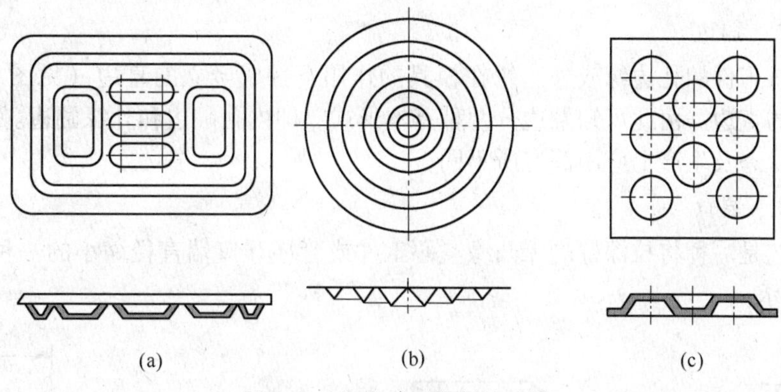

图 5-26　起伏成型的制件示例

上向外扩张的方法。胀形一般要用可分式凸模，其凸模有以下几种形式：

（1）橡皮（或聚氨酯橡胶）凸模，如图 5-27 所示。

（2）分块式凸模。分块式凸模由楔状心块将其分块，如图 5-28 所示。

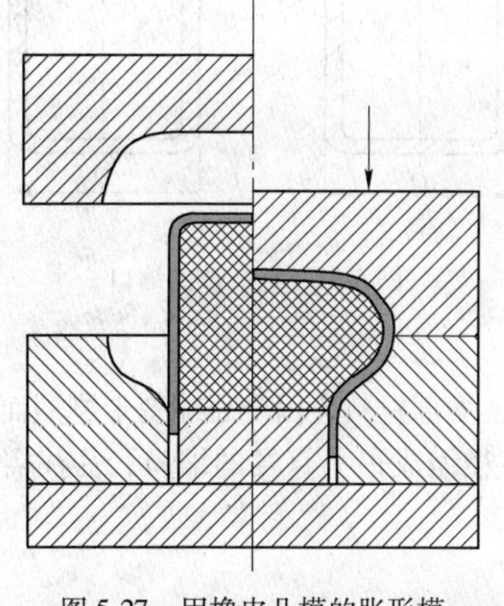

图 5-27　用橡皮凸模的胀形模

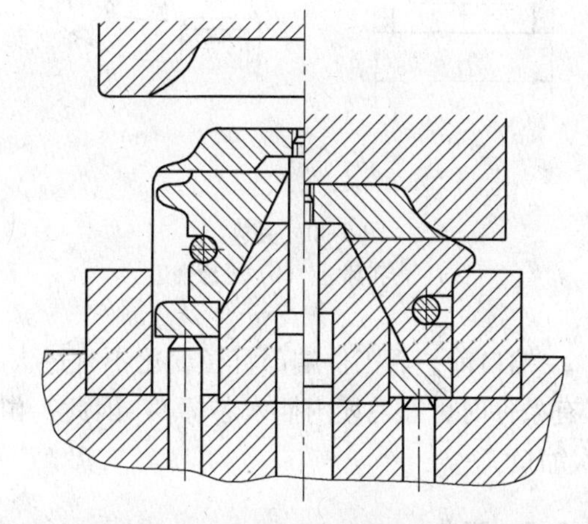

图 5-28　用分块式凸模的胀形模

（3）用液体或气体作为凸模。这种方法有的可以直接将液体倒入坯料内，由此操作不便且生产效率低。有的可以装在凸模上的充满液体的橡皮囊中，如图 5-29 所示。

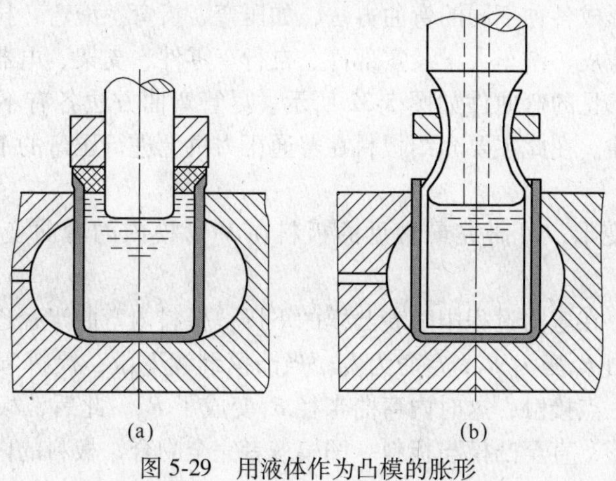

图 5-29　用液体作为凸模的胀形

5.2.4.2 翻边

翻边是将工件的孔边缘或外边缘在模具的作用下翻成竖立的直边（见图 5-30）或带有一定角度的直边。由此可知翻边分两种基本形式，即内孔翻边和外缘翻边。它们在变形性质、应力状态及生产上应用都有所不同。

5.2.4.3 缩口

缩口工艺是一种将拉深好的无凸缘空心工件或管坯开口端直径缩小的一种冲压方法，如图 5-31 所示。

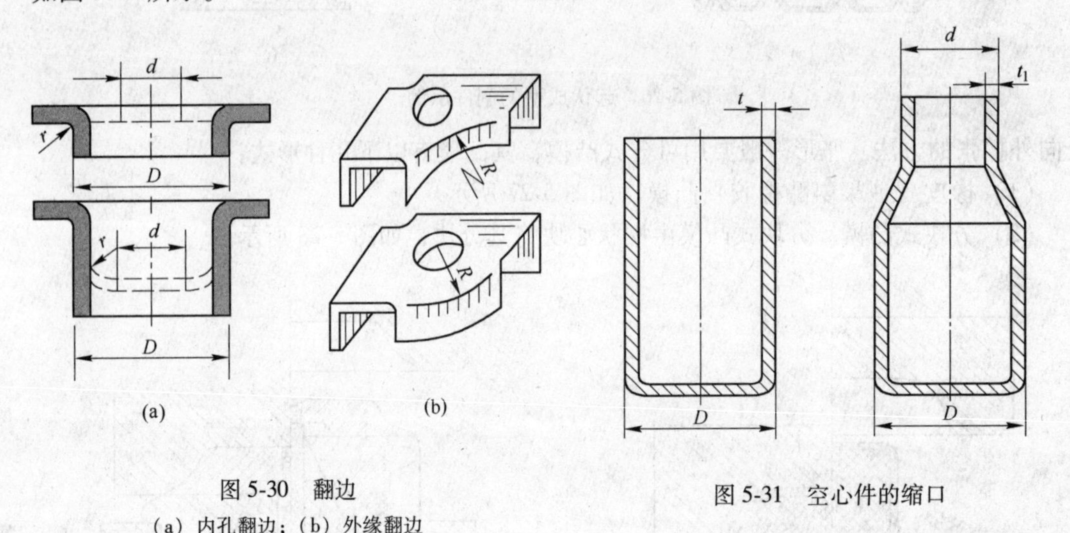

图 5-30 翻边
(a) 内孔翻边；(b) 外缘翻边

图 5-31 空心件的缩口

缩口前、后工件端部直径变化不宜过大，否则，端部材料会因受压缩变形剧烈而起皱(有条件时可在毛坯内插入芯棒)。因此，由较大直径缩成很小直径的缩口，往往需要多次缩口。

5.2.5 弯曲

弯曲是将板坯、型材或管材等坯料弯成具有一定曲率、一定角度和形状制件的工序称作弯曲。弯曲在冲压生产中占有很大比重，是冲压基本工序之一。由于弯曲成型所用的工模具和设备不同，形成各种不同的弯曲方法，如压弯、折弯、滚弯、拉弯和绕弯等。用这些方法可生产飞机蒙皮、汽车大梁及零部件、自行车零件、支架、电器仪表和家用电器外壳及门窗铰链等。常见的弯曲件如图 5-32 所示。尽管弯曲方法各有不同，但弯曲过程及特点具有共同的规律。在此主要介绍板料在普通压力机上进行压弯的工艺和模具设计等有关问题。

为了说明弯曲变形，可研究最常见的板料在 V 形模内的弯曲变形过程，如图 5-33 所示。

由图可以看出，在弯曲过程中随着凸模的下压，板料内弯曲半径逐渐由大到小，弯曲力臂也逐渐减小即由 R_0变为 R_1，l_0变为 l_1。当凸模继续下压，板料弯曲变形区进一步减小，到板料与凸模三点接触，这时内弯曲半径 R_1变成了 R_2。此后，板料的直边部分向与以前相反的方向变形，直至凸模与板料、凹模三者完全吻合，板料的内弯曲半径便与凸模

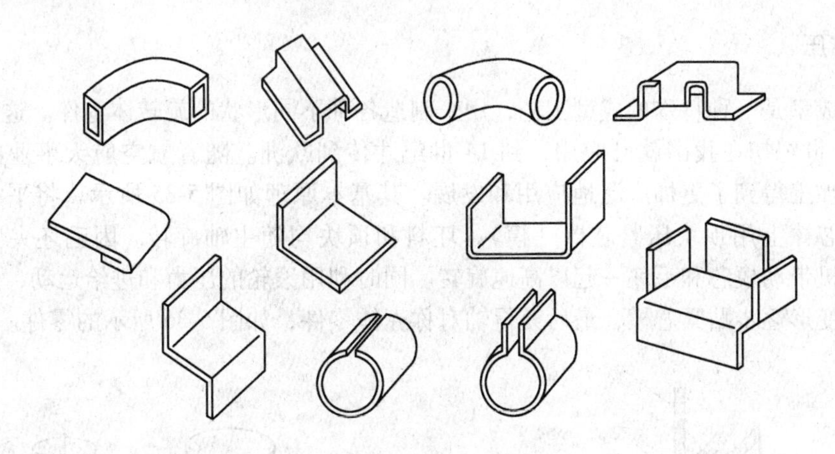

图 5-32　各种典型的弯曲件

的半径一致，弯曲力臂也逐渐减小到标准规定值，这时弯曲变形就完成了。

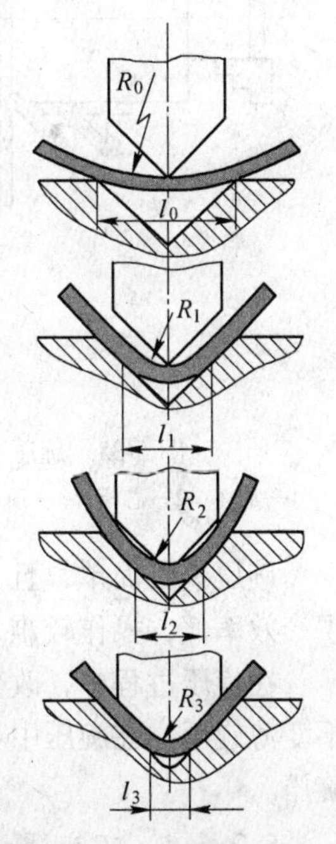

图 5-33　弯曲变形过程

5.2.5.1　压弯

压弯是弯曲中最常用的方法。压弯可以在压力机（曲柄压力机、液压机、摩擦压力机）上进行，也可以在专用的弯板机、弯管机和拉弯机上进行。

在弯曲时，弯曲变形区主要是在零件的圆角部分，而在直臂部分基本没有变形。在变形区内板料的外层纵向纤维受拉而伸长，内层纵向纤维受压而缩短。

5.2.5.2　滚弯

滚弯又称辊轧成型，它是在压弯的基础上发展起来的，是一种生产经济断面型材的有效办法。滚弯是以带材为坯料，在专用的多轴滚弯机上进行的。坯料由型辊使制件逐步弯曲成型（见图 5-34），从而获得所需要的具有一定形状和尺寸的制件。

滚弯制件表面质量高，且纵向长度不受限制，适宜于大规模生产。

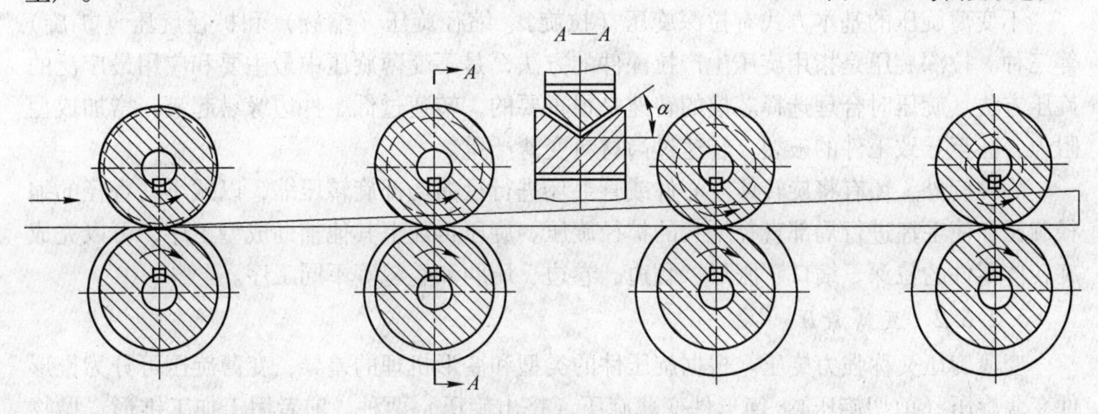

图 5-34　四机架滚弯过程示意图

5.2.6 旋压

旋压成型是一种特殊的成型工艺，用来制造各种不同形状的旋转体零件。这种成型方法早在10世纪初在我国就已应用，到14世纪才传到欧洲。随着航空航天事业的飞速发展，旋压加工得到了更加广泛地应用和发展。其基本原理如图5-35所示。将平板或半成品坯套在芯棒上用顶块压紧芯棒（模），坯料和顶块均随主轴旋转。因毛坯夹紧在模芯上，旋压机带动模芯和毛坯一起以高速旋转。同时利用滚轮的压力和进给运动，迫使毛坯产生局部变形逐步贴紧芯模，最后获得轴对称壳体零件，如图5-36所示的零件。

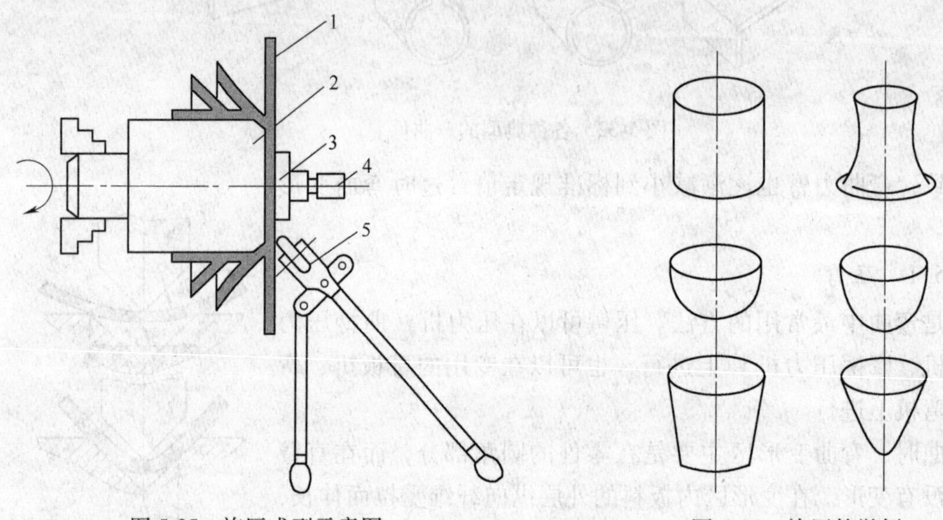

图5-35 旋压成型示意图
1—毛坯；2—芯模；3—顶块；4—顶尖；5—赶棒

图5-36 旋压件举例

旋压模具简单，且为局部变形，可用功率和吨位较小的设备加工大型零件。其缺点是生产效率低，操作较难，要求技术高的工人操作，多用于批量小而形状复杂的零件。

在旋压过程中，改变毛坯形状，直径增大或减小，则其厚度不变或有少许变化者称为不变薄旋压。在旋压中不仅改变毛坯形状而且壁厚有明显变薄，称为变薄旋压，又称强力旋压。

5.2.6.1 不变薄旋压

不变薄旋压的基本方式有拉深旋压（拉旋）、缩径旋压（缩旋）和扩径旋压（扩旋）等三种。拉深旋压是指用旋压生产拉深件的方法，是不变薄旋压中最主要和应用最广泛的旋压方法。旋压时合理选择芯模的转速是很重要的，转速过低工件边缘易起皱，增加成型阻力，甚至导致工件的破裂。转速过高材料变薄严重。

除拉旋外，还有将旋转体空心件或管毛坯进行径向局部旋转压缩，以减小其直径的缩径旋压和使毛坯进行局部直径增大的扩径旋压。旋压再加上其他辅助成型工序，可以完成旋转体零件的拉深、缩口、胀形、翻边、卷边、压肋和叠缝等不同工序。

5.2.6.2 变薄旋压

变薄旋压又称强力旋压。根据旋压件的类型和变形机理的差异，变薄旋压可分为锥形件变薄旋压（剪切旋压）、筒形件变薄旋压（挤出旋压）两种。前者用于加工锥形、抛物线形和半球形等异形件，后者用于筒形件和管形件的加工。异形件变薄旋压的理想变形是纯剪切变形，只有这种变形状态才能获得最佳的金属流动。此时，毛坯在旋压过程中，只有轴向的剪切滑移而无其他任何变形，旋压前后工件的直径和轴向厚度不变。从工件的纵断面看，其变形过程就像按一定母线形状推动一叠扑克牌一样，如图5-37所示。

对具有一定锥角和壁厚的锥形件进行变薄旋压时，根据纯剪切变形原理，可求出旋压时的最佳减薄率和合理的毛坯厚度。

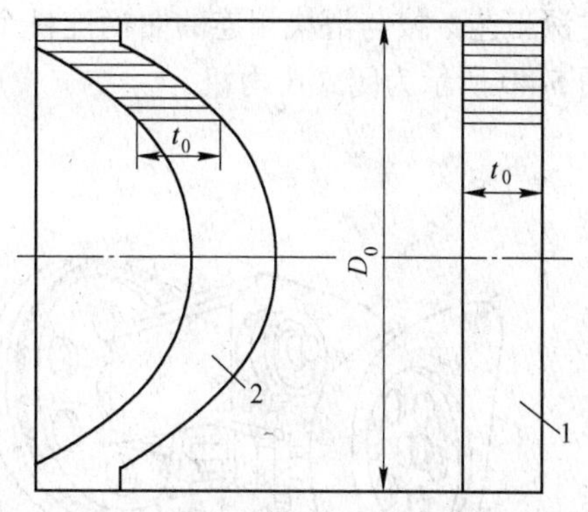

图5-37　变薄旋压时的纯剪切变形
1—毛坯；2—旋压件

5.2.7　冲压设备

进行冲压生产的机床统称为冲压设备。常用的冲压设备主要包括：机械压力机、液压机、剪切机、弯曲校正机等。

在生产中应用最多的是机械压力机，它包括曲柄压力机、摩擦压力机等。

5.2.7.1　曲柄压力机

曲柄压力机俗称冲床，是重要的冲压设备，它能进行各种冲压加工，利用模具直接生产出零件或毛坯。

A　曲柄压力机分类

在生产中，为了适应不同的工艺要求，可采用各种不同类型的曲柄压力机。通常可以根据曲柄压力机的工艺用途及结构特点进行分类。

(1) 按工艺用途分类。按工艺用途，曲柄压力机可分为通用压力机和专用压力机两大类。通用压力机适用于多种工艺用途，如冲裁、弯曲、成型、浅拉深等。而专用压力机用途较单一，如拉深压力机、板料折弯机、剪切机、挤压机、精压机等，都属于专用压力机。

(2) 按结构形式分类。按机身的结构形式不同，曲柄压力机可分为开式压力机和闭式压力机。

开式压力机的机身呈C形结构，其机身前面及左右三向敞开，操作空间大，但机身刚度差。开式压力机又可分为单柱压力机（见图5-38）和双柱压力机（见图5-39）两种。

此外，开式压力机按照工作台的结构特点还可分为可倾台式压力机（见图5-39）、固定台式压力机（见图5-38）和升降台式压力机。

闭式压力机机身左右两侧是封闭的，只能从前后方向送料。因为机身形状对称，刚性好，压力机精度高。按运动滑块的个数，曲柄压力机可分为单动、双动和三动压力机。目前使用最多的是单动压力机，双动和三动压力机则主要用于

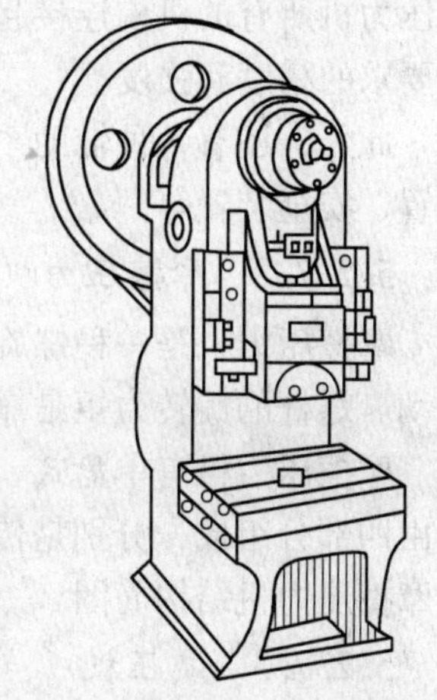

图5-38　单柱固定台式压力机

拉深工艺。按与滑块相连的曲柄连杆个数，曲柄压力机可分单点、双点和四点压力机。如图 5-40 所示为闭式压力机。

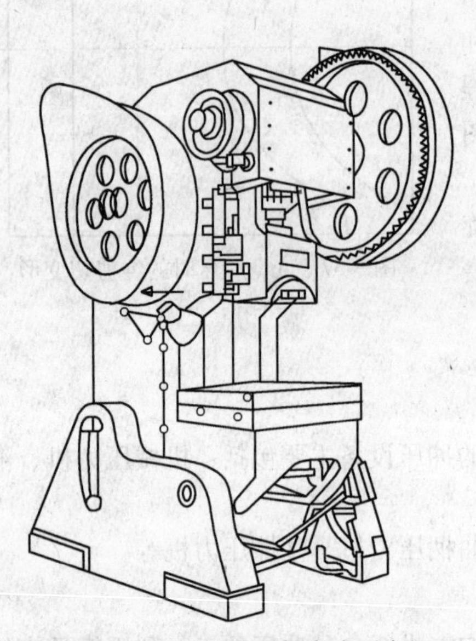

图 5-39 开式双柱可倾台式压力机

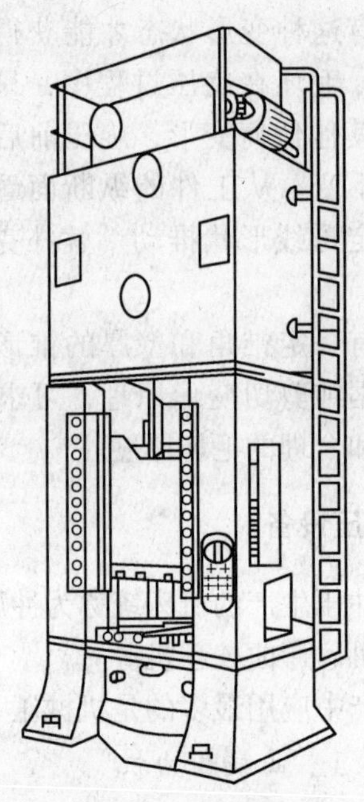

图 5-40 闭式压力机

B 曲柄压力机的结构组成

曲柄压力机一般由工作机构、传动系统、操作系统、能源系统、支承部件等组成。

工作机构一般为曲柄滑块机构，由曲柄、连杆、滑块、导轨等零件组成。其作用是将传动系统的旋转运动变成滑块的往复直线运动，承受和传递工作压力，在滑块上安装模具。传动系统包括带传动和齿轮传动等机构。其作用是将电动机的能量和运动传递给工作机构，并对电动机的转速进行减速，使滑块获得所需的行程次数。操纵系统如离合器、制动器及其控制装置。用来控制压力机安全、准确地运转。能源系统如电动机和飞轮。飞轮能将电动机空程运转时的能量吸收积蓄，在冲压时释放出来。支承部件如机身，其作用是把压力机所有的机构连接起来，承受全部工作变形力和各种装置部件的重力，并保证全机所要求的精度和强度。

此外，还有各种辅助系统与附属装置，如润滑系统、顶件装置、保护装置、滑块平衡装置、安全装置等。

5.2.7.2 摩擦压力机

摩擦压力机是一种螺旋压力机，通过螺杆相对于螺母旋转带动滑块沿导轨做上下往复运动。螺杆的旋转力矩是靠飞轮与摩擦盘之间的摩擦力获得的。

摩擦压力机有单盘式、双盘式、三盘式等几种，其中双盘式压力机应用最广泛。它主要由四部分组成，分别是传动部分、工作部分、床身部分和附件部分。图 5-41 所示为双盘摩擦压力机结构简图。

5.2.7.3 液压机

液压机是进行拉延、弯曲、成型和挤压等工艺的重要设备，如板材成型，管、线、型

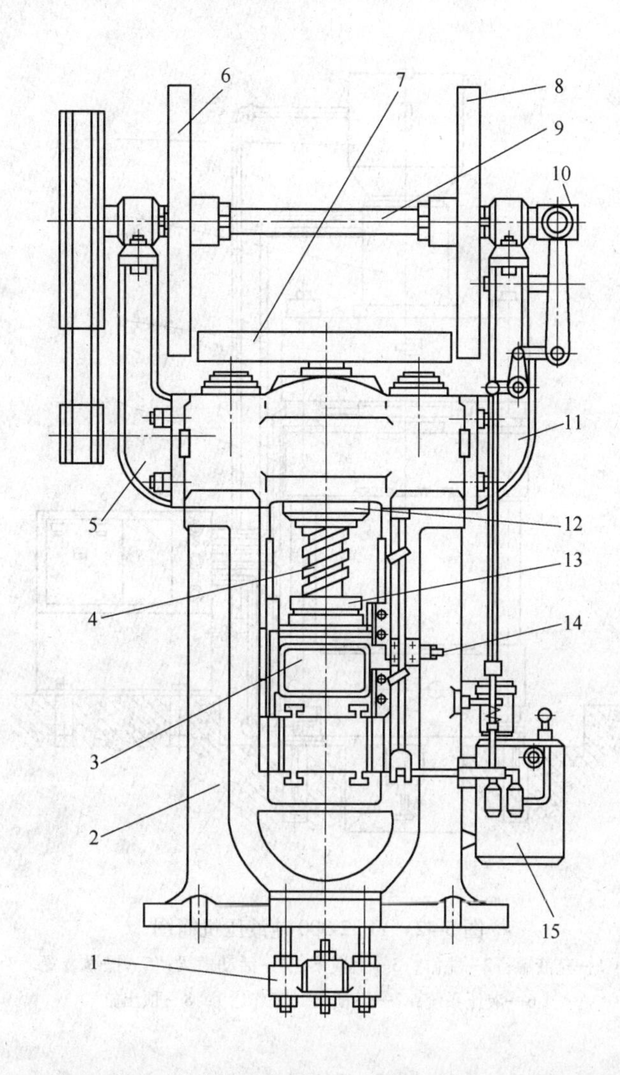

图 5-41　双盘摩擦压力机结构简图

1—顶料装置；2—床身；3—滑块；4—螺杆；5—左支臂；6—左摩擦盘；7—飞轮；8—右摩擦盘；9—传动轴；10—杠杆系统；11—右支臂；12—缓冲装置；13—制动装置；14—安全装置；15—液压装置

材挤压，粉末冶金、塑料及橡胶制品、胶合板压制、打包，耐火砖压制、炭极压制成型，轮轴压装、校直等。液压机虽有多种规格，但其工作原理是一致的。液压机的基本工作原理是液体静压力传递原理。

液压机的结构一般由本体和液压系统两部分组成（见图 5-42)。

5.2.7.4　剪板机

剪板机俗称剪床，是板料剪切设备，它的用途是把板料剪成一定宽度的长条坯料。剪板机按剪切性质可分为平刃剪板机和斜刃剪板机，常见的是斜刃剪板机。图 5-43 所示为斜刃剪板机外形及传动图。

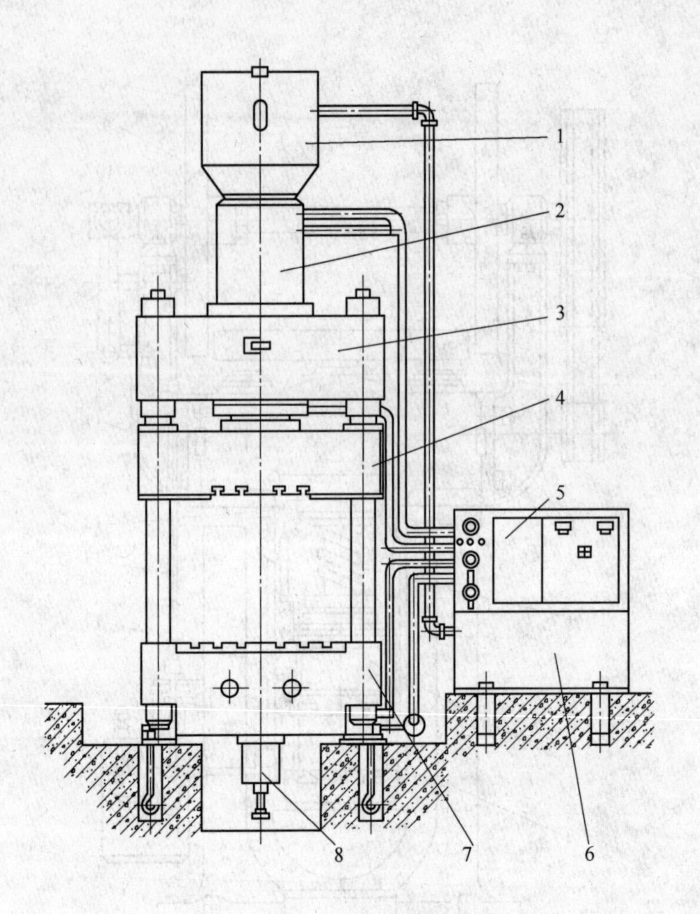

图 5-42 YB32-300 吨液压机简图

1—充液罐；2—主缸；3—上横梁；4—活动横梁；5—操纵装置；
6—液压系统；7—下横梁（工作台）；8—顶出缸

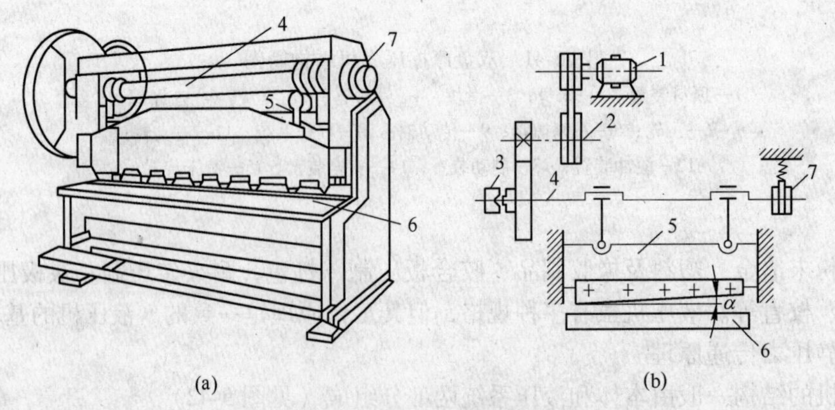

图 5-43 斜刃剪板机外形及传动图

（a）外形图；（b）传动图

1—电动机；2—传动轴；3—离合器；4—偏心轴；
5—滑块；6—工作台；7—制动器

复习思考题

5-1 怎样提高锻件的质量？
5-2 锻造的分类有哪些？
5-3 简述铝合金锻造时的工艺特点。
5-4 锻造生产主要有哪些设备？
5-5 什么叫辊锻和旋锻，两者有什么区别？
5-6 说出自由锻和模锻的优、缺点？
5-7 在镁合金锻造时，要注意什么工艺特点？
5-8 什么叫冲压，有色金属板料冲压主要包括哪些方面内容？
5-9 什么叫冲裁，怎样保证冲裁件的质量？
5-10 什么叫拉延，拉延与冲裁有什么区别？
5-11 冲压设备主要有哪些？
5-12 普通旋压与强力旋压有什么区别？
5-13 简述锻造的主要生产方法。

参考文献

[1] 谢水生，刘静安，黄国杰，等．铝加工技术问答［M］．北京：化学工业出版社，2006.
[2] 刘静安，谢水生．铝合金材料应用与技术开发［M］．北京：冶金工业出版社，2011.
[3] 张玉忠．铝及铝合金工艺与设备［M］．长沙：中南大学出版社，2006.
[4] 黎文献．有色金属材料工程概论［M］．北京：冶金工业出版社，2007.
[5] 刘胜新．有色金属材料速查手册［M］．北京：机械工业出版社，2009.
[6] 刘楚明．有色金属材料加工［M］．长沙：中南大学出版社，2010.
[7] 张玉龙，赵中魁．实用轻金属材料手册［M］．北京：冶金工业出版社，2006.
[8] 巫瑞智，张景怀，尹东松．先进镁合金制备与加工技术［M］．北京：科学出版社，2012.
[9] 黎文献．镁及镁合金［M］．长沙：中南大学出版社，2005.
[10] 潘复生，韩恩厚．高性能变形镁合金及加工技术［M］．北京：科学出版社，2007.
[11] C. 莱茵斯，等．钛及钛合金［M］．陈振华，等译．北京：冶金工业出版社，2005.
[12] 徐国栋，王凤娥．高温钛合金的发展与应用［J］．稀有金属，2008，32（6）：774~780.
[13] 王鼎春．高强钛合金的发展与应用［J］．中国有色金属学报，2010，20（S1）：958~963.
[14] 王清江，刘建荣，杨锐．高温钛合金现状与前景［J］．航空材料学报，2014，34（4）：1~26.
[15] 余存烨．耐蚀钛合金的发展与应用［J］．全面腐蚀控制，2002，16（6）：6~11.
[16] 贺毅强，徐政坤，陈振华．快速凝固 Al-Fe 系耐热铝合金的研究进展［J］．材料科学与工程学报，2011，29（4）：633-638.
[17] 刘平，任凤章，贾淑果，等．铜合金及其应用［M］．北京：化学工业出版社，2007.
[18] 李宏磊，娄华芬，马可定，等．铜加工生产技术问答［M］．北京：冶金工业出版社，2008.
[19] 朱承程，马爱斌，江静华，等．高强高导铜合金的研究现状与发展趋势［J］．热加工工艺，2013，42（2）：15-19.
[20] 苑和锋，徐玲．弹性铜合金研究现状及发展趋势［J］．湖南有色金属，2014，30（3）：46-49.
[21] 王静，张丽坤．简明有色金属材料手册［M］．北京：中国标准出版社，2010.
[22] 重有金属材料加工手册编写组．重有色金属材料加工手册［M］．北京：冶金工业出版社，1979.
[23] 轻合金材料加工手册编写组．轻合金材料加工手册［M］．北京：冶金工业出版社，1979.
[24] 刘静安．轻合金挤压工具与模具［M］．北京：冶金工业出版社，1995.
[25] 魏军．有色金属挤压车间机械设备［M］．北京：冶金工业出版社，1988.
[26] 温景林，等．有色金属挤压与拉拔技术［M］．北京：化学工业出版社，2008.
[27] 杨守山．有色金属塑性加工学［M］．北京：冶金工业出版社，1983.
[28] 马怀宪．金属塑性加工学挤压、拉拔与管材冷拔［M］．北京：冶金工业出版社，1980.
[29] 李英龙，李体彬．有色金属锻造与冲压技术［M］．北京：化学工业出版社，2007.
[30] 张宏伟，吕新宇，武红林．铝合金锻造生产［M］．长沙：中南大学出版社，2011.
[31] 中国机械工程学会锻压学会．锻压手册［M］．北京：机械工业出版社，2002.
[32] 张承鉴．辊锻技术［M］．北京：机械工业出版社，1986.
[33] 西北工业大学．有色金属锻造［M］．北京：国防工业出版社，1979.
[34] 王允禧．锻造与冲压工艺学［M］．北京：冶金工业出版社，1994.
[35] 王孝培．冲压手册［M］．北京：机械工业出版社，1999.
[36] 段小勇．金属压力加工理论基础［M］．北京：冶金工业出版社，2004.
[37] 朱兴元，刘忆．金属学与热处理［M］．北京：北京大学出版社，2006.
[38] 徐春，等．金属塑性成型理论［M］．北京：冶金工业出版社，2009.
[39] 李尧．金属塑性成型原理［M］．北京：机械工业出版社，2004.

[40] 俞汉青．金属塑性成型原理［M］．北京：机械工业出版社，2004.
[41] 王平，崔建忠．金属塑性成型力学［M］．北京：冶金工业出版社，2006.
[42] 王廷溥，齐克敏．金属塑性加工学—轧制理论与工艺（第2版）［M］．北京：冶金工业出版社，2006.
[43] 赵志业，等．金属塑性变形与轧制理论［M］．北京：冶金工业出版社，2001.
[44] 吕立华，等．金属塑性变形与轧制原理［M］．北京：化学工业出版社，2007.
[45] 袁志学，等．金属塑性变形与轧制原理［M］．北京：冶金工业出版社，2008.
[46] 陈彦博，等．有色金属轧制技术［M］．北京：化学工业出版社，2007.